Kotlin
进阶实战

• 沈 哲 易庞宙 编著 •

清華大学出版社
北 京

内 容 简 介

本书详细介绍了 Kotlin 语言方方面面的特性，包括各种类型的函数，贯彻本书始终的 Lambda 表达式，有别于 Java 的委托、泛型，灵活、简洁的 DSL，常用的语法糖，相比线程更加轻量级的协程，参考 RxJava 实现的 Flow，等等。本书还提供了大量涉及移动端、服务端甚至桌面端的案例，这些案例都是编者使用 Kotlin 之后的实践和心得，同时包含很多编者封装的 library，供读者参考、借鉴和使用。

本书适合有一定 Kotlin 语法基础的读者使用，尤其适合移动端和服务端的开发人员使用，也可以用作大专院校和培训机构的教学参考书。

图书在版编目（CIP）数据

Kotlin 进阶实战/沈哲，易庞宙编著. —北京：清华大学出版社，2021.9
ISBN 978-7-302-59120-7

Ⅰ. ①K… Ⅱ. ①沈… ②易… Ⅲ. ①JAVA 语言—程序设计 Ⅳ. ①TP312.8

中国版本图书馆 CIP 数据核字（2021）第 178368 号

责任编辑： 王金柱
封面设计： 王　翔
责任校对： 闫秀华
责任印制： 宋　林

出版发行： 清华大学出版社
　　网　　址： http://www.tup.com.cn，http://www.wqbook.com
　　地　　址： 北京清华大学学研大厦 A 座　　**邮　　编：** 100084
　　社 总 机： 010-62770175　　**邮　　购：** 010-62786544
　　投稿与读者服务： 010-62776969，c-service@tup.tsinghua.edu.cn
　　质量反馈： 010-62772015，zhiliang@tup.tsinghua.edu.cn
印 装 者： 三河市铭诚印务有限公司
经　　销： 全国新华书店
开　　本： 190mm×260mm　　**印　　张：** 26.25　　**字　　数：** 742 千字
版　　次： 2021 年 10 月第 1 版　　**印　　次：** 2021 年 10 月第 1 次印刷
定　　价： 109.00 元

产品编号：088603-01

前　　言

Kotlin 是一门务实的语言。Kotlin 从发展之初就受到各种语言（例如 Java、C#、JavaScript、Scala、Groovy、Python 等）的影响，或者说 Kotlin 集各家语言之长，吸收了各种语言比较好的特性。在 JVM 环境下，Kotlin 被设计成可以和 Java 代码相互操作，并可以重复使用 Java 现有函数库和框架的语言。

在 2016 年年底，笔者工作之余，开始研究 Kotlin 这门语言。顺便尝试使用 Kotlin 编写一些 Android 上的组件。

随后，在 2017－2018 年，笔者负责的移动端团队开始尝试使用 Kotlin 编写全新的 App。此时恰逢谷歌宣布使用 Kotlin 作为 Android 的官方语言，这更加坚定了我们使用 Kotlin 的决心。个人也在此期间尝试使用 Kotlin 来编写服务端的程序。到了 2019 年年初，笔者跳槽到了万物新生（当时还是爱回收）的创新中心。在这里，我们服务端的主力语言就是 Kotlin。使用 Kotlin 编写后端服务在当时甚至到现在都是一件比较酷的事情。

这些年来，笔者在两家公司使用 Kotlin 做了很多项目，从 App 到桌面程序再到服务端程序，积累了很多相关的编程经验。因此编写了本书，希望通过本书能让读者了解这门务实的语言，以及尝试使用这门语言。Kotlin 也是基于 JVM 的语言，上手不难，但是其思想跟 Java 大相径庭。

每隔几年，我们都会听到一种声音“xxx 语言将会取代 Java”，取代 Java 的语言也从之前的 C#、PHP、Python 变成了 Go、Kotlin。其实，只要从 TIOBE 的榜单就可以看到，这些年来 Java 一直占据着这份榜单前三的位置，甚至很多年来都是第一。Java 庞大的生态系统、海量的项目决定了其在未来很多年内不可能被取代。

题外话，在下一代的 Java 虚拟机 Graal VM 中，除了支持基于 JVM 的语言 Java、Scala、Groovy、Kotlin 等外，还支持 JavaScript、Python、Ruby、R，以及基于 LLVM 的 C、C++、Rust。Graal VM 会让 Java 变得更加强大。

Kotlin 的出现是为了编写更好的 Java，Kotlin 可以与 Java 进行互操作，并且 Kotlin 有自己独特的优势：

- 丰富的语法糖
- 强类型
- 函数式编程
- 协程

……

因此，Kotlin 也被戏称为 Java 最好的第三方库。

本书详细介绍了 Kotlin 语言的各种特性，例如花了大量篇幅介绍各种类型的函数，贯彻本书始终的 Lambda 表达式，有别于 Java 的委托、泛型，灵活、简洁的 DSL，常用的语法糖，相比线程更加轻量级的协程，参考 RxJava 实现的 Flow，等等。

本书不仅介绍 Kotlin 的功能，还会对部分 Kotlin 特性进行源码解析，也会对各个特性进行深入的总结。

另外，本书带来了丰富的案例，涉及移动端、服务端甚至桌面端。它们都是笔者在大量使用 Kotlin 之后的实践和心得，同时包含很多笔者封装的 library，供读者参考、借鉴和使用。因此，本书主要面向移动端、服务端的读者。

本书编写的时间跨度有一点长，历经了 Kotlin 1.3 到当前的 Kotlin 1.5。现在 Kotlin 已经变成笔者的主力编程语言。当然，Kotlin 的研发团队也在不断更新，据说每隔 6 个月会发布一个新版本，有点类似 Java 发布新版本的节奏。笔者也会不断跟进 Kotlin 新版本的特性。

总之，本书尽量多地介绍 Kotlin 方方面面的特性，用丰富的例子来增强说服力。本书共 18 章，其中第 10、13、14、15（部分内容）、17（部分内容）章是由易庞宙编写的，其余是由沈哲编写的。本书的资源在 GitHub 中，地址为 https://github.com/fengzhizi715/Advance-Kotlin-Tutorials。

当然，在编写本书的过程中，Kotlin 也在不断地更新、完善。另外，笔者才疏学浅，书中难免会有不当之处，欢迎读者批评指正，一起讨论 Kotlin 的方方面面。

最后，写书是一个枯燥、漫长且耗费大量时间、精力的事情，感谢清华大学出版社的编辑、我的同事、家人对我的帮助，特别是我的太太一直在我身后默默地为家庭付出。

沈　哲

2021 年 6 月

目　　录

第 1 章 认识 Kotlin

Kotlin 是一门在 Java 虚拟机上运行的静态类型编程语言，由 JetBrains 的开发团队开发。本章将向读者介绍 Kotlin 的特性和设计哲学，以便为接下来系统介绍 Kotlin 相关内容做铺垫。

1.1 Kotlin 简介

1.1.1 Kotlin 的历史

在很多开发者的印象中，Kotlin 仅仅是一门移动端使用的语言。其实并不尽然，Kotlin 是一门基于 JVM 的语言，它能够做的事情很多，包括开发后端的服务、开发 Android App，甚至可以编译成为 JavaScript 代码。

Kotlin 是 2011 年由俄罗斯圣彼得堡的 JetBrains 开发团队开发出来的编程语言，其名称也源自圣彼得堡附近的科特林岛。

Kotlin 从发展之初就受到各种语言（例如 Java、C#、JavaScript、Scala、Groovy、Python 等）的影响，或者说集各家语言之长，吸收了各种语言比较好的特性。在 JVM 环境下，Kotlin 被设计成可以和 Java 代码相互操作，并可以重复使用 Java 现有函数库和框架的语言。

1.1.2 Kotlin 的特性

Java 8 的发布距今已有 6 年多，笔者在写完本书时 Java 16 也快要发布了。然而在当下，只有少数的 Java 开发者使用了 Java 11 及以上版本，绝大多数 Java 的后端开发者还停留在使用 Java 8 的时代。

当然，这里有很多因素：一方面，需要考虑到系统的稳定性、迁移的成本和性价比，因为 Oracle 已经对 JDK 的商业用途进行了收费；另一方面，从 Java 9 开始，相对于之前的版本变化就比较大了，并不是所有的第三方库都升级到 Java 9、Java 11，因此兼容性也是需要考量的重要因素。面对这些情况，作为开发者其实还有一个不错的选择——使用 Kotlin 来编写后端服务。

碰巧，笔者所在的团队正好使用 Kotlin 作为主力的后端语言。我们用到了 Kotlin 大量的特性，包括函数式编程、空类型设计、智能的类型推断、延迟加载、DSL、协程等。之所以选择 Kotlin，是因为其上手简单，近乎完美地支持 Java 及其现有的主流开源框架（Spring 5 对 Kotlin 也非常友好），代码简洁直观、可读性强，新手熟悉成本低。

另外，Kotlin 的这些特性帮助我们解决了很多实际问题，例如：

- 高阶函数和Lambda表达式，进一步复用代码和简化代码。
- 空类型设计、Elvis表达式以及Scope Functions帮助开发者杜绝空指针的出现。
- 使用by lazy的延迟加载，在默认情况下是线程安全的。
- DSL能够让代码更加清晰，对人类也更加友好。
- 协程省去了在传统多线程并发机制中线程切换带来的线程上下文切换、线程状态切换、Thread初始化的性能损耗，大幅度提高了并发性能。
- Kotlin支持JDK 1.6+，因此在移动端使用Kotlin不必担心兼容性的问题。谷歌也推荐使用Kotlin开发Android原生App。

因此，我们部门的大多数后端服务、App，甚至桌面工具都采用 Kotlin 或者部分使用 Kotlin 进行开发。

1.2 Kotlin 的发展

1.2.1 实用主义

每隔一段时间，我们就能听到这样的声音，xxx 语言未来是否会取代 Java？xxx 语言可能是 PHP、Python、Go 甚至现如今的 Kotlin，其他的编程语言本书不做评价，单单来说说 Kotlin。

Kotlin 从一出生就致力于成为一门兼容 Java 并且比 Java 更安全、更简洁的静态语言。相比于 Scala 的“野心”，想成为 Java 的超集，Kotlin 显得更加“务实”，只打算做 Java 的补集。

Kotlin 的这些“务实”的特性表现在：

- Java和Kotlin两者互相之间无缝兼容，两者的相互调用非常便利，Kotlin显然对Java开发者更加友好。
- Kotlin的语法简洁而优美，虽然特性上不及Scala丰富，但是其语法以及易用性远比Scala简单和容易上手。
- Kotlin的类型推断、扩展函数、空安全等特性都是对Java的补充，也是实用而又强大的语法增强。
- Kotlin的top-level function、object、class特性，让开发者在不创建冗余类的情况下即可定义函数和类，便于调试和阅读。
- 在异步编程领域，可以使用Kotlin Coroutine简化异步编程，并提升系统的性能。

Kotlin 获得了谷歌官方支持，以及 Spring 官方支持。因此，使用 Kotlin 开发 App、后端服务会显得顺理成章。Kotlin 从未想过要取代 Java，在未来很长的一段时间里，它会成为 Java 必要的补充。

1.2.2 生态圈

从 2017 年，Google I/O 大会宣布在其 Android Studio IDE 中支持 Kotlin，到 2019 年，在 Google I/O 大会上，Google 官方正式宣布 Kotlin 编程语言现在是 Android 应用程序开发人员的首选语言。这不仅得益于谷歌推出的 Jetpack 系列库帮助开发者创作了高质量的应用，同时也更好地兼容老旧版本的 Android 系统，还得益于 Kotlin 自身语言的特性。

当然，除了在移动端领域外，在后端使用 Kotlin 也是很便利的。从 Spring 5.0、Spring Boot 2.0 开始对 Kotlin 语言提供了支持，另外像 Vert.x 也早在 3 年前就支持了 Kotlin，Vert.x 集成的协程被设计为完全可以和 Kotlin 协程互操作。

Kotlin 不仅可以编译为 JVM 平台的字节码文件，还能够直接编译成二进制文件以及 JS 文件。有了对 JVM、Android、iOS、JavaScript、Linux、Windows、Mac 甚至像 STM32 这样的嵌入式系统的支持，Kotlin 可以处理现代应用程序的任何组件。这就是 Kotlin 的多平台功能。

讲到多平台，JetBrains 还提供用于跨平台移动开发的 SDK——Kotlin Multiplatform Mobile（KMM），它用到了 Kotlin 的多平台特性，以及各种工具和功能，旨在让构建移动跨平台应用程序的端到端体验尽可能高效。

1.2.3 逐渐 Kotlin 化的 Java

Java 在最近的几个新版本中陆续引入了 Kotlin 的一些特性，让这门“古老”的编程语言焕发了“青春”的活力。Java 引入这些新特性之后，能够减少其烦琐的代码。虽然会显得和 Kotlin 有所竞争，但是良性的竞争都是好事，本身能够促进双方的发展。Java 也不会显得跟现代的编程语言格格不入，Kotlin 也会不断成长和进化。

1.3 总结

Kotlin 这门语言本身并不是为了替代 Java 而存在，Kotlin 的出现给了 Java 开发者更好的选择。

在 2019 年的 Google I/O 大会上，Google 宣布 Kotlin 成为 Android 开发首选语言。而在服务端领域，主流的 Spring 框架已经很好地支持 Kotlin，为我们使用 Kotlin 开发后端服务提供了完善的基础。

第2章 Kotlin的函数与类

Kotlin 的函数是“第一等公民”。“第一等公民”（First-Class Citizen）这一名称最早由克里斯托弗·斯特雷奇在 1960 年发明，意指函数可作为计算机语言中的第一类公民。英文中也称“First-Class Entity”“First-Class Value”或“First-Class Object”。

“第一等公民”的特性包括：

- 可以被存入变量。
- 可以被作为参数传递给其他函数。
- 可以被作为函数的返回值。
- 可以在运行中构造。
- 可以表示为匿名字面值。

2.1 函数的基本概念

图 2-1 整理了 Kotlin 函数相关的内容，其中高阶函数、内联函数、中缀表达式、扩展函数会在本书后续的章节中分别讲述。

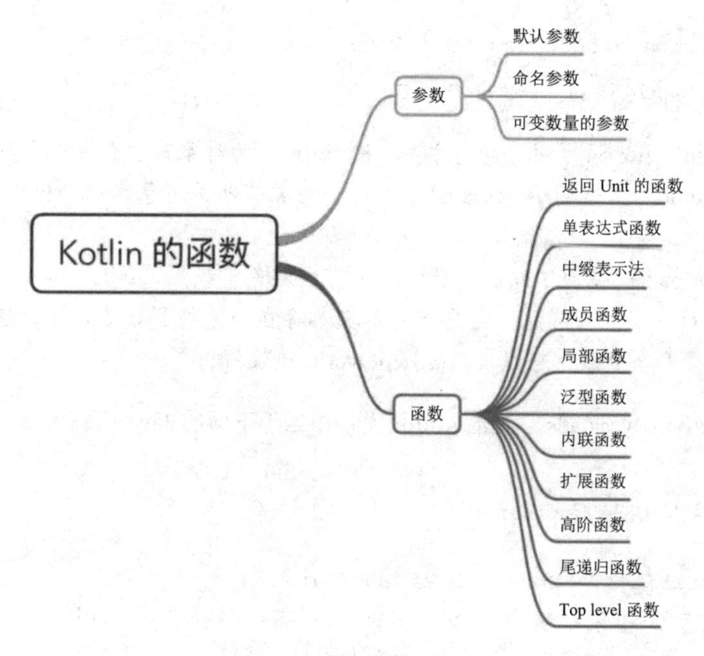

图 2-1　Kotlin 的函数

2.1.1　函数的参数

Kotlin 函数的参数使用 Pascal 表示法定义，即 name:type。参数之间采用逗号隔开，示例如下：

```
fun sum(x: Int, y: Int): Int {
  return x + y
}
```

1. 默认参数

默认参数是指函数中的参数可以包含默认值。当省略某参数时，即采用默认值。

与 Java 相比，使用默认参数可以减少方法重载的数量。例如下面的代码：

```
object RxJavaUtils {

  /**
   * 防止重复单击的 Transformer
   */
  @JvmOverloads
  @JvmStatic
  fun <T> preventDuplicateClicksTransformer(windowDuration:Long=1000,
timeUnit: TimeUnit=TimeUnit.MILLISECONDS): ObservableTransformer<T, T> {
      return ObservableTransformer { upstream ->
          upstream.throttleFirst(windowDuration, timeUnit)
      }
  }
}
```

如果不传参数的话，就会使用默认的参数：

```
RxJavaUtils.preventDuplicateClicksTransformer()
```

这段代码还包含两个注解：

- @JvmStatic：表示该方法为静态方法。Kotlin可以为对象声明或者伴生对象中定义的函数使用@JvmStatic（上述例子 RxJavaUtils 即为对象声明，对象声明和伴生对象会在2.3节详细介绍）。
- @JvmOverloads：使用了默认参数之后，可以避免重载。但是Java却无法调用，因为对Java而言只会对一个方法可见，它是所有参数都存在的完整参数签名的方法。如果希望向Java调用者暴露多个重载，可以使用@JvmOverloads注解。

如果不使用@JvmOverloads，上述 Kotlin 代码相当于下面的 Java 代码：

```
/**
 * 防止重复单击的 Transformer
 */
public static <T> ObservableTransformer<T, T>
preventDuplicateClicksTransformer(Long windowDuration,TimeUnit timeUnit)     {
    return new ObservableTransformer<T, T>() {
        @Override
        public ObservableSource<T> apply(Observable<T> upstream) {
            return upstream.throttleFirst(windowDuration, timeUnit);
        }
    };
}
```

因此，无法使用默认参数。如果想在 Java 中调用含有默认参数的方法，可使用如下代码：

```
RxJavaUtils.preventDuplicateClicksTransformer();
```

必须在原先的 preventDuplicateClicksTransformer 方法上标注@JvmOverloads。

2. 命名参数

对于下面的函数：

```
fun sum(x: Int=0, y: Int): Int {
  return x + y
}
```

如果想使用默认参数，可以这样：

```
sum(y=2) //相当于 sum(0,2)
```

这里 y=2 使用了命名参数，显式地指定参数 y 的值。
我们在使用默认参数时，可以指定某个参数的值。例如下面的函数：

```
fun sum(x: Int, y: Int=0,z: Int=1): Int {
  return x + y + z
}
```

如果只想让参数y使用默认值，那么可以这样使用：

```
sum(1,z=5) //相当于 sum(1,0,5)
```

在一个函数调用中，如果包含位置参数和命名参数，那么所有位置参数都要放在第一个命名参数之前。

3. 可变数量的参数

Kotlin的可变参数与Java的可变参数类似，但是Kotlin需要对参数使用vararg进行修饰。

Kotlin的可变参数一般是函数的最后一个参数，例如：

```
fun <T> toList(vararg items: T): List<T> {
   val result = ArrayList<T>()
   for (item in items)
      result.add(item)
   return result
}

fun main(args: Array<String>) {
   val list = toList("java","kotlin","scala","groovy")
   println(list)
}
```

toList()也可以传递数组，不过不能像Java那样直接传递数组。需要使用展开运算符“*”（在参数名前加“*”），它表示解包数组，能够让数组中的每个元素在函数中被作为单独的参数。

```
fun main(args: Array<String>) {
   val array = arrayOf("java","kotlin","scala","groovy")
   val list = toList(*array)
   println(list)
}
```

如果可变参数不是函数的最后一个参数，那么后面的参数需要通过命名参数来传值：

```
fun <T> toList2(vararg items: T, str: String): List<String> {
   val result = ArrayList<String>()
   for (item in items)
      result.add(item.toString())

   result.add(str)
   return result
}

fun main(args: Array<String>) {
   val array = arrayOf("java", "kotlin", "scala", "groovy")
   val list = toList2(*array, str = "tony")
   println(list)
}
```

2.1.2 函数

1. 返回Unit的函数

跟 Java 不同，Kotlin 没有 void，但是函数总会返回一个值。如果一个函数不返回任何类型的对象，那么该函数返回的是 Unit 类型。

例如：

```
fun printHello(): Unit {
  println("Hello World")
}
```

Unit 返回值可以被省略：

```
fun printHello() {
  println("Hello World")
}
```

2. 返回Nothing的函数

跟 Unit 相比，容易混淆的是 Nothing。Unit 会返回 Unit 的单例，而通过阅读 Nothing 的源码，发现它永远都不会返回任何东西。

```
package kotlin

/**
* Nothing has no instances. You can use Nothing to represent "a value that never exists": for example,
* if a function has the return type of Nothing, it means that it never returns (always throws an exception).
*/
public class Nothing private constructor()
```

在 Nothing 的表达式之后，所有代码都是无法执行的。throw 表达式的类型是一个特殊的类型 Nothing。

下面定义的 doForever 函数返回 Nothing 类型，因此它后面打印的"done"语句永远不会被执行。

```
fun doForever(): Nothing {
  while(true) {
      println("do something...")
  }
}

fun main(args: Array<String>) {
  doForever()
  println("done")
}
```

3. 单表达式函数

当函数返回单个表达式时，可以省略函数体的花括号，例如：

```
fun sum(x: Int=0, y: Int): Int {
  return x + y
}
```

等价于：

```
fun sum(x: Int=0, y: Int): Int =  x + y
```

它还等价于：

```
fun sum(x: Int=0, y: Int) =  x + y
```

因为 Kotlin 可以通过编译器来推断该函数的返回类型。

4. 成员函数

成员函数是指在类或对象内部定义的函数，这一点跟 Java 中的概念是一致的。

5. 局部函数（Local Function）

所谓局部函数，是指在一个函数中定义另一个函数。有点类似于内部类，局部函数可以访问外部函数的局部变量，甚至是闭包。

例如下面的代码，在 validate 函数中定义了 validateInput 函数，validateInput 函数用来进行字符串的校验，帮助我们消除重复的代码。另外，还定义了一个 printPerson 函数，它也包含一个局部函数 print()用于打印 Person 信息。print()函数直接访问了它的外部函数 printPerson()的局部变量。

```
data class Person(var name:String,var password:String)
fun validate(person: Person):Boolean {
   /**
    * 验证单个字符串输入的方法
    */
   fun validateInput(input: String?) {
       if (input == null || input.isEmpty()) {
           throw IllegalArgumentException("must not be empty")
       }
   }
   validateInput(person.name)
   validateInput(person.password)
   return true
}
fun printPerson(person:Person) {
   val name = person.name
   val password = person.password
   fun print() {
```

```
        println("name=$name,password=$password") //print()函数直接访问了它的外部函数 printPerson()的局部变量
    }
    print()
}
fun main(args: Array<String>) {
    val user1 = Person("tony","123456")
    println(validate(user1))
    printPerson(user1)
    val user2 = Person("tom","")
    println(validate(user2))
}
```

6. 尾递归函数

来自维基百科的定义：在计算机科学中，尾调用是指一个函数的最后一个动作是一个函数调用的情形，即这个调用的返回值直接被当前函数返回的情形。这种情形下称该调用位置为尾位置。若这个函数在尾位置调用本身（或者一个尾调用本身的其他函数等），则称这种情况为尾递归，是递归的一种特殊情形。尾调用不一定是递归调用，但是尾递归特别有用，也比较容易实现。

使用递归对自然数求和：

```
fun sum(n: Int, result: Int): Int = if (n <= 0) result else sum(n-1,result+n)
fun main(args: Array<String>) {
    println(sum(100000,0))
}
```

执行上述代码，会出现“Exception in thread "main" java.lang.StackOverflowError”。

这是因为在 Kotlin 中使用尾递归函数需要满足两个条件：

- 使用tailrec关键词修饰函数。
- 在函数最后进行递归调用。

使用 tailrec 关键词之后，编译器会优化该递归，从而避免堆栈溢出的风险。

对上述代码稍作修改：

```
tailrec fun sumWithTailrec(n: Int, result: Int): Int = if (n <= 0) result else sumWithTailrec(n-1,result+n)
fun main(args: Array<String>) {
    println(sumWithTailrec(100000,0))
}
```

此时，执行结果如下：

```
705082704
```

而我们目前使用比较多的 Java 8 并不能在编译器级别直接支持尾部调用优化，只能通过 Lambda 方式实现。

7. Top level函数

相对于在 Java 中所有的内容都必须在类中定义，Kotlin 允许直接在.kt 文件中定义任何类定义之外的 top-level 函数。

top-level 函数的默认修饰符是 public，因此这些函数可以在任何位置被访问。例如定义如下的函数：

```
@Throws(IOException::class)
fun readFileToString(file: File): String = file.readText()
```

Java 程序想要调用 readFileToString()方法，必须通过文件名 Kt.readFileToString(f)才可以调用。或者在文件头添加：

```
@file:JvmName("FileUtils")
```

这样一来，Java 程序可以通过 FileUtils.readFileToString(f)进行调用。

让我们来小结一下 Kotlin 相关的 top-level，如表 2-1 所示。

表2-1　Kotlin 相关的 top-level

Top level	Java
top-level functions	工具类中的静态函数
top-level properties	Java 中的静态常量
main()	Java 中的 main()方法

8. 无参的main函数

Kotlin 程序的入口一般会采用 main 函数，例如：

```
fun main(args: Array<String>) {
  println("Hello Kotlin")
}
```

Kotlin 1.3 之后引入了一种更简单的无参 main 函数，简化了 main 函数的写法：

```
fun main() {
  println("Hello Kotlin")
}
```

2.2　Kotlin 的类（一）

Kotlin 的类跟 Java 的类有很大不同。例如，Kotlin 所有的类默认都是 final 的，如果某个类需要被其他类继承，就需要使用 open 修饰。Kotlin 的类都有一个共同的超类 Any，而不是 Java 的 Object。Object 是 Kotlin 的一个关键字，并且它有很多用途。另外，Kotlin 还有一些特殊的类，例如数据类、密封类。图 2-2 展示了 Kotlin 类的成员。

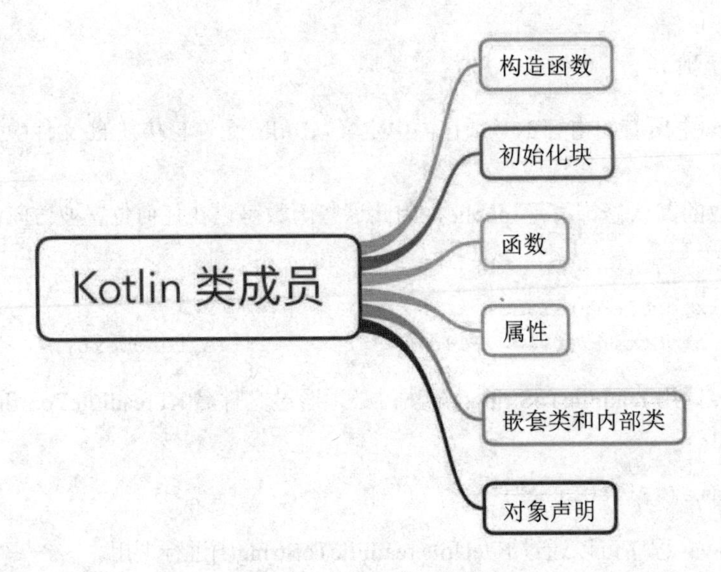

图 2-2 Kotlin 类的成员

2.2.1 构造函数和初始化块

在 Kotlin 中，类的构造函数可以包括一个主构造函数和 N 个次构造函数。

1. 主构造函数

Kotlin 的主构造函数可以借助初始化块对代码进行初始化。Kotlin 使用 init 关键字作为初始化块的前缀。

```
class Constructor1 {
   init { //初始化块
      println("test")
   }
   ...
}
```

对上述代码进行反编译后会发现，init 初始化块的代码会包含在无参数的构造函数中，如图 2-3 所示。

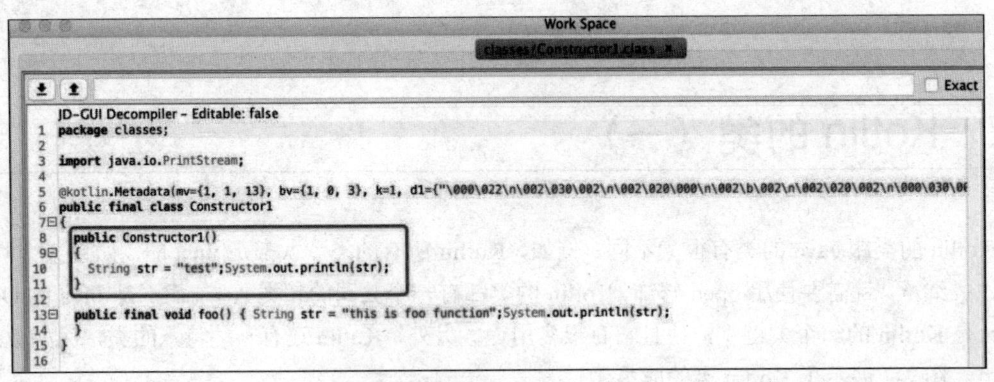

图 2-3 init 初始化块反编译后

上述Kotlin代码等价于使用constructor关键字作为构造函数的函数名，不过此时可以省略函数名。

```
class Constructor2 constructor() {
  init {
     println("test")
  }
  ...
}
```

主构造函数的特性：

- 主构造函数可以省略constructor，无论在主构造函数中是否包含参数。
- 初始化块可以有多个，调用主构造函数时会按照初始化块的顺序执行。

2. 次构造函数

Kotlin 的次构造函数同样使用 constructor 作为函数名，但不能省略函数名。次构造函数可以包含代码，调用次构造函数时必须调用主构造函数，这一点非常重要。

```
class Constructor3(str:String) {
  init {
     println("$str")
  }
  constructor(str1: String, str2: String):this(str1) { //调用主构造函数以及初始化块
     println("$str1 $str2")
  }
  fun foo() = println("this is foo function")
}
fun main(args: Array<String>) {
  val obj = Constructor3("hello","world")
  obj.foo()
}
```

执行结果如下：

```
hello
hello world
this is foo function
```

如果类中出现多个初始化块，就会按照顺序依次执行。实际上，多个初始化块的代码会按照顺序合并到主构造函数中。

```
class Constructor4(str:String) {
  init { //初始化块
     println("$str"+1)
  }
  init { //初始化块
     println("$str"+2)
  }
```

```
    constructor(str1: String, str2: String):this(str1) { //调用主构造函数以及按照顺序调用多个初始化块
        println("$str1 $str2")
    }
    init { //初始化块
        println("$str"+3)
    }
    fun foo() = println("this is foo function")
}
fun main(args: Array<String>) {
    val obj = Constructor4("hello","world")
    obj.foo()
}
```

执行结果：

```
hello1
hello2
hello3
hello world
this is foo function
```

通过反编译上述代码，能够更清晰地了解次构造函数的调用方式，如图 2-4 所示。

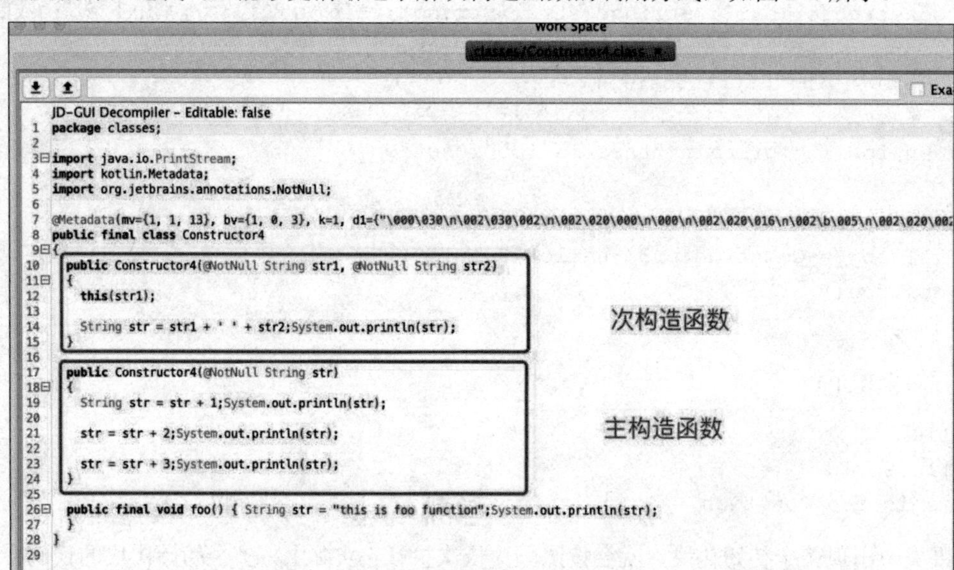

图 2-4　次构造函数反编译后

次构造函数的特性：

- 类可以拥有多个次构造函数。
- 主构造函数的属性可以使用var、val修饰，次构造函数不能使用它们进行修饰。
- 每个次构造函数需要委托给主构造函数，调用次构造函数时会先调用主构造函数以及初始化块。

所以，类的初始化块、主构造函数、次构造函数的执行顺序为：类的初始化块按先后顺序执行→类的主构造函数→类的次构造函数。

2.2.2 属性

声明属性的完整语法如下：

```
var <propertyName>[: <PropertyType>] [= <property_initializer>]
  [<getter>]
  [<setter>]
```

var 声明的属性可以有 getter 和 setter 方法，val 声明的属性只能有 getter 方法。

例如，在实际开发中，网络请求返回的 Response 大多采用如下形式：

```
{
  "code":0,
  "message":"success",
  "data":{
      ...
  }
}
```

对于调用 HTTP 接口，开发者经常需要封装一个基类的 HttpResponse，用于表示接口返回的内容。下面的 HttpResponse 还额外定义了一个 isOkStatus 属性。

```
data class HttpResponse<T>(
        var code: Int = -1, //0: 成功, 1: xxx 错误或过期, 2: 业务逻辑错误, 500:系统
内部错误, 998 表示 Token 无效
        var message: String? = null,
        var data: T? = null
) : Serializable {
    val isOkStatus: Boolean
        get() = code == 0
}
```

HttpResponse 是一个范型类，它的属性 isOkStatus 用于判断接口调用是否成功。

另外，HttpResponse 还是一个数据类（Data Class）。Data Class 类似于 Java Bean，它只包含一些数据字段，编译器能够自动生成属性的 getter、setter。2.3.3 小节会详细介绍 Data Class。

幕后字段（backing field）

backing field 是 Kotlin 属性自动生成的字段，它只能在当前属性的访问器（getter、setter）内部使用。另外，Kotlin 的扩展属性不能使用 backing field。

为何需要幕后字段？我们先来看一段代码：

```
var paramValue: Int = 0
    get() = paramValue
    set(value) {
```

```
        this.paramValue = value
    }
}
```

当我们尝试获取 paramValue 的值时，上述代码会以递归的方式调用 getter。类似地，当我们尝试设置 paramValue 的值时，它会以递归的方式调用相同的 setter。

虽然 Kotlin 的类并没有 field，但是 Kotlin 为每个属性提供了一个自动的 backing field，可以使用 field 进行访问，便于在使用 getter、setter 时替换变量。

```
var paramValue: Int = 0
    get() = field
    set(value) {
        field = value
    }
```

需要再一次强调，backing field 只能在当前属性的访问器内使用。

最后，Kotlin 的属性还包括内联属性、扩展属性、委托属性。这些属性的使用会在后续的章节中详细介绍。

2.2.3 抽象类

含有抽象方法的类被称为抽象类，这一点跟 Java 中的概念是一致的。

2.2.4 嵌套类和内部类

1. 嵌套类（Nested Class）

Kotlin 的嵌套类是指定义在某一个类内部的类，嵌套类不能够访问外部类的成员，除非嵌套类变成内部类。

```
class Outter1 {
    val str:String = "this property is from outter1 class"
    class Nested {
        fun foo() = println("")
    }
}
fun main(args: Array<String>) {
    Outter1.Nested().foo()
}
```

如果嵌套类想访问外部类的属性，就会报错，如图 2-5 所示。

2. 内部类（Inner Class）

Kotlin 的内部类使用 inner 关键字标识，内部类能够访问外部类的成员。

```
class Outter2 {
    val str:String = "this property is from outter2 class"
    inner class Inner {
        fun foo() = println("$str")
```

```
    }
}
fun main(args: Array<String>) {
    Outter2().Inner().foo()
}
```

```
OutterAndNested.kt
1  package classes
2
3  /**
4   * Created by tony on 2018/8/9.
5   */
6  class Outter1 {
7
8      val str:String = "this property is from outter1 class"
9
10     class Nested {
11
12         fun foo() = println("$str")
13     }
14 }
15
16 fun main(args: Array<String>) {
17
18     Outter1.Nested().foo()
19 }
```

图 2-5　嵌套类想访问外部类的属性

小结一下嵌套类和内部类：

- 默认的是嵌套类。
- 嵌套类不持有外部类的引用，内部类持有外部类的引用。
- 嵌套类的创建方式：外部类.嵌套类()。
- 内部类的创建方式：外部类().内部类()。

2.2.5　枚举类

Java中的枚举类使用enum关键字修饰，而Kotlin中的枚举类需要使用enum和class两个关键字。例如 Java 的枚举类使用：

```
public enum Color {
    RED("红色", 1), GREEN("绿色", 2), BLUE("蓝色", 3);
    String colorName;
    int value;
    Color(String colorName, int value){
        this.colorName = colorName;
        this.value = value;
    }
}
```

它等价于下面的 Kotlin 枚举类：

```
enum class Color constructor(var colorName: String, var value: Int) {
    RED("红色", 1), GREEN("绿色", 2), BLUE("蓝色", 3)
}
```

Kotlin的枚举类更加简洁，枚举类的属性不需要写在枚举类内部。每一个枚举都是枚举类的实例。

2.3 Kotlin 的类（二）

2.3.1 对象声明和对象表达式

对象声明、对象表达式和伴生对象都用到了 object 关键字。

1. 对象声明（Object Declarations）

对象声明是指在 object 关键字之后指定对象名称。

Kotlin 通过对象声明可以实现单例模式，这是 Kotlin 在语法层面上的支持。使用对象声明创建单例类：

```
object 单例名[: 继承父类、实现接口] {
  成员属性
  成员函数
}
```

例如：

```
object Singleton1 {

   fun printlnHelloWorld() = println("hello world")
}

fun main(args: Array<String>) {
   Singleton1.printlnHelloWorld()
}
```

将上述代码生成的 class 文件进行反编译，可以看到使用对象声明跟使用饿汉模式生成的单例是类似的，如图 2-6 所示。

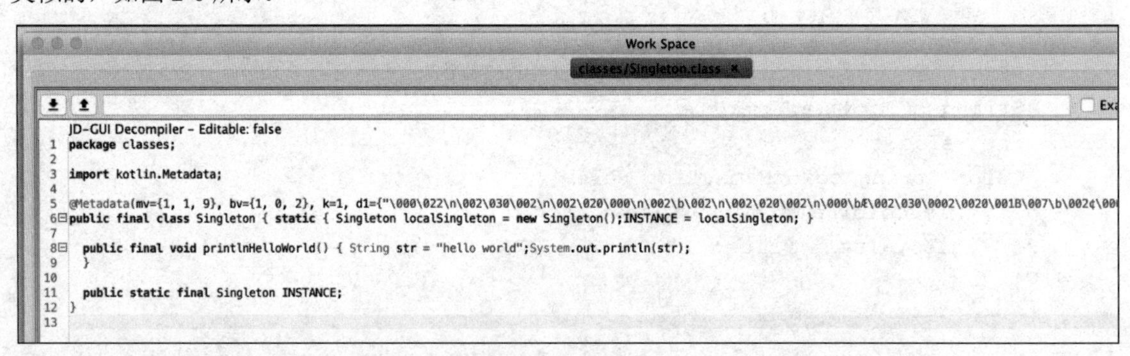

图 2-6　对象声明反编译后

所以在 Java 中调用 Singleton1 的 printlnHelloWorld()方法应该是这样的：

```
public class TestSingleton1 {
   public static void main(String[] args) {
```

```
        Singleton1.INSTANCE.printlnHelloWorld();
    }
}
```

虽然类似于饿汉模式，但是是延迟初始化的。因为只有在第一次用到 printlnHelloWorld()方法时，Singleton1 才会初始化。

2. 对象表达式（Object Expressions）

对象表达式类似于 Java 的匿名内部类：

```
view.setOnClickListener(object :View.OnClickListener{
    override fun onClick(v: View?) {
        ...
    }
})
```

与 Java 的匿名内部类相比，它有以下特性：

- 支持实现多个接口。
- 能够访问非final修饰的变量。

2.3.2 伴生对象

Kotlin 没有 static 关键字，在 Kotlin 类中也不能拥有静态属性和静态方法。使用伴生对象是解决这个问题的方法之一，它相当于 Java 的静态代码块。

Kotlin 在类中使用 companion object 来创建伴生对象：

```
class Student {
    companion object {
        private var username = "Tony"
        private var marks = "A"
        fun printMarks() = "The ${this.username}'s mark is ${this.marks}"
        fun changeMarks(marks:String){
            this.marks = marks
        }
    }
}
fun main(args: Array<String>) {
    Student.changeMarks("B")
    println(Student.printMarks())
    Student.changeMarks("C")
    println(Student.printMarks())
}
```

执行结果如下：

```
The Tony's mark is B
The Tony's mark is C
```

Kotlin 的每一个类可以有一个对应的伴生对象，伴生对象的成员类似于 Java 的静态成员。

如果 Java 想调用 Kotlin 伴生对象中的方法或属性，可以在伴生对象中的方法或属性上分别标注@JvmStatic、@JvmField，这样就可以像 Kotlin 一样来调用它们了。回顾一下 2.1.1 小节的例子，曾经介绍过@JvmStatic 的使用。

之前使用对象声明创建过单例，下面使用伴生对象来创建懒汉模式的单例。

```
class Singleton2 private constructor() {
   companion object {
      val instance: Singleton2 by lazy { Singleton2() }
  }
   fun printlnHelloWorld() = println("hello world")
}
fun main(args: Array<String>) {
   val obj1 = Singleton2.instance
   val obj2 = Singleton2.instance
   println (obj1 === obj2)
   Singleton2.instance.printlnHelloWorld()
}
```

by lazy 是 Kotlin 的委托属性，会在第 5 章中详细介绍。

介绍完伴生对象后，让我们来思考一个问题：某个类包括多个 init 初始化块、多个构造函数以及一个伴生对象，其伴生对象中也包含多个 init 初始化块，那么它们的执行顺序会是怎样的呢？

最后，我们小结一下 object 关键字的使用：

- Kotlin的对象声明是定义单例的一种方式，是延迟初始化的。
- Kotlin的对象表达式可以用来替代Java的匿名内部类，是实时创建的。
- Kotlin的伴生对象可以用来替代Java的静态属性和静态方法，是在伴生对象所在类加载时初始化的。

2.3.3 数据类

Kotlin 的数据类使用 data 关键字来修饰类，例如：

```
data class User(var name:String,var password:String)
```

1. 特性

编译器自动从主构造函数中声明的所有属性可以导出以下方法：

- equals()/hashCode()方法
- toString()方法
- componentN()方法
- copy()方法

我们通过反编译 User.class 来证实这些方法的存在，如图 2-7 所示。其中，componentN()方法对应主构造函数中的属性。有个多少属性，就会有多少个以 component 作为前缀的方法。

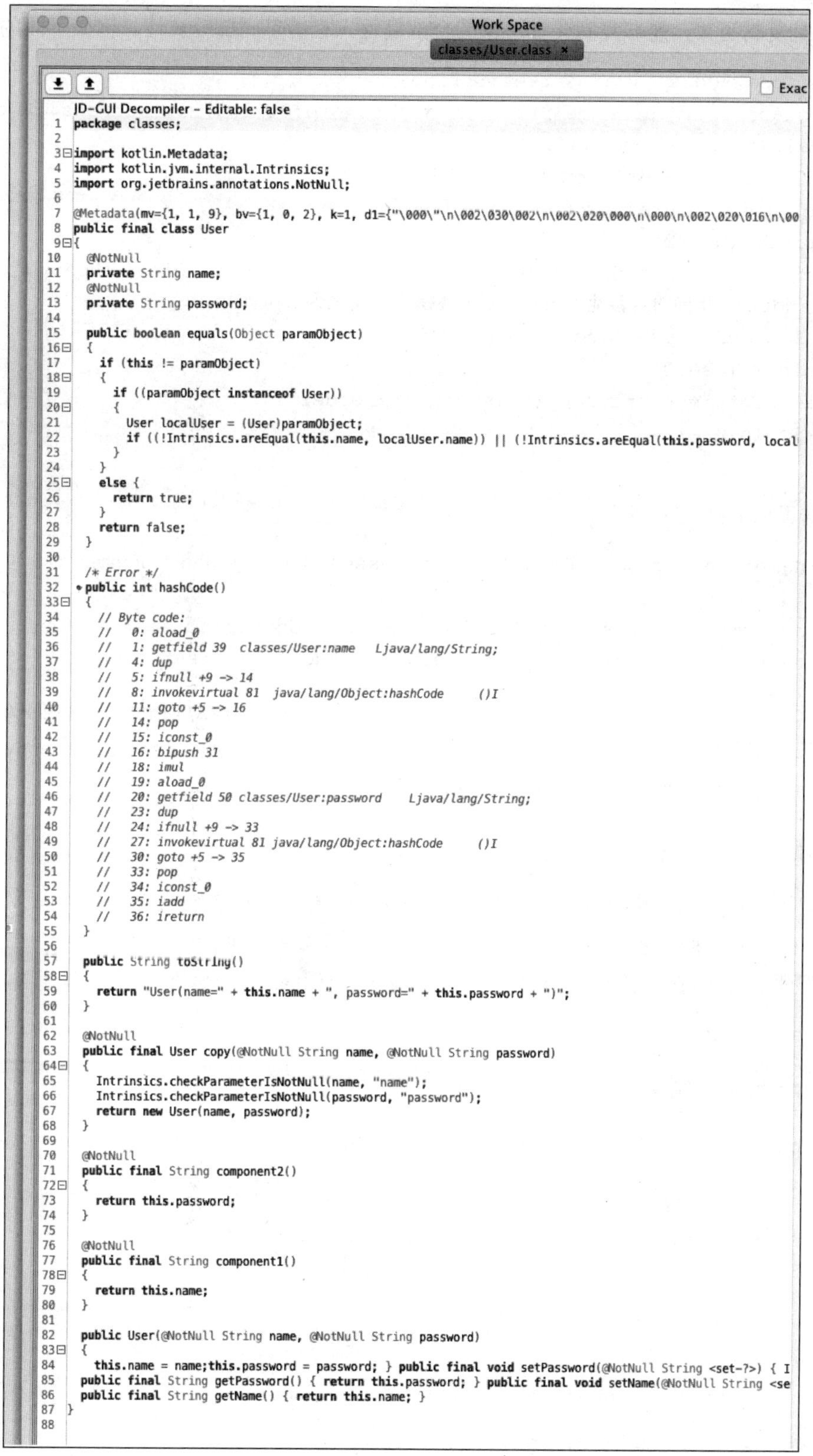

Work Space

classes/User.class ×

Exac

```
JD-GUI Decompiler - Editable: false
1  package classes;
2
3  import kotlin.Metadata;
4  import kotlin.jvm.internal.Intrinsics;
5  import org.jetbrains.annotations.NotNull;
6
7  @Metadata(mv={1, 1, 9}, bv={1, 0, 2}, k=1, d1={"\000\"\n\002\030\002\n\002\020\000\n\000\n\002\020\016\n\00
8  public final class User
9  {
10   @NotNull
11   private String name;
12   @NotNull
13   private String password;
14
15   public boolean equals(Object paramObject)
16   {
17     if (this != paramObject)
18     {
19       if ((paramObject instanceof User))
20       {
21         User localUser = (User)paramObject;
22         if ((!Intrinsics.areEqual(this.name, localUser.name)) || (!Intrinsics.areEqual(this.password, local
23       }
24     }
25     else {
26       return true;
27     }
28     return false;
29   }
30
31   /* Error */
32   public int hashCode()
33   {
34     // Byte code:
35     //   0: aload_0
36     //   1: getfield 39  classes/User:name   Ljava/lang/String;
37     //   4: dup
38     //   5: ifnull +9 -> 14
39     //   8: invokevirtual 81  java/lang/Object:hashCode     ()I
40     //   11: goto +5 -> 16
41     //   14: pop
42     //   15: iconst_0
43     //   16: bipush 31
44     //   18: imul
45     //   19: aload_0
46     //   20: getfield 50 classes/User:password    Ljava/lang/String;
47     //   23: dup
48     //   24: ifnull +9 -> 33
49     //   27: invokevirtual 81 java/lang/Object:hashCode     ()I
50     //   30: goto +5 -> 35
51     //   33: pop
52     //   34: iconst_0
53     //   35: iadd
54     //   36: ireturn
55   }
56
57   public String toString()
58   {
59     return "User(name=" + this.name + ", password=" + this.password + ")";
60   }
61
62   @NotNull
63   public final User copy(@NotNull String name, @NotNull String password)
64   {
65     Intrinsics.checkParameterIsNotNull(name, "name");
66     Intrinsics.checkParameterIsNotNull(password, "password");
67     return new User(name, password);
68   }
69
70   @NotNull
71   public final String component2()
72   {
73     return this.password;
74   }
75
76   @NotNull
77   public final String component1()
78   {
79     return this.name;
80   }
81
82   public User(@NotNull String name, @NotNull String password)
83   {
84     this.name = name;this.password = password; } public final void setPassword(@NotNull String <set-?>) { I
85   public final String getPassword() { return this.password; } public final void setName(@NotNull String <se
86   public final String getName() { return this.name; }
87 }
88
```

图 2-7　data class User 对象反编译后

copy()是复制函数，能够复制一个对象的全部属性，也能复制部分属性。例如下面的代码：

```
data class Address(var street:String)
data class User(var name:String,var password:String,var address: Address)
fun main(args: Array<String>) {
    val user1 = User("tony","123456", Address("renming"))
    val user2 = user1.copy()
    println(user2)
    println(user1.address===user2.address) //判断 data class 的 copy 是否为浅拷贝，
如果二者的 address 指向的内存地址相同，则为浅拷贝，反之为深拷贝
    val user3 = user1.copy("monica")
    println(user3)
    val user4 = user1.copy(password = "abcdef")
    println(user4)
}
```

执行结果如下：

```
User(name=tony, password=123456, address=Address(street=renming))
true
User(name=monica, password=123456, address=Address(street=renming))
User(name=tony, password=abcdef, address=Address(street=renming))
```

user1.address===user2.address 打印的结果是 true，表示二者内存地址相同。如果对象内部有引用类型的变量，通过拷贝后二者指向的是同一地址，表示为浅拷贝。所以 data class 的 copy 为浅拷贝。

另外，Kotlin 中的"==="比较的是内存地址。

2. 继承

数据类不能被继承。从刚才反编译的 User.class 可以看到，它是 final 类型的。那么如何在属于同一超类型的多个数据类之间共享属性、方法呢？可以考虑使用抽象类或者接口。

例如下面的代码，在父类 Message 中共享属性 action 使用 abstract 修饰，然后在其子类覆盖 action。

```
abstract class Message{
    abstract var action:String
}

data class PingMsg(override var action:String="ping"):Message()

data class PongMsg(override var action:String="pong"):Message()

data class AskMsg(override var action:String="ask",val
body:Map<String,String>):Message()

fun main() {
    val gson = Gson()

    println(gson.toJson(PingMsg()))

    val map = mutableMapOf<String,String>()
    map.put("param1","tt")
```

```
    map.put("param2","qq")
    val msg = AskMsg(body = map)

    println(gson.toJson(msg))
}
```

执行结果如下：

```
{"action":"ping"}
{"action":"ask","body":{"param1":"tt","param2":"qq"}}
```

在 Kotlin 1.5 之后 data class 还支持 Java 15 的 Records 类 只要在 data class 上声明@JvmRecord 即可。例如：

```
@JvmRecord
data class User(var name:String,var password:String)
```

2.3.4 密封类

Kotlin 的密封类跟 Scala 的密封类类似。密封类从功能上而言，更类似于枚举，密封类一般与 when 语句一起使用。

Kotlin 的密封类使用 sealed 关键字来修饰。

```
sealed class Mammal(val name: String)
class Dog(dogName: String) : Mammal(dogName)
class Horse(horseName:String) :Mammal(horseName)
class Human(humanName: String, val job: String) : Mammal(humanName)
fun greetMammal(mammal: Mammal) = when (mammal) {
    is Dog -> "Hello ${mammal.name}"
    is Horse -> "Hello ${mammal.name}"
    is Human -> "Hello ${mammal.name}, You're working as a ${mammal.job}"
}
fun main(args: Array<String>) {
    println(greetMammal(Dog("wangwang")))
    println(greetMammal(Horse("chitu")))
    println(greetMammal(Human("tony", "coder")))
}
```

执行结果如下：

```
Hello wangwang
Hello chitu
Hello tony, You're working as a coder
```

密封类的特点：

- 密封类是一个抽象类。
- 密封类的所有子类要么在密封类中，要么跟密封类在同一文件中。Kotlin 1.5 之后已经不需要这么严格了，在同一个包名下即可。
- 密封类子类的子类可以在任何位置。

- 跟when表达式配合使用时，如果能覆盖所有情况，则无须再添加else语句（对于上述代码Mammal类去掉sealed，则when表达式必须使用else 语句）。

顺便提一下，在 Kotlin 1.5 之后，接口也可以使用 Sealed 修饰符，密封接口跟密封类的作用相同，密封接口的所有实现在编译时都是已知的。

2.4 总结

本章分为两部分。第一部分介绍函数的基础，包括函数参数和几种简单的函数种类、尾递归函数及其和 Java 8 的对比、Kotlin 函数的高级用法会在之后的章节中详细介绍。

第二部分介绍 Kotlin 类的构成，包括构造函数、属性、函数等。还详细介绍了 object 的用法，对象声明、对象表达式和伴生对象都会用到它，并分别讲述了三者的区别。最后介绍了数据类和密封类的使用。

第 3 章 Kotlin 的函数式编程

本章介绍 Kotlin 函数式编程的特性，主要包括高阶函数和 Lambda 表达式。

3.1 函数式编程与高阶函数

在数学和计算机科学中，高阶函数是至少满足下列条件之一的函数：

- 接收一个或多个函数作为输入。
- 输出一个函数。

本节介绍函数式编程的概念以级高阶函数的类型。

3.1.1 函数式编程

维基百科这样定义函数式编程（Functional Programming）：函数式编程或称函数程序设计，又称泛函编程，是一种编程典范，它将计算机运算视为数学上的函数计算，并且避免使用程序状态以及易变对象。函数编程语言重要的基础是 λ 演算（Lambda Calculus）。而且 λ 演算的函数可以接受函数当作输入（引数）和输出（传出值）。

其中，高阶函数是函数式编程的重要特性。

3.1.2 高阶函数

Kotlin 的函数是“第一等公民”，函数就是对象，这是 Kotlin 作为函数式编程语言的重要特性。对象可以直接赋值给变量，可以作为某个函数的参数，也可以作为别的函数的返回值，那么函数也可以，如图 3-1 所示。

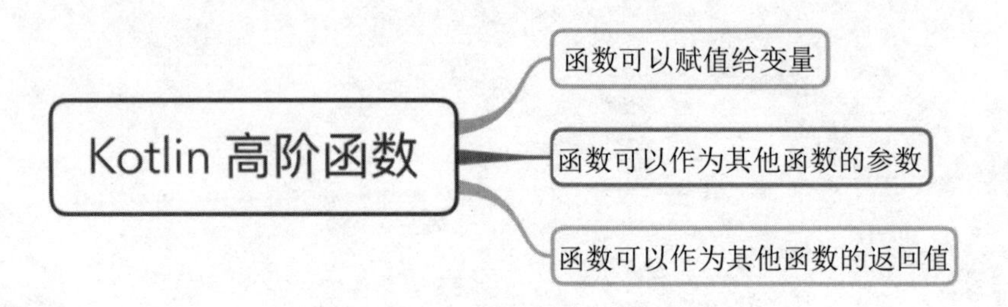

图 3-1 Kotlin 高阶函数类型

1. 函数可以赋值给变量

请看如下示例：

```
val sum = {
    x: Int, y: Int -> x + y
}
println(sum(3, 5)) //8
println(sum(4, 6)) //10
```

上述代码中，函数被赋值给变量，其中：

```
val sum = {
    x: Int, y: Int -> x + y
}
```

等价于：

```
val sum: (Int, Int) -> Int = { x, y -> x + y }
```

在上述例子中，变量 sum 是函数类型，它接收两个 Int 类型的参数，并且返回一个 Int 类型的值。在使用时，就像调用函数一样，例如：

```
sum(3, 5)
```

函数类型有以下特性：

（1）所有函数类型都有一个圆括号括起来的参数类型列表以及一个返回类型：(A, B) -> C 表示接收类型分别为 A 与 B 的两个参数并返回一个 C 类型的值。参数类型列表可以为空，如() -> A。Unit 返回类型不可省略。

（2）函数类型可以有一个额外的接收者类型，它在表示法中的点之前指定：类型 A.(B) -> C 表示可以在 A 的接收者对象上以一个 B 类型参数来调用，并返回一个 C 类型值的函数。带有接收者的函数字面值通常与这些类型一起使用。

（3）挂起函数属于特殊种类的函数类型，它的表示法中有一个 suspend 修饰符，例如 suspend() -> Unit 或者 suspend A.(B) -> C。

其中，第二点和第三点特性分别在第 8 章和第 11 章详细说明。

回过头再来看 sum 这个函数类型，它本质上实现了 kotlin.jvm.functions.Function2 接口。

```
/** A function that takes 2 arguments. */
public interface Function2<in P1, in P2, out R> : Function<R> {
   /** Invokes the function with the specified arguments. */
```

```
    public operator fun invoke(p1: P1, p2: P2): R
}
```

那么：

```
println(sum(3, 5)) //8
```

应该等价于：

```
println(sum.invoke(3, 5)) //8
```

事实上也是如此。这里可以省略 invoke，是因为运算符重载了，在 9.1 节会详细说明。
函数类型的实例化如图 3-2 所示。

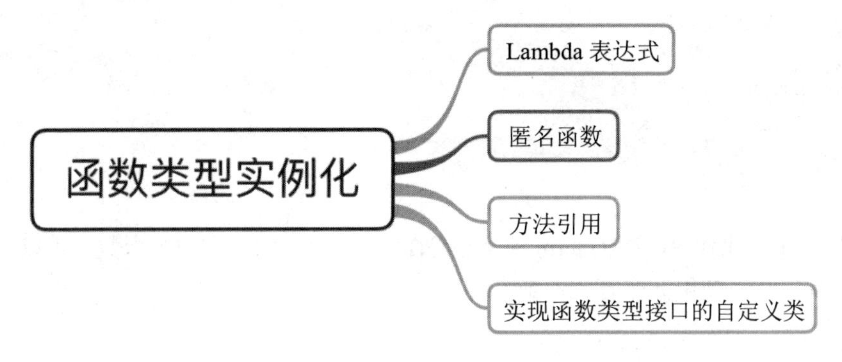

图 3-2 函数类型的实例化

函数赋值给变量之后，编译器能够根据足够的信息推断出变量的函数类型。
以最初的例子为例：

```
val sum = {
        x: Int, y: Int -> x + y
  }
```

编译器能够推断出 sum 的类型是(Int, Int) -> Int。
另外，(A, B) -> C 类型的值可以传给 A.(B) -> C 类型，反之亦可。

2. 函数可以作为其他函数的参数

例如，下面是使用高阶函数实现求和、求平方和、求立方和的例子。term 是一个函数类型的参数。

```
fun sum(a: Int, b: Int, term: (Int) -> Int): Int {
   var sum = 0
   for (i in a..b) {
      sum += term(i)
  }
   return sum
}
fun main(args: Array<String>) {
   val identity = { x: Int -> x }
   val square = { x: Int -> x * x }
   val cube = { x: Int -> x * x * x }
```

```
    println(sum(1, 10, identity)) //55
    println(sum(1, 10, square))   //385
    println(sum(1, 10, cube))    //3025
}
```

由于 sum 函数中的函数类型参数在最后，在使用时可以进一步简化，将它提到最外面。

```
fun main(args: Array<String>) {
    println(sum(1, 10){
        x: Int -> x
    })
    println(sum(1, 10){
        x: Int -> x * x
    })
    println(sum(1, 10){
        x: Int -> x * x * x
    })
}
```

还可以进一步简化代码，因为 term 的类型是(Int) -> Int，它只有一个参数，可以忽略声明函数参数（以及忽略->），使用 it 来替代参数。

```
fun main(args: Array<String>) {
    println(sum(1, 10){ it })
    println(sum(1, 10){ it*it })
    println(sum(1, 10){ it*it*it })
}
```

3. 函数可以作为其他函数的返回值

对上述代码进行修改，新增一个 sum 函数，它将函数作为返回值。

```
fun sum(a: Int, b: Int, term: (Int) -> Int): Int {
    var sum = 0
    for (i in a..b) {
        sum += term(i)
    }
    return sum
}

fun sum(type: String): (Int, Int) -> Int {
    val identity = { x: Int -> x }
    val square = { x: Int -> x * x }
    val cube = { x: Int -> x * x * x }
    return when (type) {
        "identity" -> return { a, b -> sum(a, b, identity) }
        "square" -> return { a, b -> sum(a, b, square) }
        "cube" -> { a, b -> sum(a, b, cube) }
        else -> { a, b -> sum(a, b, identity) }
    }
```

```
}

fun main(args: Array<String>) {
   var identityFunction = sum("identity")
   println(identityFunction(1,10))     //55
   var squareFunction = sum("square")
   println(squareFunction(1,10))      //385
   var cubeFunction = sum("cube")
   println(cubeFunction(1,10))       //3025
}
```

调用新增的sum函数，它返回的是(Int, Int) -> Int。把返回的函数赋值给变量之后，该变量需要传递两个Int类型的参数才能使用。

```
   var identityFunction = sum("identity")
   println(identityFunction(1,10))     //55
```

3.2 Lambda表达式

Lambda表达式源于Lambda演算。

来自百度百科的定义：Lambda演算可以被称为最小的通用程序设计语言。它包括一条变换规则（变量替换）和一条函数定义方式。Lambda演算之通用在于，任何一个可计算的函数都能用这种形式来表达和求值。因而，它是等价于图灵机的。尽管如此，Lambda演算强调的是变换规则的运用，而非实现它们的具体机器。可以认为这是一种更接近软件而非硬件的方式。

3.2.1 Java 8的Lambda

在Java 8之前，我们使用Thread可能是这样的：

```
new Thread(new Runnable() {
      public void run() {
           System.out.println("test");
     }
  }).start();
```

Java 8之后开始支持Lambda表达式，于是我们可以这样写：

```
  new Thread(()->System.out.println("test")).start();
```

从Runnable的源码可以发现，它使用了@FunctionalInterface，@FunctionalInterface是Java 8为函数式接口引入的一个新的注解。表明该接口是函数式接口，只包含唯一一个抽象方法。任何可以接收一个函数式接口实例的地方都可以使用Lambda表达式。

```
@FunctionalInterface
public interface Runnable {
   /**
    * When an object implementing interface <code>Runnable</code> is used
```

```
    * to create a thread, starting the thread causes the object's
    * <code>run</code> method to be called in that separately executing
    * thread.
    * <p>
    * The general contract of the method <code>run</code> is that it may
    * take any action whatsoever.
    *
    * @see     java.lang.Thread#run()
    */
   public abstract void run();
}
```

Java 8 的 Lambda 表达式是一个 SAM（Single Abstract Method）类型。因为 Java 没有像 Kotlin 那样拥有函数类型，所以需要借助 SAM 类型来实现 Lambda 表达式。

Java 8 的 Lambda 语法：

```
(参数列表) -> {函数体}
```

如图 3-3 所示，Java 的 Lambda 有多种形式。对于无参的 Lambda 表达式：

```
() -> {函数体}
```

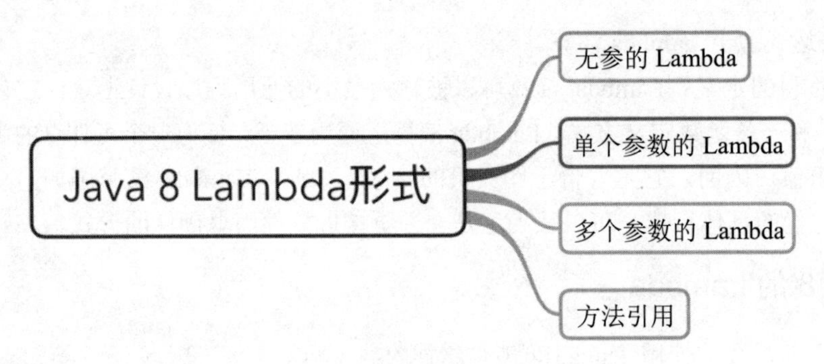

图 3-3　Java 8 的 Lambda 形式

对于单个参数的 Lambda 表达式：

```
(x) -> {函数体}
```

它可以简化为：

```
x -> {函数体}
```

对于多个参数的 Lambda 表达式：

```
(x,y,z) -> {函数体}
```

如果函数体只有一行代码，则可以省略函数体的大括号。另外，对于参数列表，由于 Java 的编译器可以进行类型推断，因此不需要声明参数的类型。

在 Java 8 中，Lambda 的创建是通过字节码指令 invokedynamic 来完成的，减少了类型和实例的创建消耗。在 Java 8 之前，我们使用匿名类，但是匿名类需要创建新的对象。

3.2.2 Kotlin 的 Lambda 语法

Kotlin 的 Lambda 表达式使用一对大括号括起来，后面依次跟着各个参数及其类型，紧接着是“->”，函数体定义在“->”之后。函数体的最后一句的表达式结果就是 Lambda 表达式的返回值。如果 Lambda 表达式没有参数的话，可以省略“->”。

Kotlin 的 Lambda 语法：

```
{
    参数列表 ->函数体
}
```

使用 Kotlin 来实现上述代码：

```
Thread { println("test") }.start()
```

看上去，Kotlin 的 Lambda 语法比 Java 的 Lambda 语法更加简洁。

3.2.3 简化 Kotlin 的 Lambda 表达式

Kotlin 的 Lambda 表达式可以不断地被简化。以处理 Android View 的点击事件为例，使用 Java 的代码大致如下：

```
view.setOnClickListener(new View.OnClickListener() {
    @Override
    public void onClick(View v) {
        ...
    }
});
```

按照 Java 的风格来编写 Kotlin 的代码，使用 Kotlin 的对象表达式：

```
view.setOnClickListener(object :View.OnClickListener{
    override fun onClick(v: View?) {
        ...
    }
})
```

再对上述代码使用 Lambda 表达式：

```
view.setOnClickListener({ v ->
    ...
})
```

如果参数为函数类型并且是最后一个参数，那么可以将参数移到函数的括号外面：

```
view.setOnClickListener() { v ->
    ...
}
```

如果参数只有一个 Lambda 表达式，那么函数的小括号可以省略：

```
view.setOnClickListener { v ->
    ...
}
```

最后，在单击事件中，如果会使用到 view，那么“v ->”可以省略，使用默认参数 it 进行替代：

```
view.setOnClickListener {
    it.visibility = View.GONE
    ...
}
```

小结一下简化 Lambda 表达式的规则：

- 在函数中，最后一个参数是函数类型，那么可以将Lambda移到函数的括号外面。
- 如果函数的参数只有一个Lambda，那么函数的小括号可以省略。
- 在Lambda表达式中只有一个参数，可以使用默认参数it进行替代。
- 对于有多个参数的Lambda表达式，如果某个参数未使用，可以用下画线“_”取代其名称。
- 入参、返回值与形参一致的函数，可以用方法引用的方式作为实参传入。

3.2.4 方法引用

方法引用是简化版本的 Lambda 表达式，它和 Lambda 表达式拥有相同的特性。然而，方法引用并不需要为其提供函数体，我们可以直接通过方法名称引用已有方法。因此，方法引用进一步简化了 Lambda 的写法。

如表 3-1 所示，Java 8 方法引用的使用方式为：类名::方法名。

表3-1 Java 8方法引用的类型

类　型	使用方式	备　注
引用静态方法	ContainingClass::staticMethodName	Integer::valueOf 简化了 i->Integer.valueOf(i)的写法
引用特定对象的实例方法	containingObject::instanceMethodName	s::toString()简化了()->s.toString()
引用特定类型的任意对象的实例方法	ContainingType::methodName	System.out::println 简化了 (s)->System.out.println(s)，其中 System.out 表示的是 PrintStream 对象
引用构造函数	ClassName::new	String::new 简化了()->new String()

Kotlin 同样支持方法引用。对 User 对象按照 name 进行排序，最初我们会这样写：

```
val u1 = User("tony")
val u2 = User("cafei")
val u3 = User("aaron")
val users = Arrays.asList(u1, u2, u3)
Collections.sort(users, Comparator<User> {
    u1, u2 -> u1.getName().compareTo(u2.getName())
})
```

简化 Lambda 表达式：

```
Collections.sort(users) {
    u1, u2 -> u1.getName().compareTo(u2.getName())
}
```

使用方法引用的话，代码会更加精简。下面的代码还用到了 Java 8 新增的 Comparator.comparing() 方法：

```
Collections.sort(users, Comparator.comparing(User::getName))
```

3.2.5　Kotlin 支持 SAM 转换

Kotlin 的 Lambda 函数体可以被转换为一个只有单个方法的 Java 接口实现，只要这个方法的参数类型能够跟这个 Kotlin 函数的参数类型匹配上，转换就能成功。

Scala 也支持 SAM 转换。例如可以按照如下方式创建 SAM 接口的实例：

```
val runnable = Runnable {
    println("test")
}
```

于是之前的代码：

```
Thread { println("test") }.start()
```

也可以改成这样：

```
val runnable = Runnable {
    println("test")
}

Thread (runnable).start()
```

Kotlin 支持 SAM 转换，提高了 Kotlin 调用 Java 的便利性。在 Kotlin 1.4 之前，SAM 转换有以下特点：

（1）SAM 转换只适用于 Kotlin 对 Java 的调用，因为 Kotlin 本身有合适的函数类型。

（2）SAM 转换只适用于接口，不适用于抽象类，而且必须是 Java 接口。

在 Kotlin 1.4 之后，增加了支持 Kotlin 接口和函数的 SAM 转换，这得益于 Kotlin 新的类型推导算法。另外，在 Kotlin 1.5 之后使用 invokedynamic 来支持 SAM 转换。

Kotlin 的接口需要使用 fun 关键字声明才能支持 SAM 转换。使用 fun 关键字声明的接口，如果将此类接口作为参数，就可以将 Lambda 作为参数传递。

```
fun interface Action {
    fun run()
}

fun runAction(a: Action) = a.run()

fun main() {
    //传递一个对象
```

```
    runAction(object : Action{
        override fun run() {
            println("run action")
        }
    })
    //支持 SAM
    runAction {
        println("Hello, Kotlin 1.4!")
    }
}
```

3.2.6 使用高阶函数的例子

Android 系统在 6.0 之后对一些权限开始收紧，某些敏感的操作都需要先征求用户的许可。因此，开发者对 Android 6.0 前后的系统大致会做如下处理：

```
if (Build.VERSION.SDK_INT >= Build.VERSION_CODES.M) { //android 6.0 之后的操作
    RxPermissions(this).request(Manifest.permission. WRITE_EXTERNAL_STORAGE,
        Manifest.permission.REQUEST_INSTALL_PACKAGES)
                .subscribe {
                    if (it) {
                        versionUpgrade()
                    } else {
                        askForPermissionRead()
                    }
                }
    } else {  //android 6.0 之前的操作
        RxPermissions(this).request(Manifest.permission.
WRITE_EXTERNAL_STORAGE)
                .subscribe {
                    if (it) {
                        versionUpgrade()
                    } else {
                        toast(cn.magicwindow.mine.R.string.write_external_
storage_permission_tips).show()
                    }
                }
    }
```

尝试编写两个高阶函数来替换传统的 if...else...：

```
fun support(apiVersion:Int, block : () -> Unit) {

    if (versionOrHigher(apiVersion)) {

        block()
    }
}
```

```
fun <T> support(apiVersion: Int, function: () -> T, default: () -> T): T = if
(versionOrHigher(apiVersion)) function() else default()

private fun versionOrHigher(version: Int) = Build.VERSION.SDK_INT >= version
```

使用高阶函数之后，之前的代码可以这样写：

```
support(Build.VERSION_CODES.M, { //android 6.0 之后的操作
    RxPermissions(this).request(Manifest.permission.
WRITE_EXTERNAL_STORAGE,
            Manifest.permission.REQUEST_INSTALL_PACKAGES)
            .subscribe {
                if (it) {
                    versionUpgrade()
                } else {
                    askForPermissionRead()
                }
            }
}, { //android 6.0 之前的操作
    RxPermissions(this).request(Manifest.permission.
WRITE_EXTERNAL_STORAGE)
            .subscribe {
                if (it) {
                    versionUpgrade()
                } else {
                    toast(cn.magicwindow.mine.R.string.
write_external_storage_permission_tips).show()
                }
            }
})
```

如果只针对 Android M 的系统进行操作，可以简化成这样：

```
support(Build.VERSION_CODES.M) {
    ...
}
```

3.2.7 换个角度看 Lambda 表达式

Kotlin 的代码最终还是会编译成.class 文件，由 JVM 进行加载。

1. 示例1

我们曾经讲过，sum 这个函数本质上实现了 kotlin.jvm.functions.Function2 接口，即：

```
fun main(args: Array<String>) {
    val sum = {
        x: Int, y: Int -> x + y
    }

    println(sum(3, 5)) //8
```

```
    println(sum(4, 6)) //10
}
```

如图 3-4 所示，可以查看一下 Kotlin Bytecode，会发现它确实是这样的。

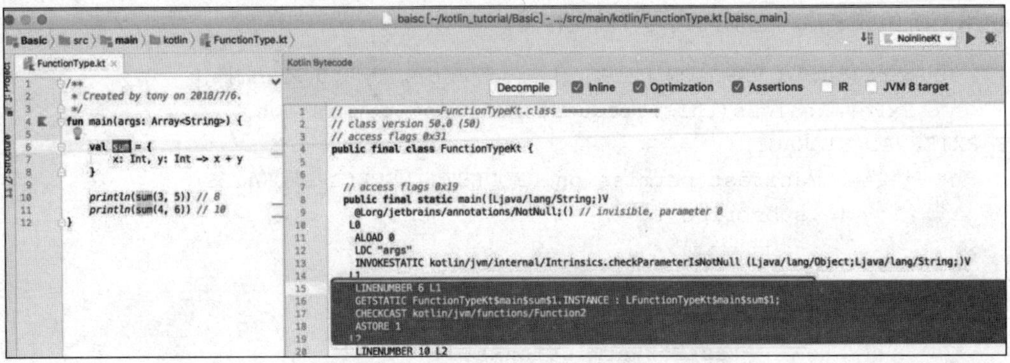

图 3-4　查看 Kotlin 函数的字节码

如图 3-5 所示，再来查看 sum(3, 5)的使用，发现它调用了 Function2 的 invoke()方法。

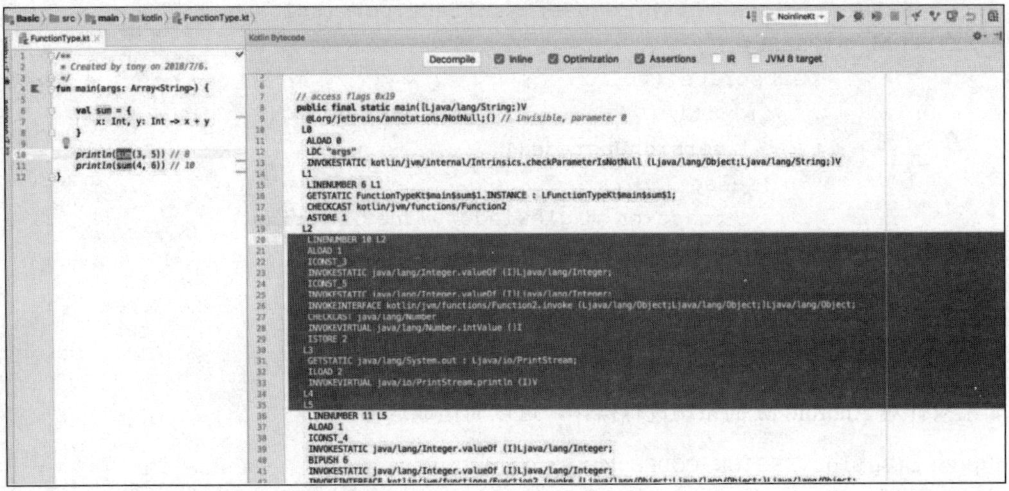

图 3-5　sum(3, 5)函数的字节码

换一种工具，如图 3-6 所示，使用 JD-GUI 将上述 Kotlin 代码反编译成 Java 代码会更加清晰。

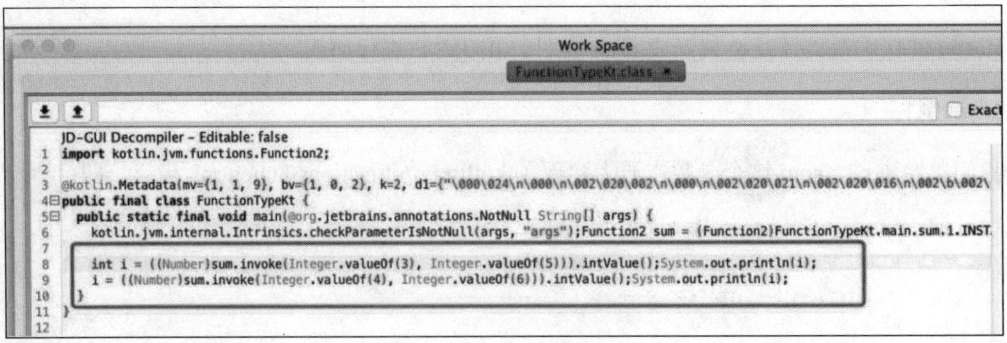

图 3-6　使用 JD-GUI 进行反编译

有多种方式可以反编译成字节码，例如使用 IDEA 自带的工具 Tools->Kotlin->Show Kotlin Bytecode，或者使用 javap 命令反编译.class 文件，亦或者使用 BytecodeViewer 反编译.class 文件，都能够将 Kotlin 的代码反编译成字节码。有时字节码看不清晰，反编译成 Java 代码效果会更好。

2. 示例2

下面是使用 filter、forEach 的例子，它们都是高阶函数。

```
fun main(args: Array<String>) {
    listOf(5, 12, 8, 33)
            .filter { it > 10 }
            .forEach { println(it) }
}
```

如图 3-7 所示，反编译成 Java 的代码之后，会发现并没有实现 FunctionN 接口。

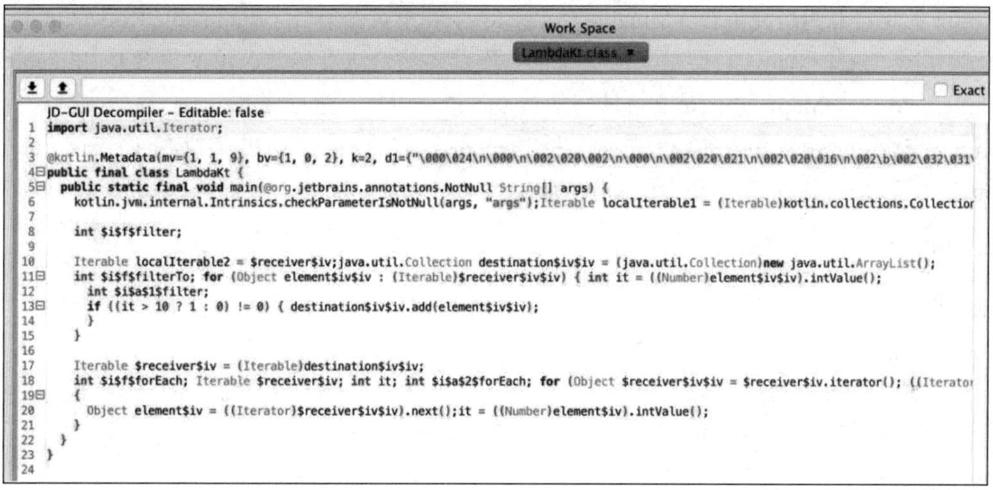

Work Space
LambdaKt.class
Exact
JD-GUI Decompiler - Editable: false

```
1  import java.util.Iterator;
2  
3  @kotlin.Metadata(mv={1, 1, 9}, bv={1, 0, 2}, k=2, d1={"\000\024\n\000\n\002\020\002\n\000\n\002\020\021\n\002\020\016\n\002\b\002\032\031\
4  public final class LambdaKt {
5    public static final void main(@org.jetbrains.annotations.NotNull String[] args) {
6      kotlin.jvm.internal.Intrinsics.checkParameterIsNotNull(args, "args");Iterable localIterable1 = (Iterable)kotlin.collections.Collectior
7  
8      int $i$f$filter;
9  
10     Iterable localIterable2 = $receiver$iv;java.util.Collection destination$iv$iv = (java.util.Collection)new java.util.ArrayList();
11     int $i$f$filterTo; for (Object element$iv$iv : (Iterable)$receiver$iv$iv) { int it = ((Number)element$iv$iv).intValue();
12       int $i$a$1$filter;
13       if ((it > 10 ? 1 : 0) != 0) { destination$iv$iv.add(element$iv$iv);
14       }
15     }
16 
17     Iterable $receiver$iv = (Iterable)destination$iv$iv;
18     int $i$f$forEach; Iterable $receiver$iv; int it; int $i$a$2$forEach; for (Object $receiver$iv$iv = $receiver$iv.iterator(); ((Iterator
19     {
20       Object element$iv = ((Iterator)$receiver$iv$iv).next();it = ((Number)element$iv).intValue();
21     }
22   }
23 }
24 
```

图 3-7　反编译高阶函数

这是因为在 Kotlin 的 filter、forEach 函数中都使用了 inline，表明这些函数是内联函数。所以，这些函数不需要实例化 FunctionN 接口，内联函数的特性将会在第 4 章讲述。

```
/**
 * Returns a list containing only elements matching the given [predicate].
 */
public inline fun <T> Iterable<T>.filter(predicate: (T) -> Boolean): List<T> {
    return filterTo(ArrayList<T>(), predicate)
}

/**
 * Performs the given [action] on each element.
 */
@kotlin.internal.HidesMembers
public inline fun <T> Iterable<T>.forEach(action: (T) -> Unit): Unit {
    for (element in this) action(element)
}
```

Lambda 表达式会实现一个 FunctionN 接口，N 的大小由表达式的参数个数决定。在 Kotlin 1.3 之前不能大于 23 个，只能是 0～22，在 Kotlin 1.3 之后放宽了限制。

如果 Lambda 表达式中使用函数作为参数，并且整个高阶函数使用 inline 修饰，Lambda 表达式就不必实现 FunctionN 接口。

3.3 集合、序列和 Java 中的流

3.3.1 集合中的函数式 API

虽然 Kotlin 集合中的函数式 API 类似于 Java 8 Stream 中的 API，但是 Kotlin 的集合跟 Java 的集合并不一致。

Kotlin 的集合分为可变集合（Mutable Collection）和不可变集合（Immutable Collection）。不可变集合是 List、Set、Map，它们是只读类型的，不能对集合进行修改。可变集合是 MutableList、MutableSet、MutableMap，它们是支持读写的类型，能够对集合进行修改。

Kotlin 集合中的函数式 API 跟大部分支持 Lambda 语言的函数式 API 类似。下面仅以 filter、map、flatMap 三个函数为例演示使用集合的高阶函数。

1. filter的使用

过滤集合中大于 10 的数字，并把它们打印出来。

```
listOf(5, 12, 8, 33)   //创建 list 集合
      .filter { it > 10 }
      .forEach(::println)
```

执行结果如下：

```
12
33
```

::println 是方法引用（Method Reference），它是简化的 Lambda 表达式。

上述代码等价于下面的代码：

```
listOf(5, 12, 8, 33)
      .filter { it > 10 }
      .forEach{ println(it) }
```

2. map的使用

将集合中的字符串都转换成大写，并打印出来。

```
listOf("java","kotlin","scala","groovy")
      .map { it.toUpperCase() }
      .forEach(::println)
```

执行结果如下：

```
JAVA
KOTLIN
SCALA
GROOVY
```

3. flatMap的使用

遍历所有的元素，为每一个创建一个集合，最后把所有的集合放在一个集合中。

```
val newList = listOf(5, 12, 8, 33)
      .flatMap {
          listOf(it, it + 1)
      }

println(newList)
```

执行结果如下：

```
[5, 6, 12, 13, 8, 9, 33, 34]
```

3.3.2 Sequence

序列（Sequence）是 Kotlin 标准库提供的另一种容器类型。序列与集合有相同的函数 API，却采用不同的实现方式。

其实，Kotlin 的 Sequence 更类似于 Java 8 的 Stream，二者都是延迟执行的。Kotlin 的集合转换成 Sequence 只需使用 asSequence()方法。

```
listOf(5, 12, 8, 33)
      .asSequence()
      .filter { it > 10 }
      .forEach(::println)
```

或者使用 sequenceOf()直接创建新的 Sequence：

```
sequenceOf(5, 12, 8, 33) //创建 sequence
      .filter { it>10 }
      .forEach (::println)
```

在 Kotlin 1.2.70 的 Release Note 上曾说明：使用 Sequence 有助于避免不必要的临时分配开销，并且可以显著提高复杂处理 PipeLines 的性能。

下面编写一个例子来证实这个说法：

```
@BenchmarkMode(Mode.Throughput) //基准测试的模式，采用整体吞吐量的模式
@Warmup(iterations = 3) //预热次数
@Measurement(iterations = 10, time = 5, timeUnit = TimeUnit.SECONDS) //测试参数，iterations = 10 表示进行 10 轮测试
@Threads(8) //每个进程中的测试线程数
@Fork(2)  //进行 fork 的次数，表示 JMH 会 fork 出两个进程来进行测试
@OutputTimeUnit(TimeUnit.MILLISECONDS) //基准测试结果的时间类型
open class SequenceBenchmark {
```

```
    @Benchmark
    fun testSequence():Int {
        return sequenceOf(1,2,3,4,5,6,7,8,9,10)
                .map{ it * 2 }
                .filter { it % 3  == 0 }
                .map{ it+1 }
                .sum()
    }

    @Benchmark
    fun testList():Int {
        return listOf(1,2,3,4,5,6,7,8,9,10)
                .map{ it * 2 }
                .filter { it % 3  == 0 }
                .map{ it+1 }
                .sum()
    }
}

fun main() {
    val options = OptionsBuilder()
            .include(SequenceBenchmark::class.java.simpleName)
            .output("benchmark_sequence.log")
            .build()
    Runner(options).run()
}
```

通过基准测试得到如下结果：

```
# Run complete. Total time: 00:05:23

REMEMBER: The numbers below are just data. To gain reusable insights, you need to follow up on
why the numbers are the way they are. Use profilers (see -prof, -lprof), design factorial
experiments, perform baseline and negative tests that provide experimental control, make sure
the benchmarking environment is safe on JVM/OS/HW level, ask for reviews from the domain experts.
Do not assume the numbers tell you what you want them to tell.

Benchmark                        Mode  Cnt      Score     Error  Units
SequenceBenchmark.testList      thrpt   20  15924.272 ± 305.825  ops/ms
SequenceBenchmark.testSequence  thrpt   20  23099.938 ± 515.524  ops/ms
```

上述例子使用 OpenJDK 提供的基准测试工具 JMH 进行测试，可以在方法层面进行基准测试。上述例子的结果表明，在多次链式调用时，Sequence 比起 List 具有更高的效率。

这是因为集合在处理每个步骤时都会返回一个新集合，序列不会在每个处理步骤中创建集合。对于数据量比较大时，应该选择序列。

3.3.2　序列和流

序列和流都使用的是惰性求值。

在编程语言理论中，惰性求值（Lazy Evaluation）也称为传需求调用（call-by-need），是计算机编程中的一个概念，目的是最小化计算机要做的工作。它有两个相关而又有区别的含意，可以表示为“延迟求值”和“最小化求值”。除了可以得到性能的提升外，惰性计算的重要好处是可以构造一个无限的数据类型。

表 3-2 列举了序列和流的一些区别。

表3-2　序列和流的区别

特性对比	序　列	流
autoboxing	会发生自动装箱	对于原始类型可以避免自动装箱
parallelism	不支持	支持
跨平台	支持 Kotlin/JVM、Kotlin/JS、Kotlin/Native 等多平台	只能在 Kotlin/JVM 平台使用，并且 JVM 版本需要大于等于 8
易用性	更简洁，支持更多的功能	使用 Collectors 进行终端操作会使 Stream 更加冗长
性能	大多数终端操作符是 inline 函数	对于值可能不存在的情况，Sequence 支持可为空的类型，而 Stream 会创建 Optional 包装器。因此会多一步的对象创建

从易用性、性能角度来看，如果要从序列和流中做出选择，笔者偏向于序列。

3.4　总结

本章从介绍函数式编程开始，到高阶函数，再到 Lambda 表达式，最后还对比了集合、序列、Java 中的流的特点。

首先介绍了高阶函数的特性以及 Kotlin 的函数类型。再对 Java 8 的 Lambda 表达式和 Kotlin 的 Lambda 表达式进行对比，并介绍了如何简化 Kotlin 的 Lambda 表达式。随后，从源码的角度介绍了 Lambda 表达式的实现。

本章的内容是 Kotlin 的基础，在后面的章节中很多地方都会使用到高阶函数和 Lambda 表达式。

第4章 内联函数与扩展函数

Kotlin 使用高阶函数会带来一些隐性成本：产生函数对象实例、造成方法数量的增加、产生函数的调用等。

幸好，使用内联函数可以解决这个问题。Kotlin 的内联函数是使用 inline 修饰的函数，从编译器角度将函数的函数体复制到调用处实现内联。

4.1 内联函数

来自维基百科的定义：

在计算机科学中，内联函数（有时称作在线函数或编译时期展开函数）是一种编程语言结构，用来建议编译器对一些特殊函数进行内联扩展（有时称作在线扩展）。也就是说，建议编译器将指定的函数体插入并取代每一处调用该函数的地方（上下文），从而节省每次调用函数带来的额外时间开支。但在选择使用内联函数时，必须在程序占用空间和程序执行效率之间进行权衡，因为过多地比较复杂的函数进行内联扩展将带来很大的存储资源开支。另外，还需要特别注意的是对递归函数的内联扩展可能引起部分编译器的无穷编译。

大多数情况下，通过将 Lambda 表达式内联在使用处可以消除运行时消耗。这些消耗包括函数调用的压栈和出栈。但这些消耗不包括函数体本身所需要的开销，因为函数无论内联与否都会执行函数体的代码。

本质上，内联函数的使用是空间换取时间的过程。

4.1.1 inline 的使用

1. 示例1

在 main 函数中，分别使用内联函数和非内联函数打印一段文字。

```
fun nonInlined(block: () -> Unit) { //不用内联的函数
  block()
}
inline fun inlined(block: () -> Unit) { //使用内联的函数
  block()
}
fun main(args: Array<String>) {
  nonInlined {
     println("do something with nonInlined")
  }
  inlined {
     println("do something with inlined")
  }
}
```

其中 nonInlined 需要创建 Function0 对象，而使用了内联的 inlined 函数，不用再创建 Function0 对象，直接被复制到被调用处。

将上述代码反编译成 Java 代码之后，如图 4-1 所示。

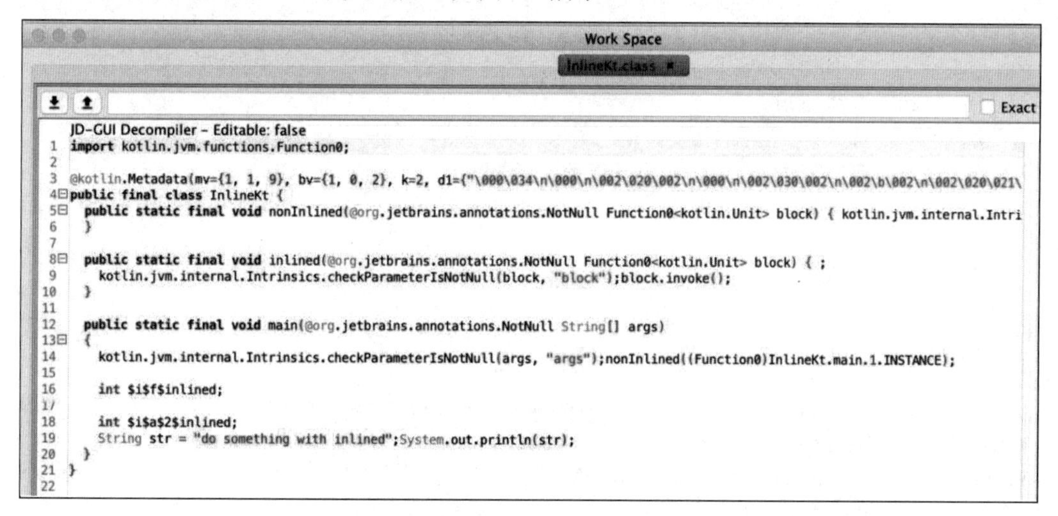

图 4-1　反编译内联和非内联函数

发现在 main 函数中直接使用了：

```
String str = "do something with inlined";
System.out.println(str);
```

2. 示例2

对 Closeable 类进行扩展，让它支持 Java 的 try-with-resources 特性。其实，在 Kotlin 1.2 后已经在 Closeable.kt 中增加了扩展函数 use()，和下面的代码类似：

```
inline fun <T : Closeable?, R> T.use(block: (T) -> R): R {
  var closed = false
  try {
     return block(this)
```

```
    } catch (e: Exception) {
        closed = true
        try {
            this?.close()
        } catch (closeException: Exception) {
        }
        throw e
    } finally {
        if (!closed) {
            this?.close()
        }
    }
}
```

这里用到了扩展函数（能够在不改变已有类的情况下，为某个类添加新的函数），这个特性会在 4.3 节详细介绍。

我们来看看在 Kotlin 中如何使用这个 use()方法：

```
val sourceString = "write something to test.txt"
val sourceByte = sourceString.toByteArray()
val file = File("test.txt")
if (!file.exists()) {
    file.createNewFile()
}
FileOutputStream(file).use { //使用了扩展函数 use 之后，就无须再主动关闭
FileOutputStream
    it.write(sourceByte)
}
```

上述代码等价于以下 Java 代码：

```
String sourceString = "write something to test.txt";
byte[] sourceByte = sourceString.getBytes();
FileOutputStream outStream = null;
if (sourceByte != null) {
    try {
        File file = new File("test.txt");
        if (!file.exists()) {
            file.createNewFile();
        }
        outStream = new FileOutputStream(file);
        outStream.write(sourceByte);
    } catch (Exception e) {
        e.printStackTrace();
    } finally {
        if (outStream != null) {
            try {
                outStream.close();
            } catch (IOException e) {
```

```
                e.printStackTrace();
            }
        }

    }
}
```

Kotlin 的代码节省了 try...catch...finally 语句，并自动关闭了文件输出流。

小结一下内联函数的特性：

- 内联函数中有函数类型的参数，那么该函数类型的参数默认也是内联的。除非显式使用 noinline进行修饰，这样该函数类型就不再是内联的。
- 内联函数的优点是效率高、运行速度快。
- 内联函数的缺点是编译器会生成比较多的代码，所以内联函数不要乱用。

额外提一下，在 Kotlin 1.5 之后的内联类，使用 value 来修饰类，而不是使用 inline 进行修饰。

```
value class User(val name: String,val password:String)
```

需要注意：内联函数和内联类是有区别的。

如果业务逻辑需要围绕某种类型创建包装器，但是，由于额外的堆分配，它引入了运行时开销。此外，如果被包装的类型是原始类型，则性能损失会很糟糕，因为原始类型通常在运行时进行了大量优化，而它们的包装器没有任何特殊地处理。Kotlin 为了解决这个问题，引入了内联类。

内联类是基于值的类的子集。在最终生成的字节码中被替换成其“包装”的 value，进而提高运行时的性能。

4.1.2　禁用内联——noinline

在 Kotlin 中可以使用 noinline 来修饰不需要内联的函数类型的参数。

下面的例子 noinlineExample 函数有两个参数，由于 noinlineExample 函数使用了 inline，因此第一个参数默认使用了 inline，而第二个参数使用了 noinline。

```
fun doSomething1() {
    println("do something with inline")
}

fun doSomething2() {
    println("do something with noinline")
}

inline fun noinlineExample(something1: () -> Unit, noinline something2: () -> Unit) {
    something1.invoke()
    something2.invoke()
}

fun main(args: Array<String>) {
    noinlineExample(::doSomething1,
```

```
        ::doSomething2
    )
}
```

将上述代码反编译成 Java 的代码之后：

```
import kotlin.jvm.functions.Function0;

@kotlin.Metadata(mv={1, 1, 9}, bv={1, 0, 2}, k=2, d1={"\000\036\n\000\n\002\
020\002\n\002\b\003\n\002\020\021\n\002\020\016\n\002\b\003\n\002\030\002\n\002
\b\002\032\006\020\000\032\0020\001\032\006\020\002\032\0020\001\032\031\020\00
3\032\0020\0012\f\020\004\032\b\022\004\022\0020\0060\005¢\006\002\020\007\032'
\020\b\032\0020\0012\f\020\t\032\b\022\004\022\0020\0010\n2\016\b\b\020\013\032
\b\022\004\022\0020\0010\nH•\b¨\006\f"}, d2={"doSomething1", "", "doSomething2",
"main", "args", "", "", "([Ljava/lang/String;)V", "noinlineExample", "something1",
"Lkotlin/Function0;", "something2", "baisc_main"})
public final class NoinlineKt {
 public static final void doSomething1() { String str = "do something with inline";
    System.out.println(str);
}

 public static final void doSomething2() {
    String str = "do something with noinline";System.out.println(str);
}

 public static final void noinlineExample(@org.jetbrains.annotations.NotNull
Function0<kotlin.Unit> something1, @org.jetbrains.annotations.NotNull
Function0<kotlin.Unit> something2) {

    kotlin.jvm.internal.Intrinsics.checkParameterIsNotNull(something1,
"something1");
    kotlin.jvm.internal.Intrinsics.checkParameterIsNotNull(something2,
"something2");
    something1.invoke();
    something2.invoke();
}

 public static final void main(@org.jetbrains.annotations.NotNull String[]
args)
{
    kotlin.jvm.internal.Intrinsics.checkParameterIsNotNull(args, "args");
    Function0 localFunction01 = (Function0)NoinlineKt.main.2.INSTANCE;
    int $i$f$noinlineExample;
    Function0 something2$iv;
    int $i$a$1$unknown;
    doSomething1();

    something2$iv.invoke();
 }
}
```

发现使用 noinline 的 Lambda 表达式需要创建 Function0 对象。使用 noinline 的 Lambda 表达式其实就是一个普通的 Lambda 表达式。

4.1.3 非局部返回以及 crossinline 的使用

1. 非局部返回（non-local returns）

普通的 return 默认返回的函数是当前 fun 所定义的函数，这叫作局部返回（local return）。

```
fun normalFunction() {
  ...
   return
}
```

在 Lambda 表达式内部不能让外部函数返回，所以在 Lambda 表达式中使用 return 是被禁止的。

```
fun foo() {
 normalFunction {
    return //ERROR
  }
}
```

但是，由于内联函数的特性，可以在 Lambda 表达式中使用 return 返回外部函数。这种返回方式被称作非局部返回（non-local returns）。

```
fun foo() {
 inlineFunction {
    return //OK
 }
}
```

使用 noinline 的 Lambda 表达式也不支持非局部返回。

2. crossinline的使用

内联函数默认支持非局部返回，而 crossinline 修饰的 Lambda 表达式不允许非局部返回。

例如：

```
inline fun higherOrderFunction(crossinline aLambda: () -> Unit) {
    normalFunction {
        aLambda() //must mark aLambda as crossinline to use in this context.
    }

}

fun callingFunction() {
    higherOrderFunction {

        return  //Error
    }

}
```

4.2 内联属性

4.2.1 内联属性

Kotlin 1.1 之后支持内联属性，例如：

```
val foo: Foo
   inline get() = Foo()

var bar: Bar
   get() = ...
   inline set(v) { ... }
```

或者将 bar 属性的 get、set 方法都设置成内联：

```
inline var bar: Bar
   get() = ...
   set(v) { ... }
```

内联属性的原理跟内联函数一样。合理使用内联属性可以帮助编译器产生更优的字节码，消除不必要的间接引用。

4.2.2 内联类

Kotlin 1.3 新增了内联类，这还是实验性的语言功能。

内联类必须有一个主构造函数，在主构造函数中必须有一个 val 属性，例如：

```
inline class Foo(val i: Int)
```

内联类的作用依然是减少运行时的消耗，主要是创建类产生的开销。

本节讲述的“扩展”是一种静态行为，对于被扩展类的代码本身不会造成任何影响。Kotlin的扩展是比继承更加简洁和优雅的方式，Kotlin的扩展包括扩展函数和扩展属性。

4.3 扩展函数

4.3.1 扩展函数的特性

扩展函数是形如类名.方法名()这样的形式。Kotlin 允许开发者在不改变已有类的情况下，为某个类添加新的函数，这个特性叫作扩展函数。感觉很黑科技，其实在其他语言中，诸如 C#、Swift 都有这个特性。

1. 扩展函数

举一个简单的例子，对 Java 的 String 类增加一个 checkEmail()函数，它的用途是判断字符串是否为电子邮件的格式。

```
fun String.checkEmail(): Boolean {
    val emailPattern = "[a-zA-Z0-9][a-zA-Z0-9._-]{2,16} [a-zA-Z0-9]@[a-zA-Z0-9]
+.[a-zA-Z0-9]+"
    return Pattern.matches(emailPattern, this)
}

fun main(args: Array<String>) {
    println("fengzhizi715@126.com".checkEmail())
}
```

上面 String 的扩展函数等价于下面的工具方法 checkEmail：

```
public static boolean checkEmail(String email) {
    String emailPattern = "[a-zA-Z0-9][a-zA-Z0-9._-]{2,16}[a-zA-Z0-9]
@[a-zA-Z0-9]+.[a-zA-Z0-9]+";
    return Pattern.matches(emailPattern, email);
}
```

查看一下 Kotlin Bytecode，如图 4-2 所示，可以发现扩展函数实质上就是一个工具方法，并不是对原先的类进行修改而添加一个新的方法。

2. 扩展函数能否跟原先的函数重名

我们带着这样的疑惑，来看看下面的例子。

```
class Extension2 {
    fun test() = println("this is from test()")
}
fun Extension2.test() = println("this is from extension function") //扩展函数
test
fun main(args: Array<String>) {
    var extension2 = Extension2()
    extension2.test()
}
```

执行结果如下：

```
this is from test()
```

从执行结果可以看出，上述代码并没有调用扩展函数 test()，依然调用的是当前类的 test()。

查看一下 Kotlin Bytecode，如图 4-2 所示，可以发现扩展函数实质上就是一个工具方法，并不是对原先的类进行修改添加的新方法。

所以，当扩展函数跟原先的函数重名，并且参数都相同时，扩展函数就会失效，调用的是原先类的函数。从安全性角度考虑，这样做也是有一定道理的，否则任何人都可以借助扩展函数的特性来“hack”原有的代码。

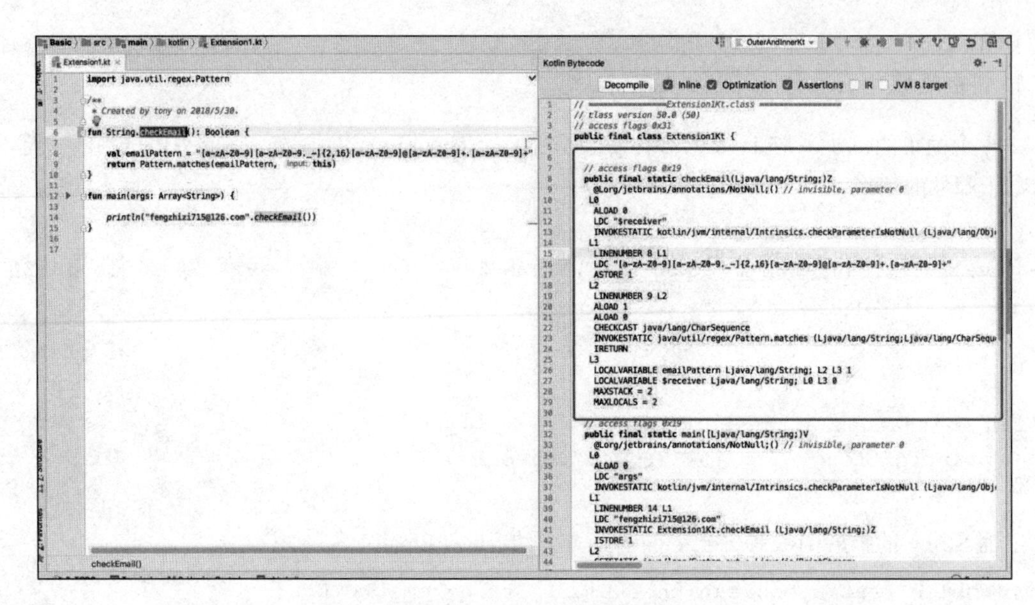

图 4-2　扩展函数的字节码

3. 扩展函数是否具有多态性

多态是同一个行为具有多种不同表现形式或形态的能力。多态性是对象多种表现形式的体现。

在 Java 中，父类引用指向子类对象，调用方法时会调用子类的实现，而不是父类的实现。那么 Kotlin 的扩展函数是否具有多态性呢？来看下面的例子：

```
open class Base
class Child: Base()
fun Base.foo() = println("this is from base")       //父类的扩展函数 foo
fun Child.foo() = println("this is from child")     //子类的扩展函数 foo
fun executeFoo(base: Base) = base.foo()
fun main(args: Array<String>) {
   var base = Base()
   var child = Child()
   executeFoo(base)
   executeFoo(child)
}
```

执行结果如下：

```
this is from base
this is from base
```

在 executeFoo()方法中，无论传递的是父类 base，还是子类 child，最后执行的都是父类的扩展函数。因此，我们可以得出结论，扩展函数不具备多态性。

4. Java调用Kotlin的扩展函数

以笔者的 Android 工具库和扩展函数库为例，GitHub 地址：https://github.com/fengzhizi715/SAF-Kotlin-Utils。

其中有一个类名为 Context+Extension.kt，从类名上一眼就能看出它包含多个针对 Context 的扩展函数。例如：

```
/**
*获取当前 App 的版本号
*/
fun Context.getAppVersion(): String {
   val appContext = applicationContext
   val manager = appContext.getPackageManager()
   try {
       val info = manager.getPackageInfo(appContext.getPackageName(), 0)
       if (info != null)
           return info.versionName
  } catch (e: PackageManager.NameNotFoundException) {
       e.printStackTrace()
  }
   return ""
}
```

如果要在 Java 中调用该函数，则可以这样使用：

```
Context_ExtensionKt.getAppVersion(mContext);
```

我们会发现末尾多了 Kt 的后缀。由于该 Kotlin 类名为 Context+Extension.kt，比较特殊，才会出现上面带有“_”的结果。如果该 Kotlin 类名为 ContextExtension.kt，则在 Java 中是这样使用的：

```
ContextExtensionKt.getAppVersion(mContext);
```

总结一下扩展函数的特性：

- 扩展函数本质上并不是对原先的类新增一个方法，它是以静态导入的方式来实现的。
- 扩展函数跟原先的函数重名，并且参数都一样时，扩展函数会失效，调用的依旧是原先的函数。
- 扩展函数不具备多态性。
- Java也能调用Kotlin的扩展函数，可以把它当成是一个工具类来使用。

4.3.2　常用标准库的扩展函数

下面要介绍的扩展函数位于 Standard.kt。

1. with

with 是将某个对象作为函数的参数，在函数块内可以通过 this 指代该对象。在函数块内可以直接调用对象的方法或者属性。

在 with 函数中还包含 Contract DSL，它是为编译器提供有关函数行为的附加信息，这有助于分析质量。后面其他的扩展函数也有 Contract DSL，在阅读源代码时可以忽略掉。本书的第 9 章会专门介绍 Contract。

```
/**
 * Calls the specified function [block] with the given [receiver] as its receiver
and returns its result.
 */
@kotlin.internal.InlineOnly
public inline fun <T, R> with(receiver: T, block: T.() -> R): R {
    contract {
        callsInPlace(block, InvocationKind.EXACTLY_ONCE)
    }
    return receiver.block()
}
```

以 Android App 的某个 Adapter 为例，在使用 with 之前可能会是这样的：

```
class AppPublisherAdapter : BaseAdapter<BoundAppInfoResponse.AppInfo>() {
    override fun getLayoutId(viewType: Int): Int = R.layout.cell_app_publisher
    override fun onBindViewHolderImpl(holder: BaseViewHolder, position:
Int,content: BoundAppInfoResponse.AppInfo) {
        holder.itemView.tv_game_name.text = content.name
        if (content.is_bound) {
            holder.itemView.tv_bound_user_name.text = content.bound_user_name
            holder.itemView.tv_bound_user_name.setTextColor(context.resources.
getColor(R.color.color_bound_user_name))
        } else {
            holder.itemView.tv_bound_user_name.text = context.getString
(R.string.bind_on_account)
            holder.itemView.tv_bound_user_name.setTextColor(context.
resources.getColor(R.color.color_bind_on_account))
        }
        holder.itemView.iv_game_icon.load(content.logo_url)
    }
}
```

使用 with 之后，在 with 函数块内可以省略“content.”：

```
class AppPublisherAdapter : BaseAdapter<BoundAppInfoResponse.AppInfo>() {
    override fun getLayoutId(viewType: Int): Int = R.layout.cell_app_publisher
    override fun onBindViewHolderImpl(holder: BaseViewHolder, position: Int,
content: BoundAppInfoResponse.AppInfo) {
        with(content) {
            holder.itemView.tv_game_name.text = name
            if (is_bound) {
                holder.itemView.tv_bound_user_name.text = bound_user_name
                holder.itemView.tv_bound_user_name.setTextColor(context.color
(R.color.color_bound_user_name))
            } else {
                holder.itemView.tv_bound_user_name.text = context.string
(R.string.bind_on_account)
```

```
                holder.itemView.tv_bound_user_name.setTextColor
(context.color(R.color.color_bind_on_account))
            }
            holder.itemView.iv_game_icon.load(logo_url)
        }
    }
}
```

2. apply

apply 函数在函数块内可以通过 this 指代该对象，返回值为该对象自己。在链式调用中，我们可以考虑使用它，从而不用破坏链式。

```
/**
 * Calls the specified function [block] with `this` value as its receiver and
returns `this` value.
 */
@kotlin.internal.InlineOnly
public inline fun <T> T.apply(block: T.() -> Unit): T {
    contract {
        callsInPlace(block, InvocationKind.EXACTLY_ONCE)
    }
    block()
    return this
}
```

举个例子：

```
object Test {
    @JvmStatic
    fun main(args: Array<String>) {
        val result ="Hello".apply {
            println(this+" World")
            this+" World" //apply 会返回该对象自己，所以 result 的值依然是"Hello"
        }
        println(result)
    }
}
```

执行结果如下：

```
Hello World
Hello
```

第一个字符串是在闭包中打印的，第二个字符串是 result 的结果，仍然是“Hello”。

3. run

run 函数类似于 apply 函数，但是 run 函数返回的是最后一行的值。

```
/**
 * Calls the specified function [block] and returns its result.
 */
@kotlin.internal.InlineOnly
public inline fun <R> run(block: () -> R): R {
    contract {
        callsInPlace(block, InvocationKind.EXACTLY_ONCE)
    }
    return block()
}
```

举个例子：

```
object Test {
    @JvmStatic
    fun main(args: Array<String>) {
        val result ="Hello".run {
            println(this+" World")
            this + " World" //run 返回的是最后一行的值
        }
        println(result)
    }
}
```

执行结果如下：

```
Hello World
Hello World
```

第一个字符串是在闭包中打印的，第二个字符串是 result 的结果，返回的是闭包中最后一行的值，所以也打印了“Hello World”。

4. let

let 函数把当前对象作为闭包的 it 参数，返回值是函数中的最后一行，或者指定 return。它看起来有点类似于 run 函数。

let 函数跟 run 函数的区别是：let 函数在函数内可以通过 it 指代该对象。

```
/**
 * Calls the specified function [block] with `this` value as its argument and
returns its result.
 */
@kotlin.internal.InlineOnly
public inline fun <T, R> T.let(block: (T) -> R): R {
    contract {
        callsInPlace(block, InvocationKind.EXACTLY_ONCE)
    }
    return block(this)
}
```

通常情况下，let 函数跟“?”结合使用：

```
obj?.let {
   ...
}
```

可以在 obj 不为 null 的情况下执行 let 函数块的代码，从而避免空指针异常的出现。

5. also

also 是 Kotlin 1.1 新增的函数，类似于 apply 的功能。跟 apply 不同的是，also 在函数块内可以通过 it 指代该对象，返回值为该对象自己。

```
/**
 * Calls the specified function [block] with `this` value as its argument and returns `this` value.
 */
@kotlin.internal.InlineOnly
@SinceKotlin("1.1")
public inline fun <T> T.also(block: (T) -> Unit): T {
   contract {
      callsInPlace(block, InvocationKind.EXACTLY_ONCE)
   }
   block(this)
   return this
}
```

举个例子：

```
object Test {

   @JvmStatic
   fun main(args: Array<String>) {
      val result ="Hello".also {
         println(it + " World")

         it + " World"
      }

      println(result)
   }
}
```

执行结果如下：

```
Hello World
Hello
```

可以看到执行结果跟 apply 函数的执行结果是一致的。

列举完 Kotlin 标准库常用的几个扩展函数之后，我们会发现它们都是高阶函数，而且还都使用了 inline。图 4-3 总结了它们之间的关系。

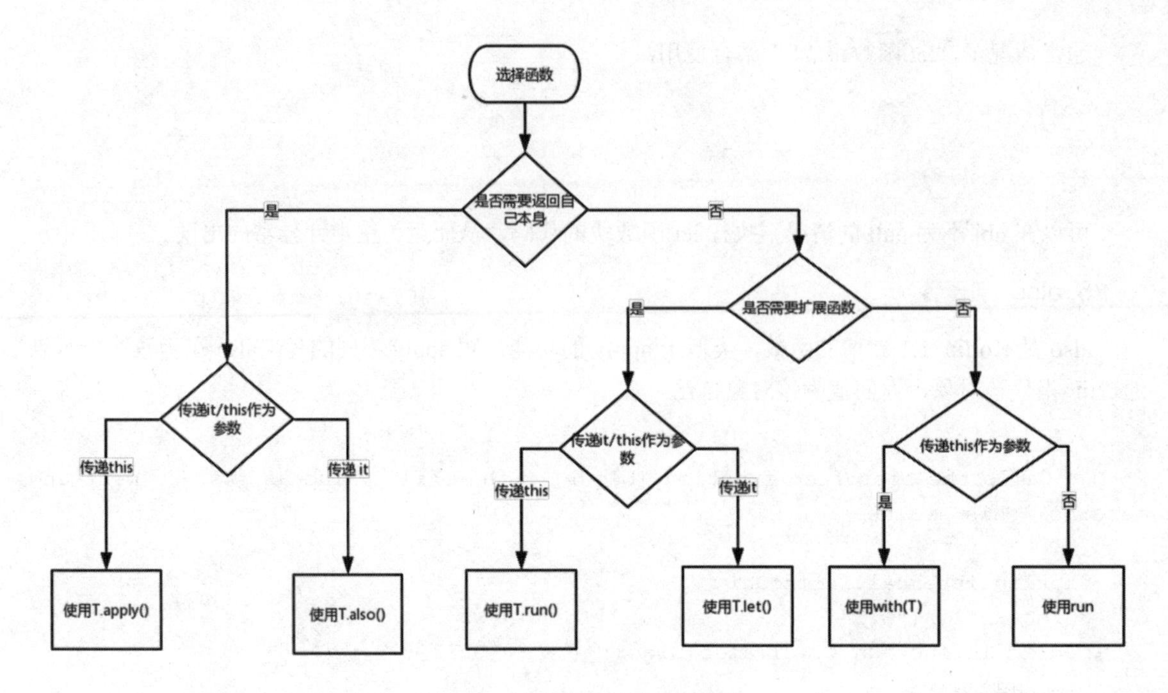

图 4-3　标准库常用的扩展函数

4.4　扩展属性

类似于扩展函数，Kotlin 还支持扩展属性。扩展属性实际上不会向类添加新的成员，也不能更改类的内容。

扩展属性是把某些函数添加为数据，可以直接通过“=”设置或使用。扩展属性可以通过 val 或者 var 进行修饰。如果是 val 修饰的扩展属性，就需要定义 get 方法。如果是 var 修饰的扩展属性，就需要定义 get 和 set 方法。

```
/**
* Created by tony on 2018/5/31.
*/
class Extension3
val Extension3.text:String
   get() =  "this is a text property"

fun main(args: Array<String>) {
   var extension3 = Extension3()
   println(extension3.text)
}
```

执行结果如下：

```
this is a text property
```

如图 4-4 所示，查看上述代码的字节码，可知 Extension3 的扩展属性 text 实际上是以 static 方法出现在 Extension3Kt 类中，而不是在原先的 Extension3 类中添加了一个 text 属性。

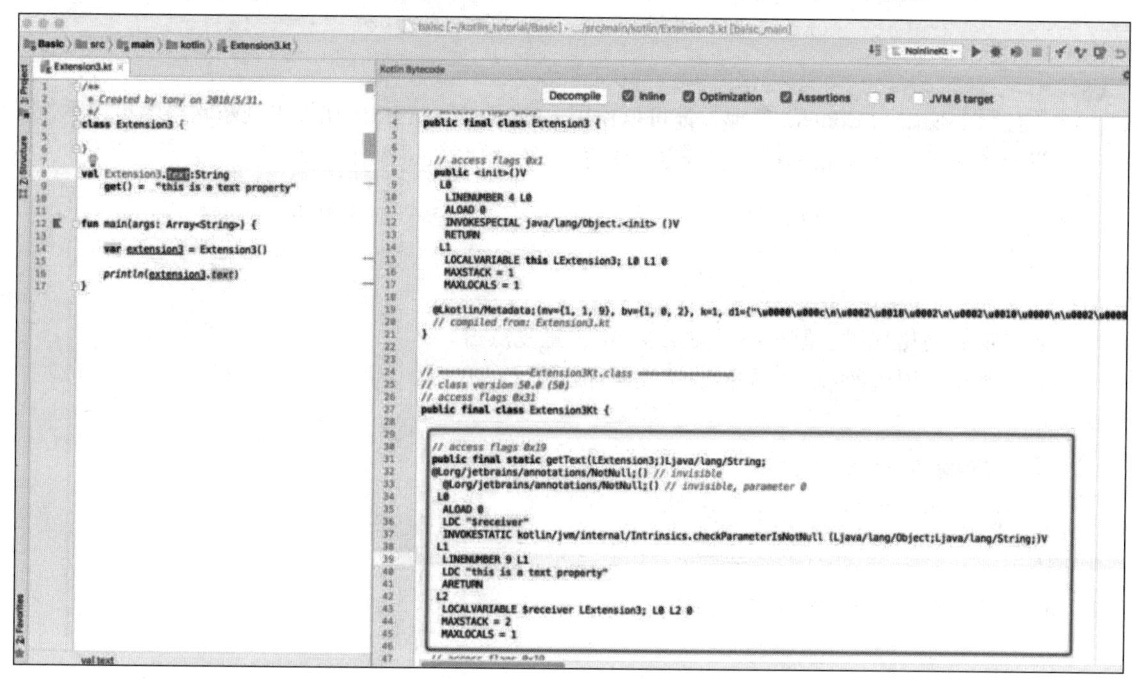

图 4-4　Extension3 的字节码

真正使用 extension3.text 时，只是调用 Extension3Kt 的 getText()方法，如图 4-5 所示。

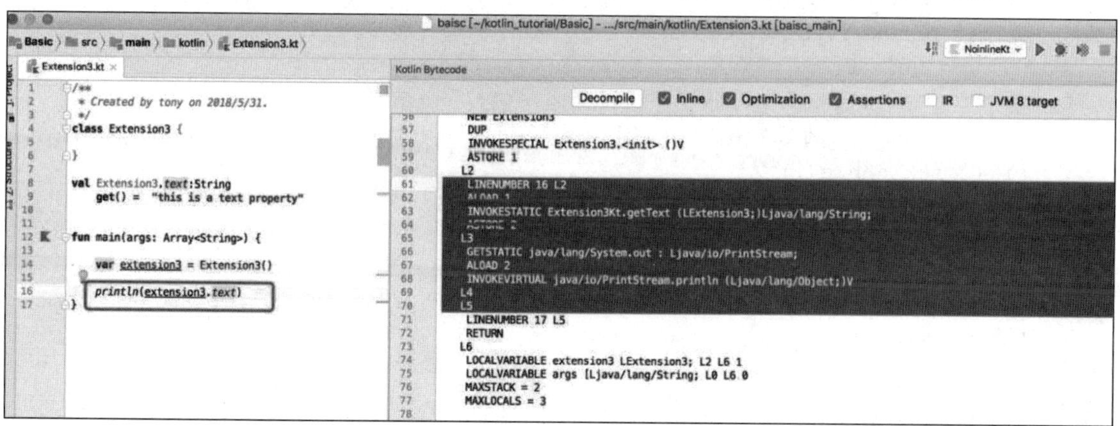

图 4-5　extension3.text 的字节码

```
INVOKESTATIC Extension3Kt.getText (LExtension3;)Ljava/lang/String;
```

举一个例子，对 Android 中的 Context 添加一个属性 isNetworkAvailable：

```
val Context.isNetworkAvailable: Boolean
  @SuppressLint("MissingPermission")
  get() {
```

```
        val connectivityManager = getSystemService(Context.CONNECTIVITY_SERVICE)
as ConnectivityManager
        val activeNetworkInfo = connectivityManager.activeNetworkInfo
        return activeNetworkInfo?.isConnectedOrConnecting ?: false
    }
```

之后，只要使用到 Context 的地方都可以使用 isNetworkAvailable 属性来判断网络的可用情况。

再举一个例子，对 Android 的 View 进行扩展。最初对 View 添加一个扩展函数：

```
fun <T : View> T.click(block: (T) -> Unit) = setOnClickListener {
    block(it as T)
}
```

它虽然能够简化代码，但是不能防止 View 被重复点击。

于是，结合扩展函数和扩展属性的特性来优化刚才的代码：

```
/***
* 设置延迟时间的 View 扩展
* @param delay Long 延迟时间，默认为 600 毫秒
* @return T
*/
fun <T : View> T.withTrigger(delay: Long = 600): T {
   triggerDelay = delay
   return this
}
/***
* 点击事件的 View 扩展
* @param block: (T) -> Unit 函数
* @return Unit
*/
fun <T : View> T.click(block: (T) -> Unit) = setOnClickListener {
   if (clickEnable()) {
       block(it as T)
   }
}
/***
* 带延迟过滤的点击事件 View 扩展
* @param delay Long 延迟时间，默认为 600 毫秒
* @param block: (T) -> Unit 函数
* @return Unit
*/
fun <T : View> T.clickWithTrigger(time: Long = 600, block: (T) -> Unit){
   triggerDelay = time
   setOnClickListener {
       if (clickEnable()) {
           block(it as T)
       }
   }
```

```
}
private var <T : View> T.triggerLastTime: Long
    get() = if (getTag(1123460103) != null) getTag(1123460103) as Long else 0
    set(value) {
        setTag(1123460103, value)
    }
private var <T : View> T.triggerDelay: Long
    get() = if (getTag(1123461123) != null) getTag(1123461123) as Long else -1
    set(value) {
        setTag(1123461123, value)
    }
private fun <T : View> T.clickEnable(): Boolean {
    var flag = false
    val currentClickTime = System.currentTimeMillis()
    if (currentClickTime - triggerLastTime >= triggerDelay) {
        flag = true
    }
    triggerLastTime = currentClickTime
    return flag
}
```

这样一来，对 View 增加了多个扩展函数，也可以满足多种使用场景。

（1）普通事件的单击：

```
view.click {
    ...
}
```

（2）默认 600 毫秒内防止重复的单击：

```
view.clickWithTrigger {
    ...
}
```

它等价于：

```
view.withTrigger().click {
    ...
}
```

（3）1 秒内防止重复的点击：

```
view.clickWithTrigger(1000) {
    ...
}
```

它等价于：

```
view.withTrigger(1000).click {
    ...
}
```

上述代码还可以继续优化，再结合埋点的 SDK（无埋点除外），还能简化埋点的处理。

4.5 总结

本章包含两部分内容：内联和扩展。

首先，详细介绍了内联函数的作用以及如何使用它，还介绍了 noinline、crossinline 的作用，以及内联属性和内联类。

紧接着介绍了扩展函数的特性、常用标准库的扩展函数以及举例了我们在生产环境中所使用的扩展函数，也鼓励大家封装自己的扩展函数库。早在 2018 年的 Google I/O 大会上，Google 新发布的 Jetpack 就包含 Android KTX。它是一个 Kotlin 的扩展库，把一些常用的代码进行封装。同时，还介绍了扩展属性，它跟扩展函数类似。结合扩展函数和扩展属性的特性介绍了 Android View 如何防止重复点击。

在实际开发中，无论是针对移动端还是后端都可以使用扩展的功能来替换掉一些工具类。

第 5 章 委托

Kotlin 很多语法糖的一个重要特征是简化代码，并且重用性高。本章的内容讲述了 Kotlin 的委托特性。

5.1 委托介绍

来自维基百科的定义：委托模式是软件设计模式中的一项基本技巧。在委托模式中，有两个对象参与处理同一个请求，接受请求的对象将请求委托给另一个对象来处理。委托模式是一项基本技巧，许多其他的模式，如状态模式、策略模式、访问者模式本质上是在更特殊的场合采用委托模式。委托模式使得我们可以用聚合来替代继承。

举一个简单的例子，朋友圈的“微商”就是一种委托模式。“微商”代替厂家来卖商品，厂家“委托”他们进行销售。“微商”相当于代理类，而厂家则是委托类。

Java 在语法层面上没有支持委托模式，但能够通过代理模式来实现委托。Java 的代理模式分为两种：静态代理和动态代理。

5.1.1 静态代理

所谓静态代理，是指代理类在编译时就已经创建好。

```
public class ProxyDemo {
  public static void main(String args[]){
     BaseImpl impl = new BaseImpl(10);
     Proxy p = new Proxy(impl);
     p.print();
  }
}
interface Base{
```

```
    void print();
}
/**
* 委托类
*/
class BaseImpl implements Base{
    private int x;
    public BaseImpl(int x) {
        this.x = x;
    }
    public void print(){
        System.out.println(x);
    }
}
class Proxy implements Base{
    private Base b;
    public Proxy(Base base){
        this.b = base;
    }
    public void print(){
        b.print();
    }
}
```

在这里，Proxy 是代理类，BaseImpl 是委托类。在静态代理中，代理类和委托类有共同的父类或者父接口。

5.1.2 动态代理

跟静态代理不同的是，动态代理的代理类是在运行时生成的。也就是说，动态代理类在程序运行时由 Java 反射机制动态生成，我们无须编写代理类的代码。

实现动态代理的步骤：

（1）定义一个委托类和公共接口。

（2）实现 InvocationHandler 接口，创建代理类的调用处理器。

（3）动态生成代理对象。

（4）通过代理对象调用方法。

```
import java.lang.reflect.InvocationHandler;
import java.lang.reflect.Method;
import java.lang.reflect.Proxy;

/**
* Created by tony on 2018/6/5.
*/
public class DynamicProxyDemo {

    public static void main(String[] args) {
```

```
        BaseImpl baseImpl = new BaseImpl(10);                  //创建委托对象
        ProxyHandler handler = new ProxyHandler(baseImpl);  //创建调用处理器对象
        Base proxy = (Base) Proxy.newProxyInstance(BaseImpl.class.
getClassLoader(),
              BaseImpl.class.getInterfaces(), handler);    //动态生成代理对象
        proxy.print();                                        //通过代理对象调用方法
    }
}

interface Base{
    void print();
}
/**
* 委托类
*/
class BaseImpl implements Base{
    private int x;
    public BaseImpl(int x) {
        this.x = x;
    }
    public void print(){
        System.out.println(x);
    }
}

/**
*代理类的调用处理器
*/
class ProxyHandler implements InvocationHandler {
    private Base b;
    public ProxyHandler(Base base){
        this.b = base;
    }
    @Override
    public Object invoke(Object proxy, Method method, Object[] args)
            throws Throwable {
        return method.invoke(b, args);
    }
}
```

动态代理会涉及两个重要的 Java API：

（1）java.lang.reflect.Proxy：是 Java 动态代理机制生成的所有动态代理类的父类，提供了一组静态方法来为一组接口动态地生成代理类及其对象。

（2）java.lang.reflect.InvocationHandler：是调用处理器接口。它的 invoke 方法用于集中处理在动态代理类对象上的方法调用，通常在该方法中实现对委托类的代理访问。

我们先小结一下静态代理和动态代理的优缺点：

- 静态代理在编译时产生class字节码文件，效率高。但是静态代理只能为一个目标对象服务，如果目标对象过多，就会产生很多代理类。
- 动态代理必须实现InvocationHandler接口，通过反射代理方法，比较消耗系统性能。但是动态代理可以减少代理类的数量，使用更灵活。Java后端的很多框架大多采用这种方式。

5.2 Kotlin 的委托模式和委托属性

5.2.1 委托模式

Kotlin 在语法层面上支持委托模式，实现起来代码显得更加简洁。下面的几行代码即可完成类的委托，实现跟上面的 Java 完全一样的功能。

```
//创建接口
interface Base {
    fun print()
}

//实现此接口的被委托的类
class BaseImpl(val x: Int) : Base {
    override fun print() { print(x) }
}

//通过关键字 by 完成委托，Derived 相当于代理类
class Derived(b: Base) : Base by b
fun main(args: Array<String>) {
    val base = BaseImpl(10)
    Derived(base).print() //输出 10
}
```

Derived 类的构造函数的参数 b 是一个 Base 对象，通过关键字 by 完成委托。Derived 类无须再实现 print()方法。

由此可见，委托模式是替代继承很好的一个选择。

再举一个例子，定义两个接口 Marks 和 Totals，再分别定义它们的实现类 StdMarks、ExcelMarks 和 StdTotals、ExcelTotals。

最后定义一个 Student 类，它和 Marks、Totals 建立委托的关系，Student 没有使用任何继承。

```
interface Marks {
    fun printMarks()
}

class StdMarks : Marks {
    override fun printMarks() = println("printed marks")
```

```
}

class ExcelMarks : Marks {
  override fun printMarks() = println("printed marks and export to excel")
}

interface Totals {
  fun printTotals()
}

class StdTotals : Totals {
  override fun printTotals() = println("calculated and printed totals")
}

class ExcelTotals : Totals {
  override fun printTotals() = println("calculated and printed totals and export 
to excel")
}

class Student(studentId: Int, marks: Marks, totals: Totals)
  : Marks by marks, Totals by totals

fun main(args: Array<String>) {

  val student1 = Student(1, StdMarks(), StdTotals()) //StdMarks、StdTotals为
Student被委托的类
  student1.printMarks()
  student1.printTotals()

  println("---------------------------")

  val student2 = Student(2, ExcelMarks(), ExcelTotals()) //ExcelMarks、
ExcelTotals 为 Student 被委托的类
  student2.printMarks()
  student2.printTotals()
}
```

执行结果如下：

```
printed marks
calculated and printed totals
---------------------------
printed marks and export to excel
calculated and printed totals and export to excel
```

5.2.2 委托属性

有一些很常见的属性，虽然我们可以在每次需要它们的时候手动地实现，但更好的方法是一次性全部实现，然后放进一个库里面。换句话说，对其属性值的操作不再依赖于其自身的 getter/setter 方法，而是将其托付给一个代理类，从而每个使用类中的该属性可以通过代理类统一管理。

委托属性的语法：

```
val/var <property name>: <Type> by <expression>
```

其中，by 后面的表达式就是一个委托操作。

1. 委托属性的第一个例子

```
class Delegate {
    operator fun getValue(thisRef: Any?, property: KProperty<*>): String {
        return "${property.name}: $thisRef"
    }

    operator fun setValue(thisRef: Any?, property: KProperty<*>, value: String) {
        println("value=$value")
    }
}

class User {
    var name: String by Delegate()
    var password:String by Delegate()
}
fun main(args: Array<String>) {
    val u = User()
    println(u.name)
    u.name = "Tony"
    println(u.password)
    u.password = "123456"
}
```

执行结果如下：

```
name: User@65ab7765
value=Tony
password: User@65ab7765
value=123456
```

User 对象的两个属性都使用了委托属性的方式。当读取或写入 name、password 时，Delegate 类的 getValue()、setValue()会被调用。

委托属性需要使用 operator 关键字修饰 getValue()、setValue()函数。

在 Kotlin 的官方文档中指出，thisRef 必须与属性所有者类型（对于扩展属性指被扩展的类型）相同或者是它的超类型。

2. 委托属性的第二个例子

对上述例子做一下改动，新增一个 DatabaseDelegate 来管理 User 的属性，DatabaseDelegate 用来模拟数据库的操作。

```
class DatabaseDelegate<in R, T>(private val field: String, private val id: Int) :
ReadWriteProperty<R, T> {
```

```
        override fun getValue(thisRef: R, property: KProperty<*>): T =
queryForValue(field, id) as T
        override fun setValue(thisRef: R, property: KProperty<*>, value: T) {
            update(field, id, value)
        }
    }
    class NoRecordFoundException(id: Int) : Exception("No record found for id $id")
    val data = arrayOf<MutableMap<String, Any?>>(
            mutableMapOf(
                    "id" to 1,
                    "name" to "Tony",
                    "password" to "123456"
            ),
            mutableMapOf(
                    "id" to 2,
                    "name" to "Monica",
                    "password" to "123456"
            )
    )
    fun queryForValue(field: String, id: Int): Any {
        val value = data.firstOrNull { it["id"] == id }?.get(field) ?: throw
NoRecordFoundException(id)
        println("loaded value $value for field \"$field\" of record $id")
        return value
    }
    fun update(field: String, id: Int, value: Any?) {
        println("updating field \"$field\" of record $id to value $value")
        data.firstOrNull { it["id"] == id }
                ?.put(field, value)
                ?: throw NoRecordFoundException(id)
    }
```

User 对象的属性 name、password 由 DatabaseDelegate 来管理。

```
    class User(val id: Int) {
        var name: String by DatabaseDelegate("name", id) //使用委托属性
        var password: String by DatabaseDelegate("password", id) //使用委托属性
    }
```

建立一个测试类，当 User 对象的属性进行读取或者更改时，DatabaseDelegate 类的 getValue()、setValue()会被调用。

```
    fun main(args: Array<String>) {
        val tony = User(1)
        println("tony.password="+tony.password)
        println("---------------------------")
        tony.password = "P@ssword"
        println("---------------------------")
```

```
    println("tony.password="+tony.password)
}
```

执行结果如下：

```
loaded value 123456 for field "password" of record 1
tony.password=123456
---------------------------
updating field "password" of record 1 to value P@ssword
---------------------------
loaded value P@ssword for field "password" of record 1
tony.password=P@ssword
```

3. 委托属性的第三个例子

将 DatabaseDelegate 改造成真正操作数据库的类，它的构造函数中包含查询和更新的 SQL 语句。

```
class DatabaseDelegate<in R, T>(readQuery: String, writeQuery: String, id: Any) :
ReadWriteDelegate<R, T> {
    fun getValue(thisRef: R, property: KProperty<*>): T {
        return queryForValue(readQuery, mapOf("id" to id))
    }

    fun setValue(thisRef: R, property: KProperty<*>, value: T) {
        update(writeQuery, mapOf("id" to id, "value" to value))
    }
}
```

此时 User 对象的属性 name、password 依然由 DatabaseDelegate 来管理，但是传入的参数是 SQL 语句。

```
class User(userId: String) {
    var name: String by DatabaseDelegate(
      "SELECT name FROM users WHERE userId = :id",
      "UPDATE users SET name = :value WHERE userId = :id",
      userId)
    var password: String by DatabaseDelegate(
      "SELECT password FROM users WHERE userId = :id",
      "UPDATE users SET password = :value WHERE userId = :id",
      userId)
}
```

在 Kotlin 的标准库中有一系列的标准委托，如图 5-1 所示。

- 延迟属性（Lazy Properties）：数据只在第一次被访问的时候计算。
- 可观察属性（Observable Properties）：监听得到属性的变化通知。
- Map委托属性（Storing Properties in a Map）：将所有属性存在Map中。
- 局部委托属性：Kotlin 1.1之后的新特性，可以将局部变量声明为委托属性。
- Not Null：可以返回非空属性。

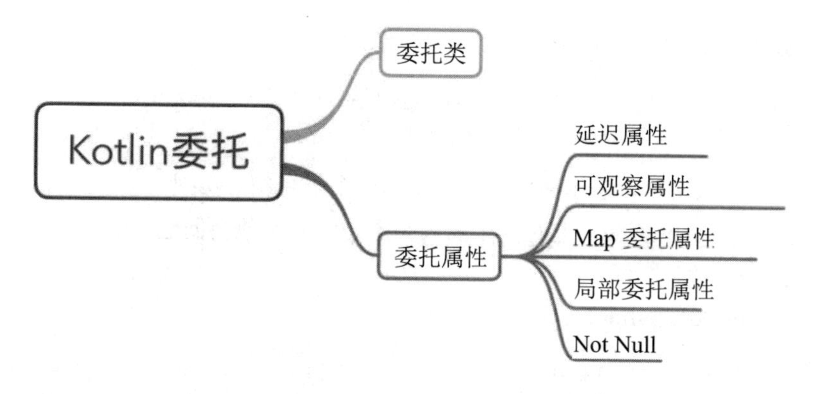

图 5-1 Kotlin 的标准委托

5.3 lateinit 和 by lazy

Kotlin 基于 Java 的空指针提出了一个空安全的概念，即每个属性默认不可为 null。在某个类中，如果某些成员变量没办法在一开始就初始化，并且又不想使用可空类型（也就是带“?”的类型）。那么，可以使用 lateinit 或者 by lazy 来修饰它。

被 lateinit 修饰的变量并不是不用初始化，它需要在生命周期流程中进行获取或者初始化。

而 lazy()是一个函数，可以接收一个 Lambda 表达式作为参数，第一次调用时会执行 Lambda 表达式，以后调用该属性会返回之前的结果。

by lazy 是 Kotlin 属性委托中的延迟属性。例如下面的代码：

```
val str: String by lazy{
   println("aaron")
   println("cafei")
   "tony"  //最后一行为返回值
}

fun main(args: Array<String>) {
   println(str)
   println("-----------")
   println(str)
}
```

执行结果如下：

```
aaron
cafei
tony
-----------
tony
```

因为 lazy()最后一行返回的值即为 str 的值，所以以后每次调用 str 都可以直接返回该值。

下面分析 by lazy 的源码。

从 lazy()开始分析源码：

```
public actual fun <T> lazy(initializer: () -> T): Lazy<T> =
SynchronizedLazyImpl(initializer)
```

actual 是 Kotlin 的关键字，表示多平台项目中的一个平台相关实现。

lazy 函数的参数是 initializer，它是一个函数类型。lazy 函数会创建一个 SynchronizedLazyImpl 类，并传入 initializer 参数。

下面是 SynchronizedLazyImpl 的源码：

```
private class SynchronizedLazyImpl<out T>(initializer: () -> T, lock: Any? =
null) : Lazy<T>, Serializable {
    private var initializer: (() -> T)? = initializer
    @Volatile private var _value: Any? = UNINITIALIZED_VALUE
    //final field is required to enable safe publication of constructed instance
    private val lock = lock ?: this
    override val value: T
        get() {
            val _v1 = _value
            if (_v1 !== UNINITIALIZED_VALUE) {
                @Suppress("UNCHECKED_CAST")
                return _v1 as T
            }

            return synchronized(lock) {
                val _v2 = _value
                if (_v2 !== UNINITIALIZED_VALUE) {
                    @Suppress("UNCHECKED_CAST") (_v2 as T)
                } else {
                    val typedValue = initializer!!()
                    _value = typedValue
                    initializer = null
                    typedValue
                }
            }
        }

    override fun isInitialized(): Boolean = _value !== UNINITIALIZED_VALUE
    override fun toString(): String = if (isInitialized()) value.toString() else
"Lazy value not initialized yet."
    private fun writeReplace(): Any = InitializedLazyImpl(value)
}
```

可以看到 SynchronizedLazyImpl 实现了 Lazy、Serializable 接口，它的 value 属性重载了 Lazy 接口的 value。

Lazy 接口的 value 属性用于获取当前 Lazy 实例的延迟初始化值。一旦初始化后，它不得在此 Lazy 实例的剩余生命周期内更改。

```
public interface Lazy<out T> {
   /**
    * Gets the lazily initialized value of the current Lazy instance.
    * Once the value was initialized it must not change during the rest of lifetime of this Lazy instance.
    */
   public val value: T
   /**
    * Returns `true` if a value for this Lazy instance has been already initialized, and `false` otherwise.
    * Once this function has returned `true` it stays `true` for the rest of lifetime of this Lazy instance.
    */
   public fun isInitialized(): Boolean
}
```

所以 SynchronizedLazyImpl 的 value 属性只有 get()方法，没有 set()方法。

value 的 get()方法会先判断 SynchronizedLazyImpl 的_value 属性是否是 UNINITIALIZED_VALUE，不是的话会返回_value 的值。

_value 使用@Volatile 注解标注，相当于在 Java 中使用 volatile 修饰_value 属性。volatile 具有可见性、有序性，因此一旦 _value 的值修改了，其他线程可以看到其最新的值。

SynchronizedLazyImpl 的_value 属性存储了 initializer 的值。

如果_value 的值等于 UNINITIALIZED_VALUE，则调用 initializer 来获取值，通过 synchronized 来保证这个过程是线程安全的。

lazy()方法还有一个实现，比起上面的方法多了一个参数类型 LazyThreadSafetyMode。

```
public actual fun <T> lazy(mode: LazyThreadSafetyMode, initializer: () -> T): Lazy<T> =
    when (mode) {
        LazyThreadSafetyMode.SYNCHRONIZED -> SynchronizedLazyImpl(initializer)
        LazyThreadSafetyMode.PUBLICATION -> SafePublicationLazyImpl(initializer)
        LazyThreadSafetyMode.NONE -> UnsafeLazyImpl(initializer)
    }
```

SYNCHRONIZED 使用的是 SynchronizedLazyImpl，跟之前分析的 lazy()方法是一致的，PUBLICATION 使用的是 SafePublicationLazyImpl，而 NONE 使用的是 UnsafeLazyImpl。

其中，UnsafeLazyImpl 不是线程安全的，而其他都是线程安全的。

SafePublicationLazyImpl 使用 AtomicReferenceFieldUpdater 来保证_value 属性的原子操作。毕竟，volatile 不具备原子性。

```
private class SafePublicationLazyImpl<out T>(initializer: () -> T) : Lazy<T>, Serializable {
    @Volatile private var initializer: (() -> T)? = initializer
    @Volatile private var _value: Any? = UNINITIALIZED_VALUE
```

```
    //this final field is required to enable safe publication of constructed
instance
    private val final: Any = UNINITIALIZED_VALUE
    override val value: T
        get() {
            val value = _value
            if (value !== UNINITIALIZED_VALUE) {
                @Suppress("UNCHECKED_CAST")
                return value as T
            }
            val initializerValue = initializer
            //if we see null in initializer here, it means that the value is already
set by another thread
            if (initializerValue != null) {
                val newValue = initializerValue()
                if (valueUpdater.compareAndSet(this, UNINITIALIZED_VALUE,
newValue)) {
                    initializer = null
                    return newValue
                }
            }
            @Suppress("UNCHECKED_CAST")
            return _value as T
        }
    override fun isInitialized(): Boolean = _value !== UNINITIALIZED_VALUE
    override fun toString(): String = if (isInitialized()) value.toString() else
"Lazy value not initialized yet."
    private fun writeReplace(): Any = InitializedLazyImpl(value)
    companion object {
        private val valueUpdater =
java.util.concurrent.atomic.AtomicReferenceFieldUpdater.newUpdater(
            SafePublicationLazyImpl::class.java,
            Any::class.java,
            "_value"
        )
    }
}
```

因此，SafePublicationLazyImpl 支持同时多个线程调用，并且可以在全部或部分线程上同时进行初始化。但是，如果某个值已由另一个线程初始化，则将返回该值，而不执行初始化。

表 5-1 表明了三种模式的区别。

表5-1　三种模式的区别

模式名称	特　　性
SYNCHRONIZED	lazy 的默认模式，初始化操作仅仅在首先调用的第一个线程上执行，其他线程将引用缓存后的值

（续表）

模式名称	特 性
PUBLICATION	支持同时多个线程调用，并且可以在全部或部分线程上同时进行初始化。如果某个值已由另一个线程初始化，则将返回该值，而不执行初始化
NONE	不是线程安全的

最后，总结一下 lateinit 和 by lazy 的区别：

（1）lateinit 只能用于修饰变量 var，不能用于可空的属性和 Java 的基本类型。

（2）lateinit 可以在任何位置初始化，并且可以初始化多次。

（3）lazy 只能用于修饰常量 val，并且 lazy 在 SYNCHRONIZED、PUBLICATION 模式下是线程安全的。

（4）lazy 在第一次被调用时就被初始化，以后调用该属性会返回之前的结果。

5.4 总结

本章介绍了 Kotlin 的特性——委托机制。本章从 Java 如何实现委托的方式讲起，介绍了 Java 的静态代理和动态代理。

而 Kotlin 无须 Java 那么麻烦，因为 Kotlin 从语法层面就支持委托机制。随后介绍了 Kotlin 的委托，包括委托类和委托属性，以及委托属性的使用。

最后，通过 lateinit 和 by lazy 的比较，详细介绍了 by lazy 的使用，以及对 by lazy 进行源码解析，讲述了 by lazy 的三种实现方式和使用场景。

第6章 泛型

泛型是 Java 5 的重要特性之一。泛型的本质是参数化类型（所操作的数据类型被指定为一个参数）。这种参数化类型可以用在类、接口和方法的创建中，分别称为泛型类、泛型接口和泛型方法。

Kotlin 最早是基于 Java 6 的，因此它天生支持泛型。跟 Java 类似，Kotlin 也是通过类型擦除支持泛型的。不过，Kotlin 的泛型拥有更丰富的特性。

6.1 类型擦除

6.1.1 Java 泛型的优点

首先，我们来回顾 Java 泛型的优点，包括：

- 类型安全。
- 消除强制类型转换。
- 避免了不必要的装箱、拆箱操作，提高程序性能。
- 提高代码的重用性。

下面以笔者的缓存框架 RxCache（https://github.com/fengzhizi715/RxCache）中的 Memory 接口为例进行介绍：

```
package com.safframework.rxcache.memory;
import com.safframework.rxcache.domain.CacheStatistics;
import com.safframework.rxcache.domain.Record;
import java.util.Set;

/**
* Created by tony on 2018/9/29.
*/
public interface Memory {
```

```
    <T> Record<T> getIfPresent(String key);
    <T> void put(String key, T value);
    <T> void put(String key, T value, long expireTime);
    Set<String> keySet();
    boolean containsKey(String key);
    void evict(String key);
    void evictAll();
    CacheStatistics getCacheStatistics();
}
```

通过 Memory 接口的定义能够看到泛型的使用。它将 value 参数的类型也参数化（变成参数化类型），从而提高了代码的重用性。

6.1.2 Kotlin 的泛型

Kotlin 的泛型拥有自己的特点。例如，对于扩展函数涉及泛型的类，需要指定泛型参数，必须是具体类型或者子类型：

```
fun <T : View> T.longClick(block: (T) -> Boolean) = setOnLongClickListener
{ block(it as T) }
```

6.1.3 Java 通过类型擦除支持泛型

相比 C++和 C#，Java 的泛型可能会被认为是“伪泛型”。这是由于 Java 为了兼容性的考虑，采用类型擦除的机制来支持泛型。

泛型信息只存在于代码编译阶段，在进入 JVM 之前，与泛型相关的信息会被擦除掉，这个过程被称为类型擦除。

1. 类型擦除

List<String>和 List<Integer>在编译之后都会变成 List<Object>，例如：

```
List<String> list1 = new ArrayList<>();
list1.add("kotlin");

List<Integer> list2 = new ArrayList<>();
list2.add(1);
```

通过 javap -c 命令对上述代码反汇编，并不能发现 list1、list2 泛型参数的类型：

```
Code:
   0: new             #2          //class java/util/ArrayList
   3: dup
   4: invokespecial   #3          //Method java/util/ArrayList."<init>":()V
   7: astore_1
   8: aload_1
   9: ldc             #4          //String kotlin
  11: invokeinterface #5, 2       //InterfaceMethod java/util/List.add:
(Ljava/lang/Object;)Z
```

```
      16: pop
      17: new             #2          //class java/util/ArrayList
      20: dup
      21: invokespecial   #3          //Method java/util/ArrayList."<init>":()V
      24: astore_2
      25: aload_2
      26: iconst_1
      27: invokestatic    #6          //Method java/lang/Integer.valueOf:
(I)Ljava/lang/Integer;
      30: invokeinterface #5, 2       //InterfaceMethod java/util/List.add:
(Ljava/lang/Object;)Z
      35: pop
      36: return
```

于是，分别打印 list1、list2 的类型，再次验证一下类型擦除。

```
System.out.println(list1.getClass());
System.out.println(list2.getClass());
```

执行结果如下：

```
class java.util.ArrayList
class java.util.ArrayList
```

因此，List<T>在运行时并不知道泛型参数的类型。

2. Java数组并没有受到类型擦除的影响

Java 不支持泛型数组，它也不会受到类型擦除的影响，例如：

```
String[] array1 = new String[5];
array1[0] = "kotlin";

Integer[] array2 = new Integer[5];
array2[0] = 1;
```

通过 javap -c 命令对代码进行反汇编，能够看出 array1、array2 的类型。

```
Code:
     0: iconst_5
     1: anewarray       #2          //class java/lang/String
     4: astore_1
     5: aload_1
     6: iconst_0
     7: ldc             #3          //String kotlin
     9: aastore
    10: iconst_5
    11: anewarray       #4          //class java/lang/Integer
    14: astore_2
    15: aload_2
    16: iconst_0
    17: iconst_1
```

```
        18: invokestatic    #5          //Method java/lang/Integer.valueOf:
(I)Ljava/lang/Integer;
        21: aastore
        22: return
```

再分别打印 array1、array2 的类型来进行验证：

```
System.out.println(array1.getClass());
System.out.println(array2.getClass());
```

执行结果如下：

```
class [Ljava.lang.String;
class [Ljava.lang.Integer;
```

由此可见，数组在运行时可以获得它的类型。因为 Java 数组是协变的，Java 不支持泛型数组。

协变是在计算机科学中描述具有父/子型别关系的多个型别通过型别构造器构造出的多个复杂型别之间是否有父/子型别关系的用语。

在 6.2 节会详细介绍 Kotlin 的协变。

6.1.4 Kotlin 如何获得声明的泛型类型

虽然 Java 使用了类型擦除来实现泛型，但是它生成的 class 文件中还是保存了泛型相关的信息。这些信息被保存在 class 字节码常量池中，使用泛型的代码会生成一个 signature 签名字段，该 signature 签名字段指明了这个常量池的地址，因此从该常量池中能够获取到具体的类型。

跟 Java 一样，Kotlin 也是通过类型擦除支持泛型的。

由于运行时被擦除，因此会带来一些影响。那么如何使用 Kotlin 来解决这些问题呢？下面列举一些常用的方法。

1. 匿名内部类获得泛型信息

Java 可以使用匿名内部类的方式获取泛型参数的类型。

```
import java.lang.reflect.ParameterizedType;
import java.lang.reflect.Type;

/**
 * Created by tony on 2019-06-17.
 */
public class Generic1 {
    static class InnerClass<T> {

    }
    public static void main(String[] args) {
        InnerClass<Integer> innerClass = new InnerClass<Integer>(){
        }; //匿名内部类的声明在编译时进行，实例化在运行时进行
        Type typeClass = innerClass.getClass().getGenericSuperclass();
        System.out.println(typeClass);
        if (typeClass instanceof ParameterizedType) {
```

```
            Type actualType = ((ParameterizedType)typeClass).
getActualTypeArguments()[0];
            System.out.println(actualType);
        }
    }
}
```

执行结果如下：

```
Generic1.Generic1$InnerClass<java.lang.Integer>
class java.lang.Integer
```

Kotlin 同样适用此方法。

```
package generic
import java.lang.reflect.ParameterizedType
/**
 * Created by tony on 2019-06-17.
 */
object Generic1 {
    open class InnerClass<T>
    @JvmStatic
    fun main(args: Array<String>) {
        val innerClass = object : InnerClass<Int>() {
        } //匿名内部类的声明在编译时进行，实例化在运行时进行

        val typeClass = innerClass.javaClass.genericSuperclass
        println(typeClass)
        if (typeClass is ParameterizedType) {
            val actualType = typeClass.actualTypeArguments[0]
            println(actualType)
        }
    }
}
```

执行结果如下：

```
generic.Generic1.generic.Generic1$InnerClass<java.lang.Integer>
class java.lang.Integer
```

2. 反射获得泛型信息

Java 利用反射获取运行时泛型参数的类型，子类可以获取父类泛型的具体类型。

```
public class Generic2 {
    public static void main(String[] args) {
        GenericChild child = new GenericChild();
        child.printType();
    }
}
class Father<T> {}
```

```
class GenericChild extends Father<String>{
    public void printType() {
        Type genType = getClass().getGenericSuperclass();
        System.out.println(genType);
        Type params = ((ParameterizedType) genType).getActualTypeArguments()[0];
        System.out.println(params);
    }
}
```

在 Kotlin 中也同样适用此方法。

```
object Generic2 {
    @JvmStatic
    fun main(args: Array<String>) {
        val child = GenericChild()
        child.printType()
    }
}
open class Father<T>
class GenericChild : Father<String>() {
    fun printType() {
        val genType = javaClass.genericSuperclass
        println(genType)
        val params = (genType as ParameterizedType).actualTypeArguments[0]
        println(params)
    }
}
```

3. 声明内联函数，使其类型不被擦除

Kotlin 能够支持泛型数组，它们不会协变，例如：

```
val array1 = arrayOf<Int>(1, 2, 3, 4)
val array2 = arrayOf<String>("1", "2", "3", "4")
```

上述代码在定义两个数组时使用了 arrayOf，它的源码如下：

```
/**
 * Returns an array containing the specified elements.
 */
public inline fun <reified @PureReifiable T> arrayOf(vararg elements: T):
Array<T>
```

可以发现 arrayOf 方法不仅使用 inline 修饰，还使用 reified 标记类型参数。于是，打印 array1、array2 的类型：

```
println(array1.javaClass)
println(array2.javaClass)
```

执行结果如下：

```
class [Ljava.lang.Integer;
class [Ljava.lang.String;
```

4. 实例化类型参数代替类引用

再举一个 Kotlin 使用 Gson 的反序列化的例子，可以使用实例化类型参数 T::class.java：

```
inline fun <reified T : Any> Gson.fromJson(json: String): T = Gson().
fromJson(json, T::class.java)
```

小结一下获得泛型类型的几种方式：

- 前面两种方式是Java获取泛型类型的方式，Kotlin也适用。
- Kotlin的泛型方法要能够获取泛型类型，必须使用inline以及reified标记类型参数。

6.2 型变

6.2.1 类和类型

在 Kotlin 中，类和类型是不一样的概念。

类型总结了具有相同特征的一组对象的共同特征。我们可以说类型是一个抽象接口，它指定了如何使用对象。类表示该类型的实现，它是具体的数据结构和方法集合。例如 List 是类，而 List<String> 是类型。

表 6-1 充分展示了它们二者的区别。

表6-1 类与类型的区别

	Class	Type
String	Yes	Yes
String?	No	Yes
List	Yes	Yes
List<String>	No	Yes

因此，子类（SubClass）和子类型（SubType）也有很大区别。

子类型定义的规则一般是这样的：任何时候，如果需要的是 A 类型值的任何地方，都可以使用 B 类型值来替换，就可以说 B 类型是 A 类型的子类型或者称 A 类型是 B 类型的超类型。

之所以要介绍类型，是因为接下来有关于 Kotlin 型变的内容，跟类型有关。

6.2.2 型变

型变是指类型转换后的继承关系。

Kotlin 的型变分为逆变、协变和不变。

1. 协变

如果 A 是 B 的子类型，并且 Generic<A>是 Generic<B>的子类型，那么 Generic<T>可以称为一个协变类。

（1）Java 上界通配符<? extends T>

Java 的协变通过上界通配符实现。

如果 Dog 是 Animal 的子类，但 List<Dog>并不是 List<Animal>的子类。例如，下面的代码会在编译时报错：

```
List<Animal> animals = new ArrayList<>();
List<Dog> dogs = new ArrayList<>();
animals = dogs; //incompatible types
```

而使用上界通配符之后，List<Dog>变成了 List<? extends Animal>的子类型，即 animals 变成了可以放入任何 Animal 及其子类的 List。因此，下面的代码编译是正确的：

```
List<? extends Animal> animals = new ArrayList<>();
List<Dog> dogs = new ArrayList<>();
animals = dogs;
```

（2）Kotlin 的关键词 out

上述代码改成 Kotlin 的代码：

```
fun main() {
  var animals: List<Animal> = ArrayList()
  val dogs = ArrayList<Dog>()
  animals = dogs
}
```

居然没有编译报错？其实，Kotlin 的 List 跟 Java 的 List 并不一样。Kotlin 的 List 源码中使用了 out，out 相当于 Java 的上界通配符。

```
public interface List<out E> : Collection<E> {
  override val size: Int
  override fun isEmpty(): Boolean
  override fun contains(element: @UnsafeVariance E): Boolean
  override fun iterator(): Iterator<E>
  override fun containsAll(elements: Collection<@UnsafeVariance E>): Boolean
  public operator fun get(index: Int): E
  public fun indexOf(element: @UnsafeVariance E): Int
  public fun lastIndexOf(element: @UnsafeVariance E): Int
  public fun listIterator(): ListIterator<E>
  public fun listIterator(index: Int): ListIterator<E>
  public fun subList(fromIndex: Int, toIndex: Int): List<E>
}
```

当类的参数类型使用了 out 之后，该参数只能出现在方法的返回类型中。

（3）@UnsafeVariance

我们发现 List 的 contains()、containsAll()、indexOf()和 lastIndexOf()方法中，入参均出现了范型 E，并且使用@UnsafeVariance 修饰。

这里是由于@UnsafeVariance 的修饰，才打破了 out 使用的限制，否则编译会报错。

2. 逆变

如果 A 是 B 的子类型，并且 Generic<B>是 Generic<A>的子类型，那么 Generic<T>可以称为一个逆变类。

（1）Java 下界通配符<? super T>

Java 的逆变通过下界通配符实现。下面的代码因为是协变的，无法添加新的对象。编译器只能知道类型是 Animal 的子类，并不能确定具体类型是什么，因此无法验证类型的安全性。

```
List<? extends Animal> animals = new ArrayList<>();
animals.add(new Dog()); //compile error
```

使用下界通配符之后，代码顺利编译通过：

```
List<? super Animal> animals = new ArrayList<>();
animals.add(new Dog());
```

其中，? super Animal 表示 Animal 及其父类。所以 animals 可以接受所有 Animal 的子类添加至该列表中。

Java 的上界通配符和下界通配符符合 PECS（Producer Extends，Consumer Super）原则。如果参数化类型是一个生产者，则使用<? extends T>；如果它是一个消费者，则使用<? super T>。

其中，生产者表示频繁往外读取数据 T，而不从中添加数据。消费者表示只往里插入数据 T，而不读取数据。

可以用下面的公式帮助记忆：

```
produce = output = out.
consume = input = in.
```

（2）Kotlin 的关键词 in

in 相当于 Java 下界通配符。

```
abstract class Printer<in E> {
   abstract fun print(value: E): Unit
}
class AnimalPrinter: Printer<Animal>() {
   override fun print(animal: Animal) {
       println("this is animal")
  }
}
class DogPrinter : Printer<Dog>() {
   override fun print(dog: Dog) {
       println("this is dog")
  }
}
fun main() {
   val animalPrinter = AnimalPrinter()
   animalPrinter.print(Animal())
   val dogPrinter = DogPrinter()
```

```
    dogPrinter.print(Dog())
}
```

当类的参数类型使用了 in 之后，该参数只能出现在方法的入参中。

3. 不变

默认情况下，Kotlin 中的泛型类是不变的。这意味着它们既不是协变的，又不是逆变的。例如 MutableList，泛型没有使用 in、out，它可读可写。前面讲到的 Kotlin 数组也是不变的。

6.3 泛型约束、类型投影与星号投影

6.3.1 泛型约束

Kotlin跟Java一样，也拥有泛型约束（Generic Constraints）。Java使用extends关键字指明上界。在 Kotlin 中使用“:”代替 extends 对泛型的类型上界进行约束。

1. 上界

下面的代码在调用 sum()函数时传入的参数只能是 Number 及其子类，如果是其他类型，就会报错。

```
fun <T : Number> sum(vararg param: T) = param.sumByDouble { it.toDouble() }
fun main() {

    val result1 = sum(1,10,0.6)
    val result2 = sum(1,10,0.6,"kotlin") //compile error
}
```

Kotlin 默认的上界是 Any?，为何是 Any?，而不是 Any 呢？

Any 类似于 Java 中的 Object，它是所有非空类型的超类型。但是 Any 不能保存 null 值，如果需要 null 作为变量的一部分，就需要使用 Any?。Any?是 Any 的超类型，所以 Kotlin 默认的上界是 Any?。

2. where关键字

当一个类型参数指定多个约束时，在 Java 中使用“&”连接多个类和接口。

```
class ClassA { }
interface InterfaceB { }
public class MyClass<T extends ClassA & InterfaceB> {
    Class<T> variable;
}
```

而在 Kotlin 中，使用 where 关键字实现这个功能。下面的代码等价于上述 Java 代码，T 必须继承 ClassA 以及实现 InterfaceB。

```
open class ClassA
interface InterfaceB
```

```
class MyClass<T>(var variable: Class<T>) where T : ClassA, T : InterfaceB
```

6.3.2 类型投影

前面介绍过 MutableList 是不变的，可读可写，没有使用 in、out 修饰。

如果对MutableList的参数类型使用in或者out修饰，会发生什么情况呢？下面的代码说明了一切：

```
fun main() {
    val list1:MutableList<String> = mutableListOf()
    list1.add("hello")
    list1.add("world")
    val list2:MutableList<out String> = mutableListOf()
    list2.add("hello")  //compile error
    list2.add("world")  //compile error
    val list3:MutableList<in String> = mutableListOf()
    list3.add("hello")
    list3.add("world")
    lateinit var list4:MutableList<String>
    list4 = list3;     //compile error
}
```

使用 out 时会报错，因为该参数只能出现在方法的返回类型中。而使用 in 时编译可以通过，因为该参数只能出现在方法的入参中。

此时，list2 和 list3 分别表示一个受限制的 MutableList。在 Kotlin 中，这种行为被称为类型投影。其主要作用是对参数进行限定，避免不安全操作。

正是由于 list3 是一个受限制的 MutableList，因此将它赋值给 list4 报错是可以理解的。

6.3.3 星号投影

星号投影（Star Projections）用来表明“不知道关于泛型实参的任何信息”。

类似于 Java 中的无界类型通配符“?”，Kotlin 使用星号投影“*”。“*”代指了所有类型，相当于 Any?。例如，MutableList<*>表示的是 MutableList<out Any?>。

```
fun main() {
    val list1 = mutableListOf<String>()
    list1.add("string1")
    list1.add("string2")
    printList(list1)

    val list2 = mutableListOf<Int>()
    list2.add(123)
    list2.add(456)
    printList(list2)
}
fun printList(list: MutableList<*>) {

    println(list[0])
}
```

正是由于使用 out 修饰以及星号投影类型的不确定性，导致写入的任何值都有可能跟原有的类型冲突。因此，星号投影不能写入，只能读取。

6.3.4 泛型的应用

1. 如何在RxCache使用时规避范型擦除

RxCache 地址：https://github.com/fengzhizi715/RxCache。

RxCache 是一款支持 Java 和 Android 的 Local Cache，目前支持内存、堆外内存、磁盘缓存。RxCache 在使用 DiskImpl 时，需要持久化对象，此时会对对象进行序列化和反序列化。如果保存的对象是 List<T> 类型的，就必须声明其 Type：

```
Type type = TypeBuilder
      .newInstance(List.class)
      .addTypeParam(User.class)
      .build();

Observable<Record<List<User>>> observable = rxCache.load2Observable
("list", type);
```

使用 Kotlin 来解决的话非常简单：

```
inline fun <reified T> RxCache.load2Observable(key: String):
Observable<Record<T>> = load2Observable<T>(key, object : TypeToken<T>() {}.type)
```

可以省去声明 Type：

```
val observable = rxCache.load2Observable<List<User>>("list")
```

2. kvalidation——基于Kotlin实现的验证框架

kvalidation 地址：https://github.com/fengzhizi715/kvalidation。

kvalidation 支持对象的验证以及对象属性的验证，支持 DSL 风格，支持 RxJava。

以对象的验证为例，kvalidation 定义一个 ValidateRule 接口表示类的验证规则，它使用了逆变。ValidateRule 包含两个方法：

```
interface ValidateRule<in T> {
    fun validate(data: T): Boolean
    fun errorMessage(): String
}
```

真正的类的验证是在 Validator 的 validate()中进行的，当所有的 ValidateRule 都通过时，才算真正的验证通过。任何一个 ValidateRule 验证失败，都会导致类的验证失败。

```
open class Validator<T> : LinkedHashSet<ValidateRule<T>>() {
    fun validate(data: T,
                 onSuccess: (() -> Unit)? = null,
                 onError: ((String) -> Unit)? = null): Boolean {
        forEach {
            if (!it.validate(data)) {
```

```
                onError?.invoke(it.errorMessage())
                return false
            }
        }
        onSuccess?.invoke()
        return true
    }
    infix fun addRule(rule: ValidateRule<T>): Validator<T> {
        add(rule)
        return this
    }
}
```

有关 kvalidation 的使用详见该库的 GitHub 地址。

6.4 总结

本章详细介绍了 Java 和 Kotlin 的泛型以及类型擦除，还介绍了 Kotlin 的型变以及 Java 的上、下界通配符，以及泛型约束、类型投影、星号投影。

最后采用两个例子说明 Kotlin 泛型的应用。特别是最后一个例子所用到的库，采用了非常多的 Kotlin 特性，可以认为是对 Kotlin 基础内容的一个总结。图 6-1 是整理的泛型相关的思维导图。

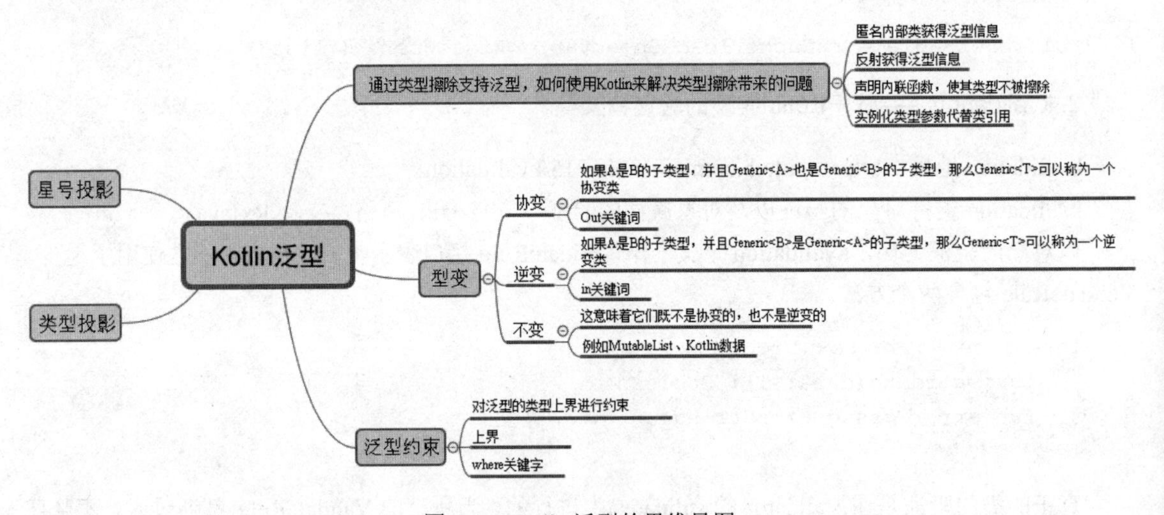

图 6-1　Kotlin 泛型的思维导图

第 7 章 元 编 程

元编程是使用代码来生成代码的一种编程方式。本章将介绍元编程的概念、Kotlin 的反射机制，以及它跟 Java 反射的区别。

7.1 元编程

7.1.1 元编程介绍

元编程（Meta Programming）是指某类计算机程序的编写，这类计算机程序编写或者操纵其他程序（或者自身）作为它们的数据，或者在运行时完成部分本应在编译时完成的工作。很多情况下，与手工编写全部代码相比工作效率更高。编写元程序的语言称为元语言，被操作的语言称为目标语言。

就像高阶函数可以看成是更高层次的抽象，把函数行为当作参数进行传递或者返回函数本身。元编程也是对代码的一次抽象，可以让程序在编译期间生成代码，或者允许程序在运行时改变自身的行为，从而生成代码。

元编程的英文前缀 Meta 源自希腊词，本意为“在…后，变换，以上”，类似于拉丁语的 Post。如今 meta 前缀是指：关于/描述事物自身的事物。譬如 meta-data 就是“关于/描述数据的数据”，而 meta-programming 也是由此而来，是“关于/描述程序的程序”。这样一来，元编程就很好理解了。

7.1.2 元编程的分类

现代的编程语言大多会为我们提供一些元编程能力。根据生成代码的时机来区分，如图 7-1 所示，我们会将元编程分成以下两种类型：

- 编译期间元编程。
- 运行期间元编程。

编译期间元编程主要是通过宏和模板实现的，它们允许程序在编译期展开生成或者执行代码。

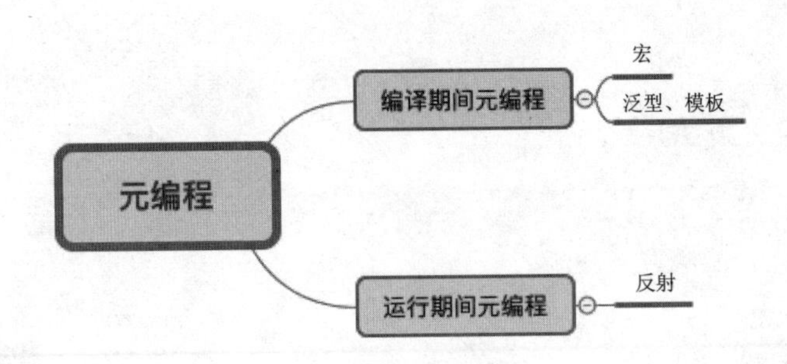

图 7-1 Kotlin 元编程的分类

计算机科学中的宏是一种抽象（Abstraction），它根据一系列预定义的规则替换一定的文本模式。解释器或编译器在遇到宏时会自动进行这一模式替换。对于编译语言，宏展开在编译时发生，进行宏展开的工具常被称为宏展开器。

这里的模板通常是指 C++的模板，本书不做过多介绍。

另外，泛型也是编译期间元编程的方式，只不过不同的语言和编译器对泛型的支持不太一样。例如，前面介绍过 Java 的泛型可能会被认为是“伪泛型”，通过类型擦除支持泛型，生成的 Java 字节码不包含任何泛型信息。并且，Java 的泛型要靠编译期和运行期协作实现。

运行期间元编程主要靠反射机制，它允许程序在运行时改变自身的行为。后面会详细介绍 Kotlin 的反射机制。

7.1.3 根本没有什么元编程，从来只有编程而已

正如《Ruby 元编程》中 Bill 大师所说的“根本没有什么元编程，从来只有编程而已”。元编程是编程的一种高级技巧，元编程赋予了编程语言更为强大的能力，能够帮助开发者处理很多事情。通过代码来生成代码本身是一件很酷的事情，它更是一种思想，达到简化代码的效果。

7.2 Kotlin 反射概述

7.2.1 概述

反射的概念是由 Smith 在 1982 年首次提出的，主要是指程序可以访问、检测和修改它本身状态或行为的一种能力，这一概念的提出很快引发了计算机科学领域关于应用反射性的研究。它首先被程序语言的设计领域所采用，并在 Lisp 和面向对象方面取得了成绩。在 Java 语言中，反射是一种强大的工具，它使用户能够创建灵活的代码，这些代码可以在运行时装配，无须在组件之间进行源代码链接。反射允许我们在编写与执行时，使程序代码能够接入装载到 JVM 中的类内部信息，而不是源代码中选定的类协作的代码，这使反射成为构建灵活的应用的主要工具。

Kotlin 和 Java 可以无缝衔接，因此 Kotlin 能够使用 Java 的反射机制。另外，Kotlin 也有自己的反射机制，需要额外地引入 kotlin-reflect.jar。

```
implementation "org.jetbrains.kotlin:kotlin-reflect:$kotlin_version"
```

kotlin-reflect.jar 中包含 kotlin.reflect.full 和 kotlin.reflect.jvm。

- kotlin.reflect.full是主要的Kotlin反射API。
- kotlin.reflect.jvm用于Kotlin反射和Java反射的互操作。

7.2.2 Kotlin 反射 API

Kotlin 反射的特性：

- 提供对属性和可空类型的访问权限，这是由于Java没有属性和可空类型的概念。
- Kotlin反射不是Java反射的替代品，而是功能的增强。
- 可以使用Kotlin反射来访问各种基于JVM 语言编写的代码。

图 7-2 反映了 Kotlin 反射 API 的层次结构。

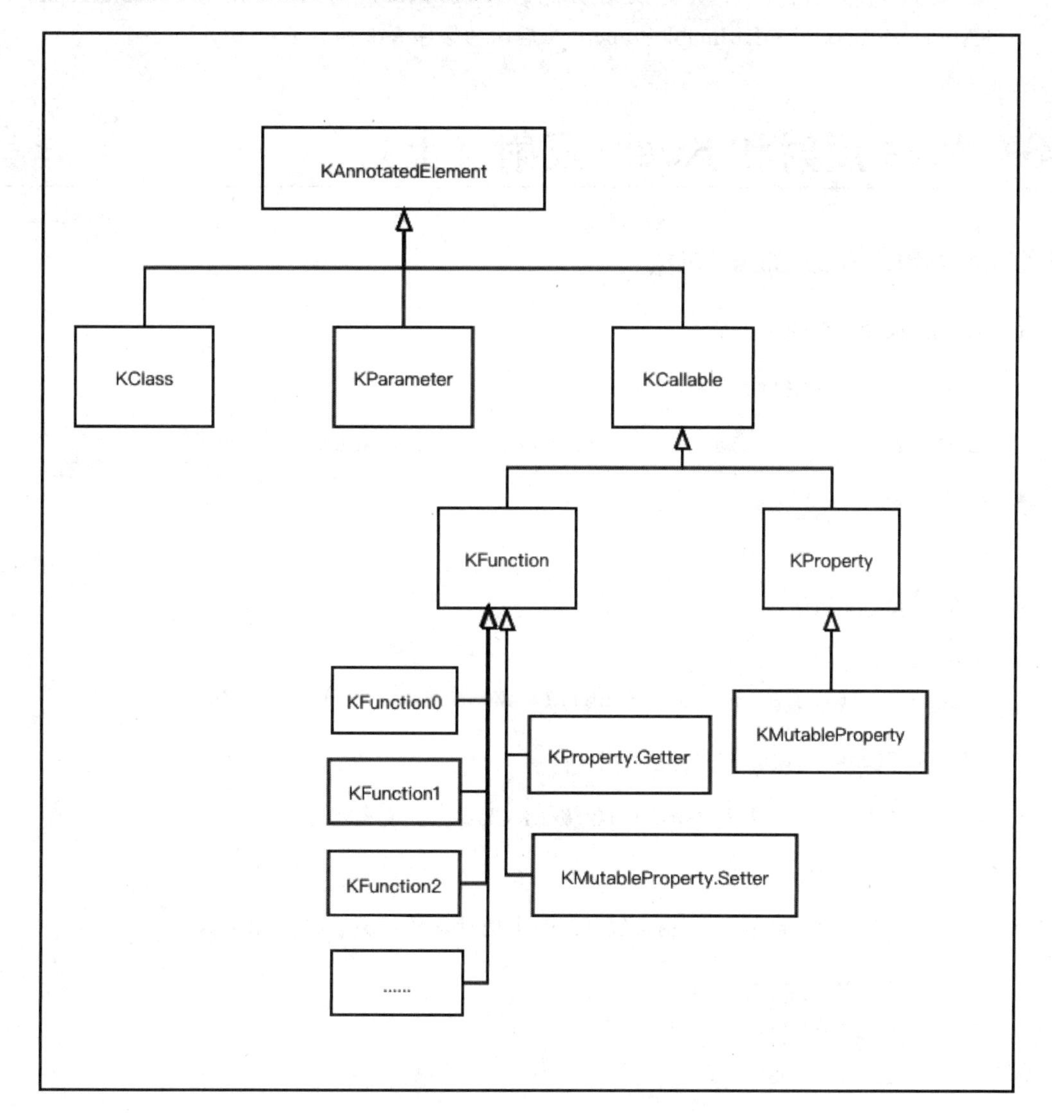

图 7-2 Kotlin 反射 API 的层次结构

其中：

- KClass：一个具有反射功能的类。它是Kotlin反射中的入口点，KClass的一个实例表示对类的引用。
- KParameter：一个具有反射功能的、可传递给函数或属性的参数。
- KCallable：具有反射功能的可调用实例，包括函数和属性，它的直接子接口有KFunction和KProperty。
- KFunction：一个具有反射功能的函数，它有很多子接口。KFunction0、KFunction1和KFunction2后面的数字代表不同数量参数的个数。
- KProperty：一个具有反射功能的属性，它有很多子接口。KProperty0、KProperty1和KProperty2后面的数字表示接收者作为参数的个数。
- KMutableProperty：一个具有反射功能的、使用var声明的属性。KMutableProperty0、KMutableProperty1和KMutableProperty2 后面的数字含义同 KProperty。

7.3 Java 反射和 Kotlin 反射（上）

7.3.1 类引用，获取 Class 对象

1. Java获取Class对象的方式

- Class.forName("完整的包名+类名")：

```
Class<?> clazz = Class.forName("xxx.xxx.MyClass")
```

- 类名.class：

```
Class<?> clazz = MyClass.class;
```

- 实例对象.getClass()：

```
MyClass obj = new MyClass();
Class<?> clazz = obj.getClass();
```

2. Kotlin获取Class对象的方式

- 调用的类是Java类，需要添加.java后缀（KClass的扩展属性java）：

```
val clazz = MyClass::class.java
```

- 添加Java实例对象的.javaClass后缀（Java实例对象的扩展属性javaClass）：

```
val obj = MyClass()
val clazz = obj.javaClass
```

- 调用的类是Kotlin类：

```
val clazz = MyClass::class
```

此时 clazz 的类型是 KClass，KClass 的一个实例表示对 Kotlin 类的引用。KClass 也是 Kotlin 反射 API 的主要入口。

在 Kotlin 中，字节码对应的类也是 kotlin.reflect.KClass。

Kotlin 引用类有两种方式：类名::class 和对象::class，它们获取的是相同的 KClass 实例。

即处于同一个类加载器中，给定的类型只能返回一个KClass实例。即使多次尝试实例化KClass，仍然只能获取同一对象的引用，Kotlin不会创建新的引用。

7.3.2 构造函数引用，获取类的构造函数

1. Java获取类的构造函数

Java 在获取 Class 实例之后，可以获取其中的构造函数。Java 获取类的构造函数对应的是 java.lang.reflect.Constructor，有以下 5 种方式：

```
//获取参数列表是 parameterTypes，访问 public 的构造函数
public Constructor getConstructor(Class[] parameterTypes)
//获取所有 public 构造函数
public Constructor[] getConstructors()
//获取参数列表是 parameterTypes，并且是类自身声明的构造函数，访问控制符包含 public、protected 和 private 的函数
public Constructor getDeclaredConstructor(Class[] parameterTypes)
//获取类自身声明的全部构造函数，包含 public、protected 和 private 的函数
public Constructor[] getDeclaredConstructors()
//如果类声明在其他类的构造函数中，返回该类所在的构造函数，如果存在则返回，不存在则返回 null
public Constructor getEnclosingConstructor()
```

2. Kotlin获取类的构造函数

Kotlin 在获取 KClass 实例之后，可以获取它的全部构造函数。

```
//类中声明的所有构造函数
public val constructors: Collection<KFunction<T>>
```

Kotlin 通过::操作符添加类名来引用构造函数，例如：

```
class Foo()
fun function(action: () -> Foo) {
    val foo: Foo = action.invoke()
    println(foo) //Foo@66d3c617
}
fun main() {
    function(::Foo)
}
```

对于含有参数的构造函数，也一样适用：

```
class Foo(val x:String)
fun main() {
    val foo = ::Foo //表示引用 Foo 类的构造函数
```

```
    val f = foo("test")
    println(f)
}
```

7.3.3 函数引用，获取类的成员函数

1. Java获取类的成员函数

Java 获取类的成员函数对应的是 java.lang.reflect.Method，有以下 5 种方式：

```
//根据函数名 name、参数 parameterTypes 获取类自身的 public 的函数(包括从基类继承的、从接口实现的所有 public 函数)
public Method getMethod(String name, Class[] parameterTypes)
//获取全部 public 的函数(包括从基类继承的、从接口实现的所有 public 函数)
public Method[] getMethods()
//根据函数名 name、参数 parameterTypes 获取类自身声明的函数，包含 public、protected 和 private 方法
public Method getDeclaredMethod(String name, Class[] parameterTypes)
//获取类自身声明的函数，包含 public、protected 和 private 方法
public Method[] getDeclaredMethods()
//如果此 Class 对象表示某一方法中的一个本地或匿名类，则返回 Method 对象，它表示底层类的立即封闭方法。若不存在，则返回 null
public Method getEnclosingMethod()
```

2. Kotlin获取类的成员函数

Kotlin 通过反射调用函数，需要 KFunction 实例。KFunction 实例可以通过两种方式获得：一种是方法引用，另一种是通过 KClass 提供的 API 获得。

在 3.2 节曾经介绍过 Kotlin 和 Java 的方法引用，方法引用是简化版本的 Lambda 表达式，它和 Lambda 表达式拥有相同的特性。

Kotlin 和 Java 的方法引用使用::操作符，Kotlin 除了可以引用类中的成员函数、扩展函数外，还可以引用顶层（top-level）函数。

方法引用属于 KFunction 的子类型 KFunctionN，N 代表具体的参数数量，例如 KFunction2<T1, T2, R>。KFunction 与 Lambda 的 Function 类似，都可以通过 invoke()方法调用该引用函数。

例如：

```
val sum = {
        x: Int, y: Int -> x + y
}
fun sumFunction(x: Int, y: Int) = x + y
fun main() {
    println(sum(3,5))
    val sunFunc:KFunction2<Int,Int,Int> = ::sumFunction
    println(sunFunc.invoke(3,5))
    println(sunFunc.call(3, 5))
}
```

执行结果如下：

```
8
8
8
```

KFunctionN 类型属于合成的编译器生成类型，我们无法在包 kotlin.reflect 中找到它们的声明。

在上述例子中，最后一行代码为：

```
println(sunFunc.call(3, 5))
```

其实这里调用了 KCallable 接口的 call()方法。

```
public actual interface KCallable<out R> : KAnnotatedElement {

    ...

    /**
     * Calls this callable with the specified list of arguments and returns the
result.
     * Throws an exception if the number of specified arguments is not equal to
the size of [parameters],
     * or if their types do not match the types of the parameters.
     */
    public fun call(vararg args: Any?): R

    ...
}
```

对于 KFunction 对象，也可以使用 KCallable 的 call()方法来调用被引用的函数。call()方法使用指定的参数列表，开发者需要自行匹配所使用的实参类型和数量，如果其类型与参数的类型不匹配，就会引发异常。

而 KFunctionN 的 invoke()方法的形参类型和返回值类型是可以确定的，调用它的 invoke()时编译器会帮我们做检查。

当然，也可以使用 KFunctionN 来引用类的扩展函数。引用扩展函数的用法跟引用成员函数的用法是一致的。

```
data class User(var name:String,var password:String)
fun User.validatePassword():Boolean = this.password.length > 6
val validate:KFunction1<User,Boolean> = User::validatePassword
fun main() {
   val user = User("tony","12345")
   println(user.validatePassword())
   println(validate.invoke(user))
   println(validate.call(user))
}
```

7.3.4 属性引用，获取类的成员变量

1. Java获取类的成员变量

Java 获取类的成员变量对应的是 java.lang.reflect.Field，有以下 4 种方式：

```
//获取相应的类自身声明的 public 成员变量(包括从基类继承的、从接口实现的)
public Field getField(String name)
//获取类自身声明全部的 public 成员变量(包括从基类继承的、从接口实现的)
public Field[] getFields()
//获取相应的类自身声明的成员变量，包含 public、protected 和 private 成员变量
public Field getDeclaredField(String name)
//获取类自身声明的成员变量，包含 public、protected 和 private
public Field[] getDeclaredFields()
```

2. Kotlin获取类的属性

Kotlin 没有成员变量的概念，只有属性的概念。下面展示引用不同属性的方式。

（1）不可变属性的引用

Kotlin 使用::属性来获取不可变属性的引用，并返回 KProperty<V>类型的值。它的 get()方法会返回属性的值，它的 name 属性会返回可变属性的名称。

```
val x = 1
val y = "hello"
fun main() {
    println(::x)
    println(::x.get())
    println(::x.name)
    println(::y)
    println(::y.get())
    println(::y.name)
}
```

执行结果如下：

```
val x: kotlin.Int
1
x
val y: kotlin.String
hello
y
```

（2）可变属性的引用

Kotlin 使用::属性来获取可变属性的引用，并返回 KMutableProperty<V>类型的值。它除了上述的 get()方法、name 属性外，还支持 set()方法修改属性的值。

```
var x = 1
var y = "hello"
```

```
fun main() {
    println(::x)
    ::x.set(0)
    println(::x.get())
    println(::x.name)
    println(::y)
    ::y.set("world")
    println(::y.get())
    println(::y.name)
}
```

执行结果如下：

```
var x: kotlin.Int
0
x
var y: kotlin.String
world
y
```

（3）扩展属性的引用

Kotlin 使用类名::属性来获取扩展属性的引用，并返回 KProperty1<T, out V>类型的值。它的get()、getValue()方法会返回扩展属性的值。

```
class Extension
val Extension.x: Int
    get() = 1
fun main() {
    println(Extension::x) //Extension.x: kotlin.Int
    val extension = Extension()
    println(Extension::x.get(extension)) //1
    println(Extension::x.getValue(extension,Extension::x)) //1
}
```

（4）类的成员属性的引用

Kotlin 使用类名::属性来获取成员属性的引用，并返回 KProperty1<T, out V>类型的值。它的get()、call()方法会返回成员属性的值。

```
class Bar1(val x: Int)
class Bar2(val x: Int,val y:String)

fun main() {
    val bar1 = Bar1(1)
    val prop = Bar1::x
    println(prop.call(bar1))
    println(prop.getter.call(bar1))
    println(prop.get(bar1))

    val bar2 = Bar2(2,"test")
```

```
    val propX = Bar2::x
    val propY = Bar2::y
    println(propX.call(bar2))
    println(propY.call(bar2))
    println(propX.get(bar2))
}
```

执行结果如下：

```
1
1
1
2
test
2
```

另外，这里的 call()方法依然是 KCallable 接口的 call()方法。call()方法的调用最终会调用该属性的 getter 属性。

毕竟，KProperty、KFunction 的超类型都是 KCallable。

7.4 Java 反射和 Kotlin 反射（下）

7.4.1 获取类的其他信息

1. Java获取类的其他信息

Java 获取类的注解信息对应的是 java.lang.annotation.Annotation 接口，有以下 3 种方式：

```
//获取类的 annotationClass 类型的注解(包括从基类继承的、从接口实现的所有 public 成员变量)
public Annotation<A> getAnnotation(Class annotationClass)

//获取类的全部注解(包括从基类继承的、从接口实现的所有 public 成员变量)
public Annotation[] getAnnotations()

//获取类自身声明的全部注解(包含 public、protected 和 private 成员变量)
public Annotation[] getDeclaredAnnotations()
```

Java 获取类的接口和基类的信息，对应的是 java.lang.reflect.Type 接口，有以下两种方式：

```
//获取类实现的全部接口
public Type[] getGenericInterfaces()

//获取类的直接超类的 Type
public Type getGenericSuperclass()
```

Java 获取类的其他描述信息，包括：

```
//获取类名
public String getSimpleName()
```

```
//获取完整类名
public String getName()

//判断类是不是枚举类
public boolean isEnum()

//判断 obj 是不是类的实例对象
public boolean isInstance(Object obj)

//判断类是不是接口
public boolean isInterface()

//判断类是不是局部类。局部类所属范围：在块、构造器以及方法内，这里的块包括普通块和静态块
public boolean isLocalClass()

//判断类是不是成员类
public boolean isMemberClass()

//判断类是不是基本类型
public boolean isPrimitive()
```

2. Kotlin获取类的其他信息

Kotlin 能够获取更多的类信息，包括：

```
//获取类的名字
public val simpleName: String?

//获取类的全包名
public val qualifiedName: String?

//如果这个类声明为 object，则返回其实例，否则返回 null
public val objectInstance: T?

//获取类的可见性
@SinceKotlin("1.1")
public val visibility: KVisibility?

//判断类是否为 final 类，Kotlin 默认类是 final 类型的，除非这个类声明为 open 或者 abstract
@SinceKotlin("1.1")
public val isFinal: Boolean

//判断类是不是 open，（abstract 类也是 open），表示这个类可以被继承
@SinceKotlin("1.1")
public val isOpen: Boolean

//判断类是否为抽象类
@SinceKotlin("1.1")
public val isAbstract: Boolean

//判断类是否为密封类
@SinceKotlin("1.1")
public val isSealed: Boolean

//判断类是否为 data class
```

```
@SinceKotlin("1.1")
public val isData: Boolean

//判断类是否为成员类
@SinceKotlin("1.1")
public val isInner: Boolean

//判断类是否为 companion object
@SinceKotlin("1.1")
public val isCompanion: Boolean

//判断类是否为 functional interface
@SinceKotlin("1.4")
public val isFun: Boolean

//获取类中定义的其他类，包括内部类和嵌套类
public val nestedClasses: Collection<KClass<*>>

//判断一个对象是否为此类的实例
@SinceKotlin("1.1")
public fun isInstance(value: Any?): Boolean

//获取这个类的泛型列表
@SinceKotlin("1.1")
public val typeParameters: List<KTypeParameter>

//获取类的直接基类的列表
@SinceKotlin("1.1")
public val supertypes: List<KType>

//如果该类是密封类，返回子类的列表，否则返回空列表
@SinceKotlin("1.3")
public val sealedSubclasses: List<KClass<out T>>

//获取类所有的基类
val KClass<*>.allSuperclasses: Collection<KClass<*>>

//获取类的伴生对象 companionObject
val KClass<*>.companionObject: KClass<*>?
```

7.4.2 Java 反射与 Kotlin 反射的互操作性

为一个 Kotlin 属性获取一个 Java 的 getter/setter 方法或者幕后字段需要使用 kotlin.reflect.jvm 包。

在 2.2 节曾经介绍过幕后字段（backing field），backing field 是 Kotlin 属性自动生成的字段，它只能在当前属性的访问器（getter、setter）内部使用。

- KProperty的扩展属性javaGetter：返回给定属性的getter相对应的Java方法实例，如果该属性没有getter，就返回null。

```
val KProperty<*>.javaGetter: Method?
  get() = getter.javaMethod
```

- KProperty的扩展属性javaField：返回给定属性的幕后字段相对应的Java字段实例，如果该属性没有幕后字段，就返回null。

```
val KProperty<*>.javaField: Field?
  get() = this.asKPropertyImpl()?.javaField
```

- KMutableProperty的扩展属性javaSetter：返回给定可变属性的setter相对应的Java方法实例，如果该属性没有setter，就返回null。

```
val KMutableProperty<*>.javaSetter: Method?
  get() = setter.javaMethod
```

如果要获取对应 Java 的 Kotlin 类，使用.kotlin 扩展属性返回 KClass 实例。

```
public val <T : Any> Class<T>.kotlin: KClass<T>
  @JvmName("getKotlinClass")
  get() = Reflection.getOrCreateKotlinClass(this) as KClass<T>
```

7.5 总结

本章介绍了元编程的含义，并由此引出了反射。后续的几节都在介绍 Kotlin 的反射机制。

Kotlin 跟 Java 可以无缝衔接，因此 Kotlin 能够使用 Java 的反射机制。另外，Kotlin 也有自己的反射机制。通过对比 Java 的反射机制和 Kotlin 的反射机制，介绍了如何使用 Kotlin 自己的反射机制。

第 8 章 DSL 的构建

Gradle 是 Android 和 Java 项目的构建工具。比起传统的 Ant 或 Maven，Gradle 是更为现代的构建工具，它使用 DSL 的方式进行配置，DSL 比起 XML 更简洁和高效。

本章主要介绍如何使用 Kotlin 来创建 DSL，以达到简化代码的目的。

8.1 DSL 介绍

领域特定语言（Domain-Specific Language，DSL）指的是专注于某个应用程序领域的计算机语言，又译作领域专用语言。DSL 能够简化程序设计过程，提高生产效率，同时也让非编程领域的专家直接描述逻辑成为可能。

DSL 一般分为外部 DSL 和内部 DSL。

- 外部DSL：不同于应用系统，主要使用语言的语言，通常采用自定义语法，宿主应用的代码采用文本解析技术对外部DSL编写的脚本进行解析，例如正则表达式、SQL、AWK以及Struts的配置文件等。
- 内部DSL：通用语言的特定语法，用内部DSL写成的脚本是一段合法的程序，但是它具有特定的风格，而且仅仅用到了语言的一部分特性，用于处理整个系统一个小方面的问题。

本部分讨论的是内部 DSL，通过使用 Kotlin 的带接收者的 Lambda、运算符重载、中缀表达式等来编写 DSL。

DSL 的优点很明显：提高开发效率、封装公共代码、代码结构清晰等。当然，DSL 也有一定的缺陷，它能够表达的功能有限，并且不是图灵完备的。

8.2 构建一个 DSL 的多种方式

带接收者的 Lambda 是构建 DSL 的好工具。在介绍它之前，先介绍一下带接收者的函数类型。

8.2.1 带接收者的函数类型

带接收者的函数类型，例如 A.(B) -> C，其中 A 是接收者类型，B 是参数类型，C 是返回类型。先举一个例子：

```
fun main(args: Array<String>) {
    val sum1 = {
        x: Int, y: Int -> x + y
    }
    val sum2: Int.(Int) -> Int = {
        this + it
    }
    println(sum1(3,5))
    println(3.sum2(5))
}
```

执行结果如下：

```
8
8
```

sum2 是带接收者的函数类型，它在使用上类似于扩展函数。在函数内部，可以使用 this 指代传给调用的接收者对象，而 it 指代的是参数。

在第 3 章中曾提过，(A, B) -> C 类型的值可以传给 A.(B) -> C 类型，反之亦可。

8.2.2 带接收者的 Lambda

在第 4 章中曾经介绍过标准库的扩展函数：with 和 apply，它们的参数都含有带接收者的 Lambda。先回顾一下 with 和 apply 的源码：

```
public inline fun <T, R> with(receiver: T, block: T.() -> R): R {
    contract {
        callsInPlace(block, InvocationKind.EXACTLY_ONCE)
    }
    return receiver.block()
}
```

在 with 函数中，参数 block 是一个带有接收者的函数类型的参数。

```
public inline fun <T> T.apply(block: T.() -> Unit): T {
    contract {
        callsInPlace(block, InvocationKind.EXACTLY_ONCE)
```

```
    }
    block()
    return this
}
```

在 apply 函数中，参数 block 也是一个带有接收者的函数类型的参数。

再来回顾一下 apply 函数的使用，先定义一个 User 对象：

```
class User{
    var name:String?=null
    var password: String?=null
    override fun toString(): String {
        return "name=$name,password=$password"
    }
}
```

然后，使用 apply 函数对 User 的属性进行赋值：

```
fun main(args: Array<String>) {
    val user = User().apply {
        name = "Tony"  //此处省略了 this，完整的应该是 this.name= "Tony"
        password = "123456"
    }
    println(user)
}
```

执行结果如下：

```
name=Tony,password=123456
```

8.2.3 创建一个自己的 DSL

现在我们来创建一个属于自己的 DSL。首先，创建一个 Address 类用于表示详细的地址：

```
class Address {
    var province: String?=null
    var city: String?=null
    var street: String?=null
    override fun toString() = "province=$province,city=$city,street=$street"
}
```

然后，把 Address 类添加到刚才的 User 类中：

```
class User{
    var name:String?=null
    var password: String?=null
    var addresses:Address?=null

    override fun toString() = "name=$name,password=$password"
}
```

接下来定义类 UserWrapper，它包含一个 address()函数。address()的参数 init 是 Address.() -> Unit 类型的，address()类似于 apply 函数，可以在 Lambda 中对 Address 对象进行赋值。

之后定义一个 user()函数（它是 Kotlin 的一个 top-level 函数），用于创建 User 对象。user()函数也拥有一个带有接收者的函数类型的参数。

top-level 函数：在 Kotlin 文件中，可以在里面定义一些函数，它们不属于任何一个类，无须像 Java 一样使用 static 关键字修饰，这些函数被当作静态函数来使用。

```
class UserWrapper{
    private val address = Address()
    var name:String?=null
    var password: String?=null

    fun address(init: Address.() -> Unit):Address { //类似于 apply 函数，返回 address
对象本身
        address.init()
        return address
    }
    internal fun getAddress() = address
}
fun user(init: UserWrapper.() -> Unit):User {
    val wrapper = UserWrapper()
    wrapper.init()
    val user = User()
    user.name = wrapper.name
    user.password = wrapper.password
    user.addresses = wrapper.getAddress()
    return user
}
```

最后，测试一下使用 DSL 创建的 User 对象：

```
fun main(args: Array<String>) {

    val user = user{
        name = "Tony"
        password = "1234567890"
        address {
            province = "Jiangsu"
            city = "Suzhou"
            street = "Renming Road"
        }
    }

    println(user.addresses)
}
```

执行结果如下：

```
province=Jiangsu,city=Suzhou,street=Renming Road
```

8.2.4 将扩展函数改成 DSL 的方式

1. 使用DSL封装Glide图像框架

```
class GlideWrapper {
    var url:String? = null   //图片的 URL
    var image: ImageView?=null  //需要加载图片的 imageView 控件
    var placeholder: Int = R.drawable.shape_default_rec_bg //占位符
    var error: Int = R.drawable.shape_default_rec_bg   //错误提示符
    var transform: Transformation<Bitmap>? = null  //图像转换
}

fun load(init: GlideWrapper.() -> Unit) {
    val wrap = GlideWrapper()
    wrap.init()
    execute(wrap)
}

private fun execute(wrap:GlideWrapper) {
    wrap.image?.let {
        var request =
it.get(wrap.url).placeholder(wrap.placeholder).error(wrap.error)
        if (wrap?.transform!=null) {
            request.transform(wrap.transform!!)
        }
        request.into(it)
    }
}
```

仍然是加载某张图片，并让它呈现出圆角矩形的效果：

```
load {
    url = image_url
    image = holder.itemView.iv_game
    transform = RoundedCornersTransformation(DisplayUtil.dp2px (context,
10f), 0, centerCrop = false)
}
```

2. 使用DSL对Android Toast进行封装

```
class ToastWrapper {
    var text:String? = null  //toast 展示的字符串
    var res:Int? = null   //toast 展示的 resourceId
    var showSuccess:Boolean = false  //展示成功的标志位
    var showError:Boolean = false  //展示失败的标志位
}

fun toast(init: ToastWrapper.() -> Unit) {
    val wrap = ToastWrapper()
    wrap.init()
```

```
        execute(wrap)
    }
    private fun execute(wrap:ToastWrapper) {
        var taost:Toast?=null
        wrap.text?.let {
            taost = toast(it)
        }
        wrap.res?.let {
            taost = toast(it)
        }
        if (wrap.showSuccess) {
            taost?.withSuccIcon()
        } else if (wrap.showError) {
            taost?.withErrorIcon()
        }
        taost?.show()
    }
```

使用 DSL 的方式展示一个错误的提示：

```
toast {
    res = R.string.you_have_not_completed_the_email_address
    showError = true  //showSuccess 和 showError 一般只需要一个显示 true
}
```

这里使用的DSL是对链式调用的进一步封装。当然，有人会更喜欢链式调用，也有人会更喜欢DSL。

8.2.5 使用运算符重载实现 DSL

在第 9 章中会介绍 invoke 函数。如果重载了调用操作符，那么类在调用这个函数时可以省略 invoke 函数名。

下面的例子对 String 添加一个扩展函数 invoke，并结合带接收者的 Lambda 作为参数：

```
operator fun String.invoke(fn: String.() -> Unit) {
    fn(this)
}
fun main(args: Array<String>) {
    "hello dsl" { //此处省略了.invoke
        println(this)
    }
}
```

执行结果如下：

```
hello dsl
```

再举一个例子，定义一个 Dependency 类用于模拟 Gradle 添加库的依赖：

```
class Dependency {
    fun implementation(library: String) {
```

```
        println("$library")
    }
    operator fun invoke(action: Dependency.() -> Unit) {
        action()
    }
}
fun main(args: Array<String>) {
    val dependencies = Dependency()
    dependencies{
        implementation("org.jetbrains.kotlin:kotlin-stdlib-jdk8::1.4.20")
        //此处省略了 this，指代的是 dependencies，完整的应该是 this.implementation
("org.jetbrains.kotlin:kotlin-stdlib-jdk8::1.4.20")
        implementation("org.jetbrains.kotlin:kotlin-reflect:1.4.20")
    }
}
```

执行结果如下：

```
org.jetbrains.kotlin:kotlin-stdlib-jdk8::1.4.20
org.jetbrains.kotlin:kotlin-reflect:1.4.20
```

上述两个例子都是通过 invoke 的特性结合带接收者的 Lambda 实现 DSL 的。

8.2.6 使用中缀表达式实现 DSL

在第 9 章中会介绍中缀表达式以及 kxdata 的使用。中缀表达式实现的 DSL 能让代码看起来更加接近自然语言。

下面我们编写一个简单的 Assertion 类用于测试。

```
class Assertion<T>(private val target: T) {
    infix fun isEqualTo(other: T) {
        Assert.assertEquals(other, target)
    }
    infix fun isDifferentFrom(other: T) {
        Assert.assertNotEquals(other, target)
    }
}
```

isEqualTo、isDifferentFrom 函数分别使用 infix 修饰。编写以下的单元测试：

```
class AssertionTest {
    @Test
    fun unitTestingWorks(){
        val result = Assertion(10)
        result isEqualTo 10
        result isDifferentFrom 11
    }
}
```

从左到右像读取自然语言一样读取表达式，单元测试也顺利通过。因此，使用中缀表达式实现的 DSL 使代码更清晰，更易于阅读。

8.2.7 Kotlin DSL 的实际使用——封装路由框架的使用

再分享一则实际生产中使用 DSL 的案例。

曾经，我们开发 Android App 时会通过 Router 实现各个模块的通信和解耦，Router 框架支持传递参数、requestCode、切换动画等功能。

下面的代码展示使用 DSL 之前，使用 Router 框架的页面跳转和传参：

```
routerWithAnim(Config.ROUTER_SET_PWD_ACTIVITY)
    .with(Config.BUNDLE_SET_PWD_FROM_KEY, from)
    .with(Config.BUNDLE_ORIGIN_VERIFYCODE, value)
    .with(Config.BUNDLE_SET_PWD_TITLE_KEY, getString(R.string. set_pwd))
    .with(Config.BUNDLE_ZONE_CODE, zoneCode)
    .with(Config.BUNDLE_PHONE_NUM, phoneNum)
    .go(this)
```

其中，routerWithAnim 封装了路由跳转并带默认的切换动画。

```
fun routerWithAnim(path: String): IRouter {
    return Router.build(path).anim(R.anim.in_from_right, R.anim.out_to_left)
}
```

接下来对 Router 框架再一次封装，结合带接收者的 Lambda 和中缀表达式：

```
class RouterWrapper {
    private val paramsContext = ParamsContext()
    var path:String? = null  //路由跳转的路径，表示跳转到某个 Activity 或某个 Fragment
    var enterAnim: Int = R.anim.in_from_right
    var exitAnim: Int = R.anim.out_to_left
    var context: Context? = null //context 是必传的
    var requestCode: Int = -1
    fun params(init: ParamsContext.() -> Unit) {
        paramsContext.init()
    }
    internal fun getParamsContext() = paramsContext
}
//定义一个 ParamsContext 类，用于参数的封装。路由传递的参数是 key-value 的形式
class ParamsContext {
    private val map: MutableMap<String, Any> = mutableMapOf()
    infix fun String.to(v: Any) {
        map[this] = v
    }
    internal fun forEach(action: (k: String, v: Any) -> Unit) =
map.forEach(action)
}
fun router (init: RouterWrapper.() -> Unit) {
```

```
    val wrap = RouterWrapper()
    wrap.init()
    execute(wrap)
}
private fun execute(wrap: RouterWrapper){
    val router = Router.build(wrap.path).anim(wrap.enterAnim, wrap.exitAnim)
    wrap.getParamsContext().forEach { k, v -> //按照 key-value 的形式拼接路由需要
传递的参数
        router.with(k,v)
    }
    if (wrap.requestCode>=0) { //设置 requestCode
        router.requestCode(wrap.requestCode)
    }
    router.go(wrap.context)
}
```

其中，参数的传递使用了中缀表达式。

通过 DSL 封装后，之前的代码可以这样使用：

```
router {

    path = Config.ROUTER_SET_PWD_ACTIVITY

    params {

        Config.BUNDLE_SET_PWD_FROM_KEY to from
        Config.BUNDLE_ORIGIN_VERIFYCODE to value
        Config.BUNDLE_SET_PWD_TITLE_KEY to getString(R.string. set_pwd)
        Config.BUNDLE_ZONE_CODE to zoneCode
        Config.BUNDLE_PHONE_NUM to phoneNum
    }

    context = this@GetVcodeActivity
}
```

此时的代码，即使不懂 Android 开发，也能猜到路由的作用是跳转到相应的路径并传递一系列的参数。

8.3 总结

本章介绍了什么是DSL以及如何使用Kotlin实现DSL。其实，实现 DSL有很多种方式。图8-1总结了一些常用的方法，前三种是本部分内容重点讲述的，也是常见的方法。本部分内容抛砖引玉，读者感兴趣的话可以自己去了解其余的方法。

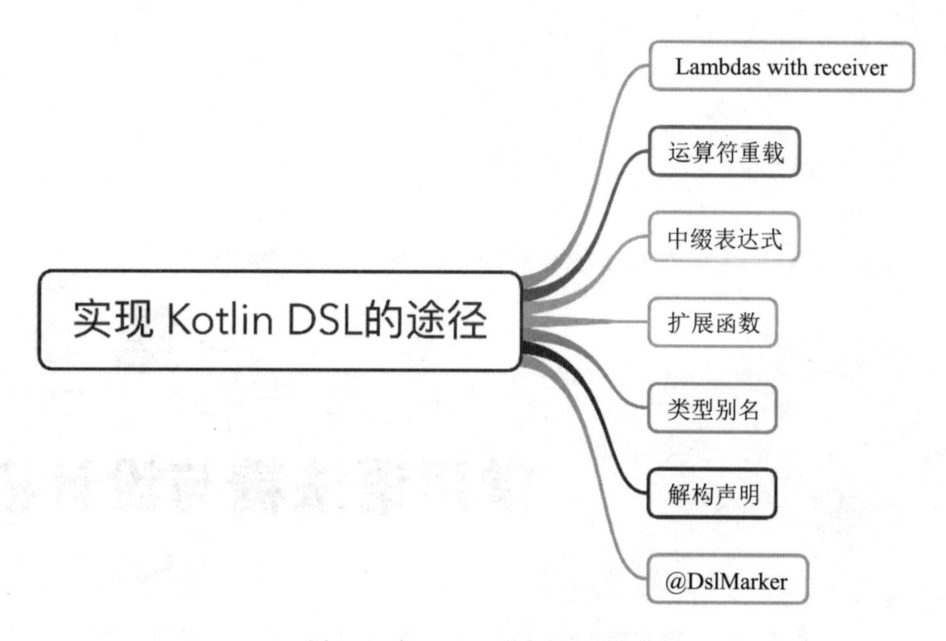

图 8-1　实现 Kotlin DSL 的途径

最后，想要设计出灵活的 DSL，我们必须熟悉 Kotlin 的各个特性。

第 9 章 常用语法糖与设计模式

Kotlin 相对 Java 而言，有着丰富的语法糖。本章将介绍一些常用语法糖的使用，以及 Kotlin 的一些使用技巧。

9.1 运算符重载

C++可以重载算数运算符，在 Kotlin 的世界里，我们也可以重载算数运算符，包括一元运算符、二元运算符和复合运算符。

使用 operator 修饰符来修饰特定函数名的函数，这些函数可以是成员函数，也可以是扩展函数。

例如，在 RxKotlin 的 disposable.kt 中有这样一个方法：

```
operator fun CompositeDisposable.plusAssign(disposable: Disposable) {
    add(disposable)
}
```

它满足两个条件：

（1）函数使用 operator 进行修饰。

（2）使用 plusAssign 作为函数名，plusAssign 是一个特定的函数名。

所以可以重载复合运算符“+=”，那么如何使用它呢？下面是一个简单的例子：

```
compositeDisposable += RxBus.get().register(PaySuccessEvent::class.java)
{ getServices() }
```

它等价于下面的代码：

```
compositeDisposable.add(
    RxBus.get().register(PaySuccessEvent::class.java) { getServices() }
)
```

不难发现，重载了运算符之后，代码会显得更加简洁和优雅。

顺便提一下，register()方法是 RxBus 的一个方法。原先 register()是这样的：

```
public <T> Disposable register(Class<T> eventType, Consumer<T> onNext) {
    return toObservable(eventType).observeOn
(AndroidSchedulers.mainThread()).subscribe(onNext);
}
```

由于使用了 Kotlin，该 register()方法的使用可以简化成这样：

```
RxBus.get().register(LogoutEvent::class.java,{
        refresh()
    })
```

register()最后一个参数是一个 Lambda 表达式，还可以进一步简化代码：

```
RxBus.get().register(LogoutEvent::class.java) { refresh() }
```

Kotlin 官方文档已经整理了一些常用的可重载的运算符，地址为：https://kotlinlang.org/docs/reference/operator-overloading.html

最后，我们来看看 invoke 函数，如表 9-1 所示，这是一个很有意思的函数。

表9-1　invoke函数的调用

表 达 式	翻 译 为
a()	a.invoke()
a(i)	a.invoke(i)
a(i, j)	a.invoke(i, j)
a(i_1, …, i_n)	a.invoke(i_1, …, i_n)

如果重载了调用操作符，那么在调用这个函数时可以省略 invoke 函数名，例如以下代码：

```
class InvokeClass{
    var sum:Int = 0
    operator fun invoke(param: Int){
        sum += param
        println("print in invoke method, param is $param, the sum = $sum")
    }
    operator fun invoke(param1: Int, param2: Int): InvokeClass{
        sum += param1 + param2
        println("print in invoke method, param1 is $param1, param2 is $param2,
the sum = $sum")
        return this
    }
}

fun main(args: Array<String>) {
    val obj = InvokeClass()
    obj.invoke(4)
```

```
    obj(4)
    obj(5,6)(7,8)(9)
    println(obj.sum)
}
```

执行结果如下：

```
print in invoke method, param is 4, the sum = 4
print in invoke method, param is 4, the sum = 8
print in invoke method, param1 is 5, param2 is 6, the sum = 19
print in invoke method, param1 is 7, param2 is 8, the sum = 34
print in invoke method, param is 9, the sum = 43
43
```

上述代码中：

```
obj.invoke(4)
```

等价于：

```
obj(4)
```

当然，连续调用两次之后，sum 的结果肯定是不一样的。然而：

```
obj(5,6)(7,8)(9)
```

等价于：

```
obj.invoke(5,6).invoke(7,8).invoke(9)
```

9.2 中缀表达式

中缀表达式是一种通用的算术或逻辑公式表示方法，操作符以中缀形式处于操作数的中间。中缀表达式允许我们使用一个单词或字母来当运算符用（其本质还是函数调用），忽略调用的点和圆括号。

在 Kotlin 中，使用中缀表达式经典的例子莫过于使用 kxdate 来操作日期。

kxdate GitHub 地址：https://github.com/yole/kxdate。

```
val twoMonthsLater = 2.months.fromNow
val yesterday = 1.days.ago
```

等价于：

```
val twoMonthsLater = 2 months fromNow
val yesterday = 1 days ago
```

如果对 kxdate 这个库感兴趣，可以去阅读一下它的源码，非常有意思。

使用 Kotlin 的中缀表达式需要满足以下条件：

（1）使用 infix 修饰。

（2）只有一个参数。

（3）其不得接受可变数量的参数且不能有默认值。

9.2.1　在扩展函数中使用中缀表达式

通常情况下，我们会在扩展函数中使用中缀表达式，例如：

```
infix fun Int.add(i:Int):Int = this + i
infix fun Int.加(i:Int):Int = this + i
fun main(args: Array<String>) {
   println(5 add 10)
   println(5 加 10)
}
```

执行结果如下：

```
15
15
```

9.2.2　在成员函数中使用中缀表达式

类中的成员函数也可以使用中缀表达式，它跟扩展函数在使用时有稍许不同。

```
class Infix2 {
   infix fun add(i: Int):Int {
      return 5 + i
   }

   fun printValue() {
      println(this add 10)
      println(add(10))
   }
}

fun main(args: Array<String>) {
   var infix2 = Infix2()
   infix2.printValue()
}
```

执行结果如下：

```
15
15
```

中缀表达式是 Kotlin 比较有意思的语法糖，它能让代码看起来更加接近自然语言，甚至还可以在 DSL 中使用。

9.3 作用域函数

9.3.1 作用域函数的概念

作用域函数是 Kotlin 标准库的函数，其唯一的目的是在对象的上下文中执行代码块。当你在提供了 Lambda 表达式的对象上调用此类函数时，会形成一个临时范围。在此范围内，可以在不使用其名称的情况下访问该对象。

Kotlin 的作用域函数包含 let、run、with、apply、also 等。在 4.3 节讲述过这些函数以及如何使用，可以去回顾一下。本节主要介绍如何优雅地使用它们。

9.3.2 如何优雅地使用作用域函数

Kotlin 的新手经常会这样写代码：

```
fun test(){
    name?.let { name ->
        age?.let { age ->
            doSth(name, age)
        }
    }
}
```

这样的代码本身没问题。然而，随着 let 函数嵌套过多之后，会导致可读性下降及不够优雅。在本节的最后会给出优雅的写法。

下面结合工作中遇到的情形，总结出一些方法以便我们更好地使用作用域函数。

1. 借助Elvis操作符

Elvis 操作符是三目条件运算符的简略写法，对于 x = foo() ? foo() : bar()形式的运算符，可以用 Elvis 操作符写为 x = foo() ?: bar()的形式。

在 Kotlin 中，借助 Elvis 操作符配合安全调用符实现简单清晰的空检查和空操作。

```
//根据 client_id 查询
request.deviceClientId?.run {
    //根据 clientId 查询设备 id
    orgDeviceSettingsRepository.findByClientId(this)?:run{
        throw IllegalArgumentException("wrong clientId")
    }
}
```

上述代码其实已经使用了 Elvis 操作符，那么可以省略掉 run 函数的使用，直接抛出异常。

```
//根据 client_id 查询
request.deviceClientId?.run {
    //根据 clientId 查询设备 id
```

```
        orgDeviceSettingsRepository.findByClientId(this)?:throw
IllegalArgumentException("wrong clientId")
    }
```

2. 利用高阶函数

多个地方使用 let 函数时，本身可读性不高。

```
    fun add(request:  AppVersionRequestModel): AppVersion?{
        val appVersion = AppVersion().Builder().mergeFrom(request)
        val lastVersion = appVersionRepository.
findFirstByAppTypeOrderByAppVersionNoDesc(request.appType);
        lastVersion?.let {
            appVersion.appVersionNo = lastVersion.appVersionNo!!.plus(1)
        }?:let{
            appVersion.appVersionNo = 1
        }
        return save(appVersion)
    }
```

下面编写一个高阶函数 checkNull()，替换掉两个 let 函数的使用。

```
    inline fun <T> checkNull(any: Any?, function: () -> T, default: () -> T): T =
if (any!=null) function() else default()
```

于是，上述代码改成这样：

```
    fun add(request:  AppVersionRequestModel): AppVersion?{

        val appVersion = AppVersion().Builder().mergeFrom(request)
        val lastVersion = appVersionRepository.
findFirstByAppTypeOrderByAppVersionNoDesc(request.appType)

        checkNull(lastVersion, {
            appVersion.appVersionNo = lastVersion!!.appVersionNo.plus(1)
        },{
            appVersion.appVersionNo = 1
        })

        return save(appVersion)
    }
```

3. 利用Optional

在使用 JPA 时，Repository 的 findById()方法本身返回的是 Optional 对象。

```
    fun update(requestModel:  AppVersionRequestModel): AppVersion?{
        appVersionRepository.findById(requestModel.id!!)?.let {
            val appVersion = it.get()
            appVersion.appVersion = requestModel.appVersion
            appVersion.appType = requestModel.appType
            appVersion.appUrl = requestModel.appUrl
            appVersion.content = requestModel.content
            return  save(appVersion)
```

```
    }

    return null;
}
```

因此，上述代码可以不使用 let 函数，直接利用 Optional 的特性。

```
fun update(requestModel: AppVersionRequestModel): AppVersion?{
    return appVersionRepository.findById(requestModel.id!!)
            .map {
                it.appVersion = requestModel.appVersion
                it.appType = requestModel.appType
                it.appUrl = requestModel.appUrl
                it.content = requestModel.content

                save(it)
            }.getNullable()
}
```

这里的 getNullable()实际是一个扩展函数。

```
fun <T> Optional<T>.getNullable() : T? = orElse(null)
```

4. 使用链式调用

多个 run、apply、let 函数的嵌套会大大降低代码的可读性。不写注释，时间长了一定会忘记这段代码的用途。

```
/**
 * 推送各种报告事件给商户
 */
fun pushEvent(appId:Long?, event:EraserEventResponse):Boolean{
    appId?.run {
        //根据 appId 查询 App 信息
        orgAppRepository.findById(appId)
    }?.apply {
        val app = this.get()
        this.isPresent().run {
            event.appKey = app.appKey
            //查询企业推送接口
            orgSettingsRepository.findByOrgId(app.orgId)
        }?.apply {
            this.eventPushUrl?.let {

                //签名之后发送事件
                val bodyMap = JSON.toJSON(event) as MutableMap<String, Any>
                bodyMap.put("sign",sign(bodyMap,this.accountSecret!!))
                return sendEventByHttpPost(it,bodyMap)
            }
        }

    }
```

```
        return  false
    }
```

上述代码存在着嵌套依赖的关系，我们可以尝试改成链式调用。修改后，代码的可读性和可维护性都提升了。

```
/**
 * 推送各种报告事件给商户
 */
fun pushEvent(appId:Long?, event:EraserEventResponse):Boolean{
    appId?.run {
        //根据 appId 查询 App 信息
        orgAppRepository.findById(appId).getNullable()
    }?.run {
        event.appKey = this.appKey
        //查询企业信息设置
        orgSettingsRepository.findByOrgId(this.orgId)
    }?.run {
        this.eventPushUrl?.let {
            //签名之后发送事件
            val bodyMap = JSON.toJSON(event) as MutableMap<String, Any>
            bodyMap.put("sign",sign(bodyMap,this.accountSecret!!))
            return sendEventByHttpPost(it,bodyMap)
        }
    }
    return  false
}
```

5. 应用

通过了解上述一些方法，最初的 test()函数只需定义一个高阶函数 notNull()来重构。

```
inline fun <A, B, R> notNull(a: A?, b: B?,block: (A, B) -> R) {
    if (a != null && b != null) {
        block(a, b)
    }
}

fun test() {
    notNull(name, age) { name, age ->
        doSth(name, age)
    }
}
```

notNull()函数只能判断两个对象，如果有多个对象需要判断，怎么更好地处理呢？下面是一种方式。

```
inline fun <R> notNull(vararg args: Any?, block: () -> R) {
    when {
        args.filterNotNull().size == args.size -> block()
    }
```

```
}

fun test() {
    notNull(name, age) {
        doSth(name, age)
    }
}
```

9.4 Contract 契约

Kotlin 的智能推断是其语言的一大特色。

智能推断能够根据类型检测自动转换类型。但是，Kotlin 的智能推断并没有想象中的强大，例如下面的代码就无法进行推断，导致编译失败：

```
fun String?.isNotNull():Boolean {
   return this!=null && this.isNotEmpty()
}

fun printLength(s:String?=null) {
   if (!s.isNotNull()) {
      println(s.length) //Only safe (?.) or non-null asserted (!!.) calls are allowed on a nullable receiver of type String?
   }
}
```

因为编译器在处理 s.length 时，会将 s 推断成 value-parameter s: String? = ...，并不是 String 类型。智能推断失效了，代码也无法编译。对上述代码进行如下修改，即可编译成功：

```
fun printLength(s:String?=null) {
   if (!s.isNullOrEmpty()) {
      println(s.length)
   }
}
```

isNullOrEmpty()是 Kotlin 标准库中 String 的扩展函数，其源码如下：

```
@kotlin.internal.InlineOnly
public inline fun CharSequence?.isNullOrEmpty(): Boolean {
    contract {
        returns(false) implies (this@isNullOrEmpty != null)
    }

    return this == null || this.length == 0
}
```

我们会发现isNullOrEmpty()的源码中包含contract函数，实际上它会告诉编译器当isNullOrEmpty()返回false时，则isNullOrEmpty != null成立，因此printLength()函数中的变量s不会为null。

通过契约，开发者可以向编译器提供有关函数的行为，以帮助编译器对代码执行更完整的分析。契约就像是开发者和编译器沟通的桥梁，但是编译器必须无条件地遵守契约。

9.4.1 Contract 的概念

Contract 是一种向编译器通知函数行为的方法。

Contract 是 Kotlin 1.3 的新特性，在 Kotlin 1.4 中仍处于试验阶段。

9.4.2 Contract 的特性

只能在 top-level 函数体内使用 Contract，不能在成员和类函数上使用它。

Contract 所调用的声明必须是函数体内第一条语句。

目前 Kotlin 编译器并不会验证 Contract，因此开发者有责任编写正确合理的 Contract。

在 Kotlin 1.4 中，对于 Contract 有两项改进：

- 支持使用内联特化的函数来实现契约。
- Kotlin 1.3不能为成员函数添加Contract，从Kotlin 1.4开始支持为final类型的成员函数添加Contract（当然，任意成员函数都可能存在被覆写的问题，因而不能添加）。

当前 Contract 有两种类型：

- Returns Contracts
- CallInPlace Contracts

1. Returns Contracts

Returns Contracts 表示当 return 的返回值是某个值（例如 true、false、null）时，implies 后面的条件成立。

Returns Contracts 有以下几种形式：

- returns(true) implies
- returns(false) implies
- returns(null) implies
- returns implies
- returnsNotNull implies

其他几个类型按照字面意思很好理解，returns implies 怎么理解呢？我们来看一下 Kotlin 的 requireNotNull()函数的源码：

```
@kotlin.internal.InlineOnly
public inline fun <T : Any> requireNotNull(value: T?): T {
    contract {
        returns() implies (value != null)
    }
    return requireNotNull(value) { "Required value was null." }
}

@kotlin.internal.InlineOnly
```

```
public inline fun <T : Any> requireNotNull(value: T?, lazyMessage: () -> Any): T {
    contract {
        returns() implies (value != null)
    }

    if (value == null) {
        val message = lazyMessage()
        throw IllegalArgumentException(message.toString())
    } else {
        return value
    }
}
```

contract()告诉编译器，如果调用 requireNotNull 函数后能够正常返回，且没有抛出异常，则 value 不为空。

因此，returns implies 表示当该函数正常返回时，implies 后面的条件成立。

Contract 正是通过这种声明函数调用的结果与所传参数值之间的关系来改进 Kotlin 智能推断的效果的。

2. CallInPlace Contracts

前面曾介绍过作用域函数，我们来回顾一下 let 函数的源码：

```
@kotlin.internal.InlineOnly
public inline fun <T, R> T.let(block: (T) -> R): R {
    contract {
        callsInPlace(block, InvocationKind.EXACTLY_ONCE)
    }
    return block(this)
}
```

contract()中的 callsInPlace 会告知编译器，Lambda 表达式 block 在 let 函数内只会执行一次。在 let 函数被调用结束后，block 将不再被执行。

callsInPlace()允许开发者提供对调用的 Lambda 表达式进行时间/位置/频率上的约束。

callsInPlace()中的 InvocationKind 是一个枚举类，包含如下枚举值：

- AT_MOST_ONCE：函数参数将被调用一次或根本不调用。
- EXACTLY_ONCE：函数参数将只被调用一次。
- AT_LEAST_ONCE：函数参数将被调用一次或多次。
- UNKNOWN：一个函数参数可以被调用的次数未知。

Kotlin 的 Scope Function 都使用了上述 Contracts。

9.4.3 Contract 源码解析

Contract 采用 DSL 方式进行声明，我们来看一下 contract()函数的源码：

```
@ContractsDsl
@ExperimentalContracts
```

```
@InlineOnly
@SinceKotlin("1.3")
@Suppress("UNUSED_PARAMETER")
public inline fun contract(builder: ContractBuilder.() -> Unit) { }
```

通过 ContractBuilder 构建了 Contract，其源码如下：

```
@ContractsDsl
@ExperimentalContracts
@SinceKotlin("1.3")
public interface ContractBuilder {
    /**
     * Describes a situation when a function returns normally, without any
exceptions thrown.
     *
     * Use [SimpleEffect.implies] function to describe a conditional effect that
happens in such case.
     *
     */
    //@sample samples.contracts.returnsContract
    @ContractsDsl public fun returns(): Returns

    /**
     * Describes a situation when a function returns normally with the specified
return [value].
     *
     * The possible values of [value] are limited to `true`, `false` or `null`.
     *
     * Use [SimpleEffect.implies] function to describe a conditional effect that
happens in such case.
     *
     */
    //@sample samples.contracts.returnsTrueContract
    //@sample samples.contracts.returnsFalseContract
    //@sample samples.contracts.returnsNullContract
    @ContractsDsl public fun returns(value: Any?): Returns

    /**
     * Describes a situation when a function returns normally with any value that
is not `null`.
     *
     * Use [SimpleEffect.implies] function to describe a conditional effect that
happens in such case.
     *
     */
    //@sample samples.contracts.returnsNotNullContract
    @ContractsDsl public fun returnsNotNull(): ReturnsNotNull

    /**
     * Specifies that the function parameter [lambda] is invoked in place.
     *
```

```
    * This contract specifies that:
    * 1. the function [lambda] can only be invoked during the call of the owner
function,
    *  and it won't be invoked after that owner function call is completed;
    * 2. _(optionally)_ the function [lambda] is invoked the amount of times
specified by the [kind] parameter,
    *  see the [InvocationKind] enum for possible values.
    *
    * A function declaring the `callsInPlace` effect must be _inline_.
    *
    */
   /* @sample samples.contracts.callsInPlaceAtMostOnceContract
   * @sample samples.contracts.callsInPlaceAtLeastOnceContract
   * @sample samples.contracts.callsInPlaceExactlyOnceContract
   * @sample samples.contracts.callsInPlaceUnknownContract
   */
   @ContractsDsl public fun <R> callsInPlace(lambda: Function<R>, kind:
InvocationKind = InvocationKind.UNKNOWN): CallsInPlace
}
```

returns()、returnsNotNull()、callsInPlace()分别返回了 Returns、ReturnsNotNull、CallsInPlace 对象。这些对象最终都实现了 Effect 接口：

```
@ContractsDsl
@ExperimentalContracts
@SinceKotlin("1.3")
public interface Effect
```

Effect 表示函数调用的效果。每当调用一个函数时，它的所有效果都会被激发。编译器将收集所有激发的效果以便于其分析。

目前 Kotlin 只支持 4 种 Effect：

- Returns：表示函数成功返回，不会不引发异常。
- ReturnsNotNull：表示函数成功返回不为null的值。
- ConditionalEffect：表示一个效果和一个布尔表达式的组合，如果触发了效果，则保证为true。
- CallsInPlace：表示对传递的Lambda参数的调用位置和调用次数的约束。

9.4.4 小结

Contract 是帮助编译器分析的一个很好的工具，它对于编写更干净、更好的代码非常有帮助。在使用 Contract 的时候，不要忘记编译器是不会去验证 Contract 的。

9.5 在 data class 中使用 MapStruct

9.5.1 data class 的 copy()为浅拷贝

浅拷贝是按位拷贝对象的，它会创建一个新对象，这个对象有着原始对象属性值的一份精确拷贝。如果属性是基本类型，拷贝的就是基本类型的值；如果属性是内存地址（引用类型），拷贝的就是内存地址。因此，如果其中一个对象改变了这个地址，就会影响另一个对象。

深拷贝会拷贝所有的属性，并拷贝属性指向的动态分配的内存。当对象和它所引用的对象一起拷贝时，即发生深拷贝。深拷贝相比于浅拷贝速度较慢，并且花销较大。

我们可以回顾一下 2.3.3 小节的内容。当然，如果想实现深拷贝，可以有很多种方式，比如使用序列化、反序列化、一些开源库（例如 https://github.com/enbandari/KotlinDeepCopy）。

接下来要介绍的不是深拷贝，但跟深拷贝有一定关系，是 Java Bean 到 Java Bean 的之间的映射。这样类似的工具有 Apache 的 BeanUtils、Dozer、MapStruct 等。

9.5.2 MapStruct 简介

MapStruct 是一个基于 JSR 269（http://www.jcp.org/en/jsr/detail?id=269）的 Java 注释处理器。开发者只需要定义一个 Mapper 接口，该接口声明任何所需的映射方法。在编译期间，MapStruct 将生成此接口的实现类。

使用 MapStruct 可以在两个 Java Bean 之间实现自动映射的功能，只需要创建好接口。由于它是在编译时自动创建具体的实现，因此无须反射等开销，在性能上也会好于 Apache 的 BeanUtils、Dozer 等。

9.5.3 在 Kotlin 中使用 MapStruct

在 GitHub 上有一个 MapStruct Kotlin 实现的开源项目：https://github.com/Pozo/mapstruct-kotlin。

1. mapstruct-kotlin的安装

在项目中添加 kapt 插件：

```
apply plugin: 'kotlin-kapt'
```

然后在项目中添加如下依赖：

```
api("com.github.pozo:mapstruct-kotlin:1.3.1.2")
kapt("com.github.pozo:mapstruct-kotlin-processor:1.3.1.2")
```

另外，还需要添加如下依赖：

```
api("org.mapstruct:mapstruct:1.4.0.Beta3")
kapt("org.mapstruct:mapstruct-processor:1.4.0.Beta3")
```

2. mapstruct-kotlin的基本使用

对于需要使用 MapStruct 的 data class，必须加上一个注解@KotlinBuilder：

```
@KotlinBuilder
data class User(var name:String,var password:String,var address: Address)

@KotlinBuilder
data class UserDto(var name:String,var password:String,var address: Address)
```

通过添加注解@KotlinBuilder会在编译时生成UserBuilder、UserDtoBuilder对象，它们在Mapper的实现类中被使用，用于创建对象以及为对象赋值。

再定义一个Mapper：

```
@Mapper
interface UserMapper {

    fun toDto(user: User): UserDto
}
```

这样，就可以使用了。MapStruct会在编译时自动生成UserMapperImpl类，完成将User对象转换成UserDto对象。

```
fun main() {
    val userMapper = UserMapperImpl()

    val user = User("tony","123456", Address("renming"))

    val userDto = userMapper.toDto(user)

    println("${user.name},${user.address}")
}
```

执行结果如下：

```
tony,Address(street=renming)
```

3. mapstruct-kotlin的复杂应用

对于稍微复杂的类：

```
//domain elements
@KotlinBuilder
data class Role(val id: Int, val name: String, val abbreviation: String?)

@KotlinBuilder
data class Person(val firstName: String, val lastName: String, val age: Int,
val role: Role?)

//dto elements
@KotlinBuilder
data class RoleDto(val id: Int, val name: String, val abbreviation: String, val
ignoredAttr: Int?)

@KotlinBuilder
data class PersonDto(
    val firstName: String,
    val phone: String?,
    val birthDate: LocalDate?,
    val lastName: String,
    val age: Int,
    val role: RoleDto?
)
```

Person 类中还包含 Role 类，以及 Person 跟 PersonDto 的属性并不完全一致的情况。在 Mapper 接口中，支持使用@Mappings 来进行映射。

```
@Mapper(uses = [RoleMapper::class])
interface PersonMapper {

    @Mappings(
        value = [
            Mapping(target = "role", ignore = true),
            Mapping(target = "phone", ignore = true),
            Mapping(target = "birthDate", ignore = true),
            Mapping(target = "role.id", source = "role.id"),
            Mapping(target = "role.name", source = "role.name")
        ]
    )
    fun toDto(person: Person): PersonDto

    @Mappings(
        value = [
            Mapping(target = "age", ignore = true),
            Mapping(target = "role.abbreviation", ignore = true)
        ]
    )
    @InheritInverseConfiguration
    fun toPerson(person: PersonDto): Person

}
```

在 PersonMapper 的 toDto()中，对于 PersonDto 没有的属性，在 Mapping 时可以使用 ignore = true。下面来看看将 person 映射成 personDto，以及 personDto 再映射回 person。

```
fun main() {

    val role = Role(1, "role one", "R1")
    val person = Person("Tony", "Shen", 20, role)
    val personMapper = PersonMapperImpl()

    val personDto = personMapper.toDto(person)
    val personFromDto = personMapper.toPerson(personDto)
    println("personDto.firstName=${personDto.firstName}")
    println("personDto.role.id=${personDto.role?.id}")
    println("personDto.phone=${personDto.phone}")
    println("personFromDto.firstName=${personFromDto.firstName}")
    println("personFromDto.age=${personFromDto.age}")
}
```

执行结果如下：

```
personDto.firstName=Tony
personDto.role.id=1
personDto.phone=null
personFromDto.firstName=Tony
personFromDto.age=0
```

由于 Person 没有 phone 这个属性，并且在 Mapping 时忽略了，因此转换成 PersonDto 后 personDto.phone=null。

而PersonDto虽然有age属性，但是在Mapping时忽略了，因此转换成Person后personFromDto.age=0。

这样的结果达到了我们的预期。

在使用 Kotlin 的 data class 时，如果需要进行 Java Bean 之间的映射，使用 MapStruct 是一个很不错的选择。

9.6 更好地使用设计模式

本节介绍的是在开发中使用 Kotlin 实现常见的设计模式。

9.6.1 单例模式

属于创建类型的一种常用的软件设计模式。通过单例模式的方法创建的类在当前进程中只有一个实例（根据需要，也有可能一个线程中属于单例，如仅线程上下文内使用同一个实例）。

Kotlin 实现单例模式非常简单，只要通过对象声明即可实现单例模式。

```
object 单例名[: 继承父类、实现接口] {
  成员属性
  成员函数
}
```

这种方式生成的单例类似于“饿汉模式”生成单例，详见 2.3.1 小节。Kotlin 创建单例的例子：

```
object NettyManager {

    fun sendXXX() {

        sendMsg {
            val responseMsg = ResponseMessage(action="xxx")
            GsonUtils.toJson(responseMsg)
        }
    }

    /**
     *服务端向网页发送生成二维码的消息，并返回生成随机的字符串
     */
    fun sendDisplayQrcode():String{

        val action = "display_qrcode"
        val map = mutableMapOf<String,String>()
        val randomString = RandomStringUtils.randomAlphanumeric(6)
        map.put("qrCode", randomString)

        sendMsg {
            val responseMsg = ResponseMessage(action,map)
            GsonUtils.toJson(responseMsg)
```

```
            }
            return randomString
        }

        ...

        private fun sendMsg(msg: ()->String) {

            NettyServer.sendMsgToWS(msg.invoke(), ChannelFutureListener
{ channelFuture ->
                if (channelFuture.isSuccess) {
                    LogUtils.d("write successful")
                } else {
                    LogUtils.d("write error")
                }
            })
        }
    }
```

9.6.2 builder 模式

在软件系统设计中，有时面临着一个“复杂系统”的创建工作，该对象通常由各个部分的子对象用一定的算法构成，或者说按一定的步骤组合而成。这些算法和步骤是稳定的，而构成这个对象的子对象却经常由于需求改变而发生变化。

对于构建复杂的对象，使用 builder 模式是一种不错的选择。如果使用 Kotlin 来实现 builder 模式，可以考虑借助 DSL 来构建复杂的对象。因为 DSL 本身很直观易懂。

例如：

```
class Builder private constructor() {
    var port: Int = 8080
    var address: String = "127.0.0.1"
    var useTls: Boolean = false
    var maxContentLength: Int = 524228
    var errorController:RequestHandler?=null
    var logProxy: LogProxy?=null
    var converter: Converter?=null

    constructor(init: Builder.() -> Unit): this() { init() }

    fun port(init: Builder.() -> Int) = apply { port = init() }

    fun address(init: Builder.() -> String) = apply { address = init() }

    fun useTls(init: Builder.() -> Boolean) = apply { useTls = init() }

    fun maxContentLength(init: Builder.() -> Int) = apply { maxContentLength =
init() }

    fun errorController(init: Builder.() -> RequestHandler) = apply
{ errorController = init() }

    fun logProxy(init: Builder.()-> LogProxy) = apply { logProxy = init() }

    fun converter(init: Builder.()->Converter) = apply { converter = init() }
```

```
    fun build(): AndroidServer = AndroidServer(this)
}
```

builder 模式使用起来很简单：

```
androidServer = AndroidServer.Builder{
    port {
        8888
    }
    converter {
        GsonConverter()
    }
    logProxy {
        LogProxy
    }
}.build()
```

9.6.3 观察者模式

观察者模式（有时又被称为模型（Model）-视图（View）模式、源-收听者（Listener）模式或从属者模式）是软件设计模式的一种。在这种模式中，一个目标物件管理所有相依于它的观察者物件，并且在它本身的状态改变时主动发出通知。这通常通过呼叫各观察者所提供的方法来实现。这种模式通常被用来实现事件处理系统。

观察者模式是使用场景广泛的模式，例如在 Android 源码中包含很多使用观察者模式的地方，RxJava 本身也结合了观察者模式，GUI 的事件处理是观察者模式的典型应用。

```
interface Listener {
    fun onTextChanged(oldText: String, newText: String)
}

class TextChangedListener1 : Listener {
    override fun onTextChanged(oldText: String, newText: String) {
        println("Text is changed from $oldText to $newText")
    }
}

class TextChangedListener2 : Listener {
    override fun onTextChanged(oldText: String, newText: String) {
        println("newText value:$newText")
    }
}

class TextView {

    val listeners = mutableListOf<Listener>()
    var text: String by Delegates.observable("") { _, old, new ->
        listeners.forEach { it.onTextChanged(old, new) }
    }
}
```

观察者模式的使用：

```
fun main() {
    val textView = TextView().apply {
        listeners.add(TextChangedListener1())
        listeners.add(TextChangedListener2())
    }

    with(textView) {
        text = "hi"
        text = "tony"
    }

    println("textView.text: ${textView.text}")
}
```

9.6.4 状态模式

当一个对象的内在状态改变时，允许改变其行为，这个对象看起来像是改变了其类。状态模式主要解决的是当控制一个对象状态的条件表达式过于复杂的情况。把状态的判断逻辑转移到表示不同状态的一系列类中，可以把复杂的判断逻辑简化。

状态模式描述了对象状态的变化以及对象如何在每一种状态下表现出不同的行为。

```
interface State {
    fun next(): State
}

sealed class SemaphoreStates : State {
    object Red : SemaphoreStates() {
        override fun next() = Green
    }

    object Green : SemaphoreStates() {
        override fun next() = Yellow
    }

    object Yellow : SemaphoreStates() {
        override fun next() = Red
    }
}

class Semaphore(startingState: State = SemaphoreStates.Red) {
    var state = startingState
        private set

    fun nextLight() {
        state = state.next()
    }

    fun getCurrentSateName():String = state.javaClass.simpleName
}
```

```
fun Semaphore.canCross() = this.state is SemaphoreStates.Green
```

状态模式的使用：

```
fun main() {
    val semaphore = Semaphore()
    println("${semaphore.getCurrentSateName()},can
cross:${semaphore.canCross()}")
    semaphore.nextLight()
    println("${semaphore.getCurrentSateName()},can
cross:${semaphore.canCross()}")
    semaphore.nextLight()
    println("${semaphore.getCurrentSateName()},can
cross:${semaphore.canCross()}")
    semaphore.nextLight()
    println("${semaphore.getCurrentSateName()},can
cross:${semaphore.canCross()}")
    semaphore.nextLight()
    println("${semaphore.getCurrentSateName()},can
cross:${semaphore.canCross()}")
}
```

更为复杂的状态，典型的如 OA 系统的审批、游戏等，可以使用状态机实现。

9.7 总结

本章首先介绍了运算符重载和中缀表达式，它们都是 Kotlin 的语法糖，能够起到简化代码的作用。

之后介绍了作用域函数以及它的使用场景和一些最佳实践，并通过作用域函数引出了 Contract，并对 Contract 进行了源码解析。

最后介绍了一些常用的技巧和在 Kotlin 中如何更好地使用设计模式。本章可谓是理论和经验的总结。

第 10 章 跨平台开发

本章将开始学习跨平台相关的一些技术知识。通过本章的学习，我们可以深刻理解为什么存在跨平台开发的需求，以及目前相关的几种主流技术，了解跨平台的愿景以及 Kotlin 在跨平台开发中一些常用的技术框架以及相关的一些小窍门。

10.1 跨平台的简单介绍

10.1.1 跨平台开发的愿景

跨平台开发的愿景：使用统一的代码开发，解决用户需求并同时适配多个平台，尽量减少甚至不用各个平台的原生开发语言，并以此减少对多平台开发的资源投入，更好地掌控多个平台开发的进度。

10.1.2 跨平台开发当前的主流技术

下面介绍目前跨平台开发的几种主流技术。

1. Cordova

Cordova 是 Apache 旗下的一个开源的移动开发框架，使用 Web 开发技术进行跨平台开发。应用在每个平台的封装器中执行，并且依赖规范的 API 对设备进行高效的访问，比如传感器、数据、网络状态等。

Cordova 使用 HTML、CSS、JS 进行移动 App 开发，多平台共用一套代码。Cordova 将不同设备的功能按标准进行统一封装，开发人员不需要了解设备的原生实现细节，并且提供了一组统一的 JavaScript 类库，以及为这些类库所使用的设备相关的原生后台代码。因此，实现了“write once, run anywhere”（一次开发，随处运行）。

2. React Native

React Native 以 JavaScript 以及 React 为技术点编写应用，利用相同的核心代码就可以创建 Web、iOS、Android 原生应用。React Native 致力于提高多平台的开发效率。

React Native 支持标准平台组件的使用，在 iOS 平台可以使用 UITaBar 控件，在 Android 平台可以使用 RAWer 控件。这样 App 从使用上和视觉上就拥有像原生 App 一样的体验。

3. Flutter

在 2017 年的谷歌 I/O 大会上，谷歌推出了 Flutter——一款新的用于创建移动应用的开源库。随后不断推进更新，例如阿里的咸鱼 App 就是使用 Flutter 进行研发并推出的。

Flutter 是面向 iOS 和 Android 应用，提供一套基础代码（使用 Dart 语言）的高性能、高可靠软件开发工具包，使开发者能够在 iOS 和 Android 两个主要的移动平台上打造统一代码的高性能应用。

Flutter 能够在 iOS 和 Android 上运行起来，依靠的是一个叫 Flutter Engine 的虚拟机，Flutter Engine 是 Flutter 应用程序的运行环境，开发人员可以通过 Flutter 框架和 API 在内部进行交互。

10.1.3 Kotlin 与 Flutter 的对比

Kotlin 跨平台的目标：为更多的平台提供一套可以公共管理的代码，相对较少地牵涉各个平台的 UI，其目的更多的在于使用同一套通用的业务逻辑代码，为多平台项目提供一套逻辑解决方案，从而不牵涉平台的 UI。

Flutter 跨平台的目标：利用一套新的 UI 框架、一套新的渲染机制更好地兼容多个平台，而且 Flutter 是谷歌新一代的操作系统 Fuchsia 的先驱者。目前 Flutter 生态较好，有较多的开源框架或者开源人员去支撑它的发展，谷歌更是为了 Flutter 时常举行一些比赛或者发一些推文，推行 Flutter 的发展。

10.2 利用 Ktor-Client 实现跨平台网络请求

10.2.1 什么是 Ktor

Ktor 是一个使用强大的 Kotlin 语言在互联网系统中构建异步服务器与客户端的框架。

10.2.2 Ktor-Client 的使用

接下来的讲解会以 Android、iOS 利用 Ktor 实现一套代码管理两端客户的网络请求。

1. 创建Mobile工程

首先打开 IDEA，选择创建 Mobile 类型项目，如图 10-1 所示。

然后选择 Java 对应版本，如图 10-2 所示。

最后输入项目名称构建项目，如图 10-3 所示。

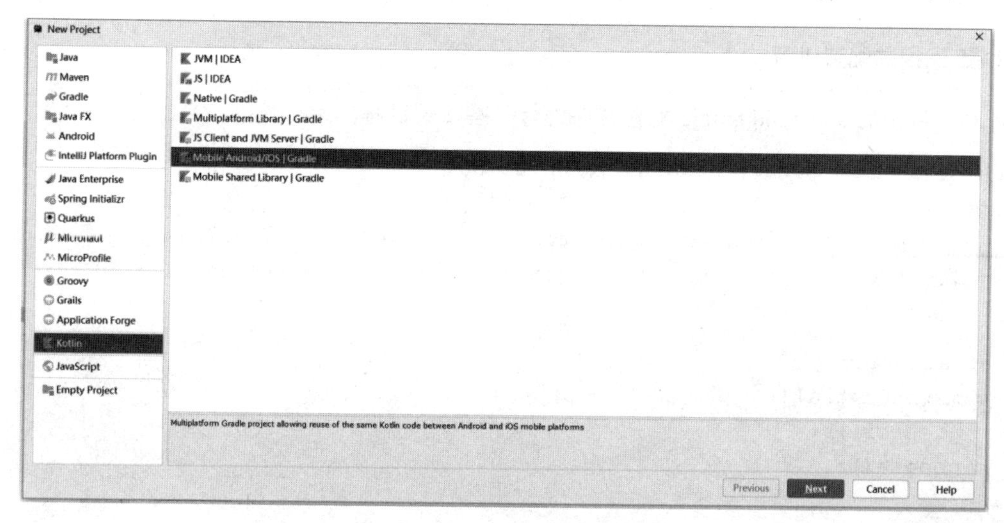

图 10-1　选择创建 Mobile 类型项目

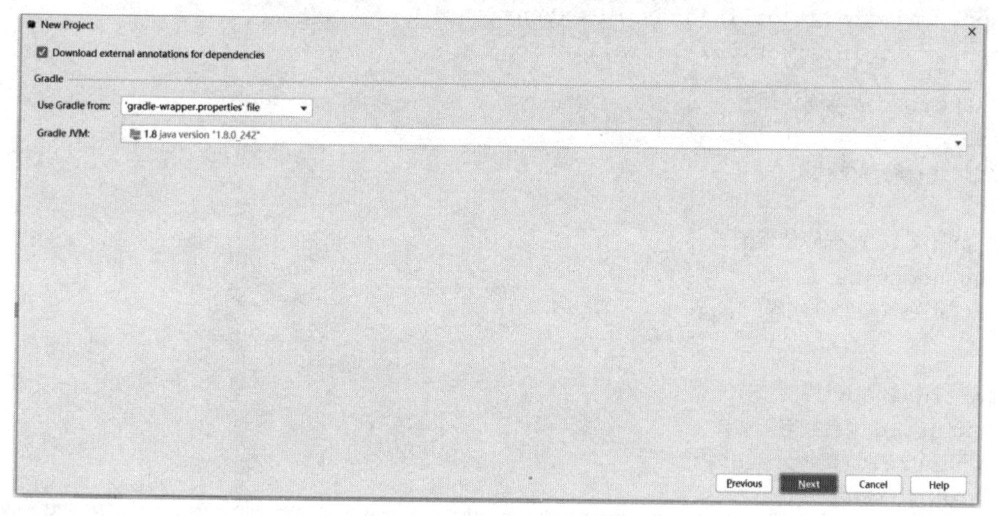

图 10-2　选择 Java 对应版本

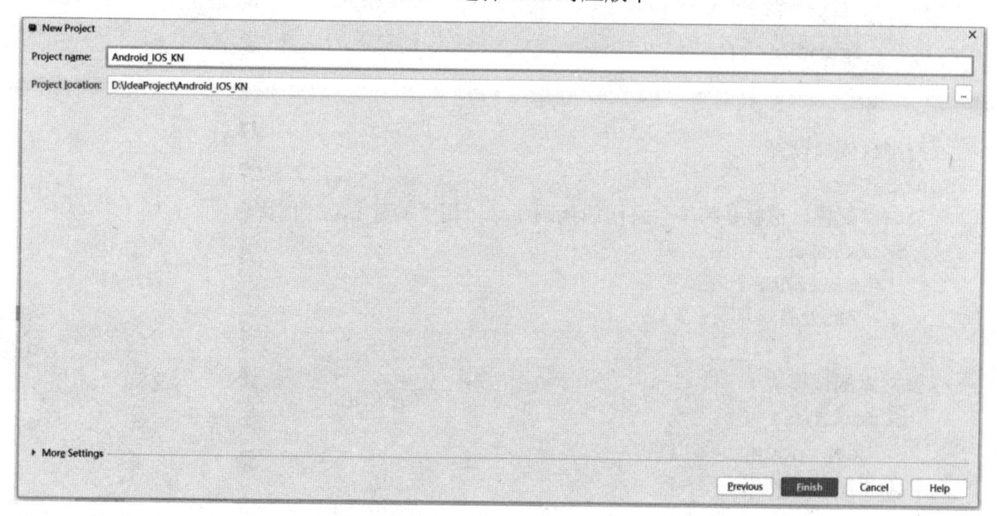

图 10-3　输入项目名称

2. 工程相关配置讲解

针对项目中的 app\build.gradle 配置文件进行一些常规讲解。

```
//项目公用配置，例如远程仓库来源，公用 plugin 等
plugins {
    id 'org.jetbrains.kotlin.multiplatform' version '1.3.72'
    id 'org.jetbrains.kotlin.plugin.serialization' version '1.3.70'

}
repositories {
    mavenCentral()
    jcenter()
    google()
}
apply plugin: 'com.android.application'
apply plugin: 'kotlin-android-extensions'
apply plugin: 'kotlinx-serialization'
//Android 版本编译配置
android {
//此处省略部分代码
}
//Android 远程库依赖配置
dependencies {
  //此处省略部分代码
}

kotlin {
//Android 平台别名
    android("android")
//iOS 平台别名
    iosX64("ios") {
        binaries {
            framework()
        }
    }
    //跨平台依赖设置
    sourceSets {
    //公共库配置，也就是跨平台公用的代码库，可用于构建 base 模块
        commonMain {
            dependencies {
           //此处省略部分代码
        }}
    //公共库测试模块
        commonTest {
            dependencies {
    //此处省略部分代码
        }
    //Android 模块
```

```
        androidMain {
            dependencies {
      //此处省略部分代码
            }
    //Android test 配置
        androidTest {
            dependencies {
                implementation kotlin('test')
                implementation kotlin('test-junit')
            }
        }
    //iOS 模块
        iosMain {
            dependencies {
              //此处省略部分代码
            }
        }
    //iOS test 配置
        iosTest {
        }
    }
    }
    }
    }
    //iOS native 的一些配置
    task copyFramework {
        def buildType = project.findProperty('kotlin.build.type') ?: 'DEBUG'
        def target = project.findProperty('kotlin.target') ?: 'ios'
        dependsOn kotlin.targets."$target".binaries.getFramework(buildType).
linkTask

        doLast {
            def srcFile = kotlin.targets."$target".binaries.getFramework
(buildType).outputFile
            def targetDir = getProperty('configuration.build.dir')
            copy {
                from srcFile.parent
                into targetDir
                include 'app.framework/**'
                include 'app.framework.dSYM'
            }
        }
    }
```

注意，Common 的配置是必需的，你可以这样理解，跨平台的多端代码实现思想都是基于 Common 的，也就是说把 Common 当作一个有具体行为，但是部分细节是抽象化的一个对象，而其他平台则是基于对 Common 这个对象针对平台化的技术细节实现。

3. Ktor-Client的配置

在 app\build.gradle 下对 sourceSets 的一些模块进行配置。

```
sourceSets {
        //公共库配置，也就是跨平台公用的代码库，可用于构建 base 模块
        commonMain {
            dependencies {
                implementation kotlin('stdlib-common')
                //设置支持 Ktor-Client
                  implementation("io.ktor:ktor-client-core:$ktor_version")
                  //设置相关的 json 配置
                  implementation("io.ktor:ktor-client-json:$ktor_version")
                  implementation("io.ktor:ktor-client-serialization:
$ktor_version")
                implementation("org.jetbrains.kotlinx:kotlinx-io:
$kotlinx_io_version")
                implementation
                "org.jetbrains.kotlinx:kotlinx-serialization-runtime-common:
$serialization_version"
                implementation "org.jetbrains.kotlin:kotlin-reflect:1.3.72"
            }
        }
        //公共库测试模块
        commonTest {
            dependencies {
                implementation kotlin('test-common')
                implementation kotlin('test-annotations-common')
                //implementation("org.jetbrains.kotlinx: kotlinx-io:
$kotlinx_io_version")
                implementation("io.ktor:ktor-client-core:$ktor_version")
                implementation("io.ktor:ktor-client-json:$ktor_version")
                implementation("io.ktor:ktor-client-serialization:
$ktor_version")
                implementation "org.jetbrains.kotlin:kotlin-reflect:1.3.72"
            }
        }
        //Android 模块
        androidMain {
            dependencies {
                implementation kotlin('stdlib')
                implementation("org.jetbrains.kotlinx:kotlinx-io-jvm:
$kotlinx_io_version")
                implementation("io.ktor:ktor-client-android:$ktor_version")
                implementation("io.ktor:ktor-client-json-jvm:$ktor_version")
```

```
                implementation("io.ktor:ktor-client-serialization-jvm:
$ktor_version")
                implementation "org.jetbrains.kotlinx: kotlinx-serialization-
runtime:$serialization_version"
            }
        }
        //Android test 配置
        androidTest {
            dependencies {
                implementation kotlin('test')
                implementation kotlin('test-junit')
            }
        }
        //iOS 模块
        iosMain{
            dependencies {
                implementation("io.ktor:ktor-client-ios:$ktor_version")
                implementation("io.ktor:ktor-client-json-native:
$ktor_version")
                implementation("io.ktor:ktor-client-serialization-native:
$ktor_version")
                implementation "org.jetbrains.kotlinx:kotlinx-serialization-
runtime-native:$serialization_version"

                implementation("org.jetbrains.kotlinx: kotlinx-io-native:
$kotlinx_io_version")
            }
        }
        //iOS test 配置
        iosTest{
        }
    }
```

> 注意 对应平台模块必须依赖相关配置，避免平台模块调用 common 模块代码时无法调用本示例代码，使用的序列化是 Kotlinx.Serialization，目前还支持 GSON、Jackson，相应配置可参考：https://ktor.kotlincn.net/clients/http-client/features/json-feature.html。

4. Ktor-Client的简单使用

接下来以 Android 为例进行讲解（本示例代码以请求聚合数据新闻 API 为例进行讲解）。

```
fun netTest(){
    //初始化 httpClient
    val client = HttpClient() {
        //这里做请求网络的一些属性配置，例如序列化、拦截器等
            install(JsonFeature) {
                serializer = KotlinxSerializer()
            }
```

```
    }
    //然后开始请求网络
    val response = client.post<NewsResponse>(HttpRequestBuilder().apply {
            url.host = "v.juhe.cn"
            url.protocol = URLProtocol.HTTPS
            url.encodedPath = "/toutiao/index"
            url.parameters.append("type", type)
            url.parameters.append("key", newsApiKey)

        })

    if (response.reason == "成功地返回") {

            val result = response.newsResult
        ?: throw ApiResultException("news result null")
            val datas = result.data

            return datas
        }

        throw RunTimeException(response.reason ?: "unknown error")
}
```

网络对应数据 bean 如下：

```
@Serializable
data class NewsResponse(
    @SerialName("error_code")
    var errorCode: Int,
    @SerialName("reason")
    var reason: String?,
    @SerialName("result")
    var newsResult: NewsResult?
)
@Serializable
data class NewsData(

    @SerialName("author_name")
    var authorName: String?,
    @SerialName("category")
    var category: String?,

    @SerialName("date")
    var date: String = "",

    @SerialName("thumbnail_pic_s")
    var thumbnailPicS: String = "",
    @SerialName("thumbnail_pic_s02")
    var thumbnailPicS02: String = "",
    @SerialName("thumbnail_pic_s03")
    var thumbnailPicS03: String = "",
    @SerialName("title")
```

```
    var title: String?,
    @SerialName("uniquekey")
    var uniquekey: String?,
    @SerialName("url")
    var url: String?
)
```

5. Ktor-Client的简易封装以及调用

使用 Ktor-Client 作为跨平台网络请求，对于一些通用的网络业务 API，其实可以封装到一个属于该项目的 Base Net Lib。

在进行代码示例演示前，先讲解一下跨平台相关的两个关键字：expect 和 actual。

- expect：将一个声明标记为平台相关，并期待在平台模块中实现。在公用模块也就中，利用common模块中，利用expect标记的对象表明为抽象对象，需要实际场景的应用端去进行实例化。
- actual：表示多平台项目中的一个平台相关实现。

其代码如下：

```
//在 Common 平台声明这个对象是 CoroutineDispatcher，但并没有实例化是一个抽象对象
internal expect val APIDispatcher: CoroutineDispatcher
//在 Android 平台下实例化该对象
internal actual val APIDispatcher: CoroutineDispatcher = Dispatchers.Default
...
...kotlin
//利用 Manager 的思想封装一个对 HttpClient 统一管理的类
class NetClientManager private constructor() {


    val client: HttpClient

    init {
        client = HttpClient() {
            install(JsonFeature) {
                serializer = KotlinxSerializer()
            }
        }
    }

    companion object {
        val instarnce by lazy { NetClientManager() }
    }
}

//其次，针对通用 API 的请求可以这样实现
internal expect val APIDispatcher: CoroutineDispatcher
class Api private constructor() {
    private var newsApiKey = "聚合数据的 ApiKey"
```

```
    //这里使用协程进行请求
    private suspend fun getNews(type: String = "top"): List<NewsData> {
        val clientManager = NetClientManager.instarnce
        val client = clientManager.client
        val response = client.post<NewsResponse>(HttpRequestBuilder()
        .apply {

            url.host = "v.juhe.cn"
            url.protocol = URLProtocol.HTTPS
            url.encodedPath = "/toutiao/index"
            url.parameters.append("type", type)
            url.parameters.append("key", newsApiKey)

        })
        if (response.reason == "成功地返回") {
            val result = response.newsResult ?: throw ApiResultException("news
result null")
            val datas = result.data
            return datas
        }

        throw ApiResultException(response.reason ?: "unknown error")
    }

    fun getNewsResult(
        type: String = "",
        dataAction: (List<NewsData>) -> Unit,
        errorAction: (Exception) -> Unit,
        dispatcher: CoroutineDispatcher = APIDispatcher
    ) {
        GlobalScope.apply {
            launch(dispatcher) {
                try {

                    val result = getNews(type)
                    dataAction.invoke(result)
                } catch (e: Exception) {
                    errorAction.invoke(e)
                }
            }
        }
    }

    companion object {
        val instance by lazy { Api() }
    }

}
```

Android 的调用示例如下：

```
class MainActivity : AppCompatActivity() {

    override fun onCreate(savedInstanceState: Bundle?) {
        super.onCreate(savedInstanceState)
        Sample().checkMe()
        setContentView(R.layout.activity_main)
        findViewById<TextView>(R.id.main_text).text = hello()
        setContentView(R.layout.activity_main)
        findViewById<TextView>(R.id.main_text).text = hello()

        main_text.setOnClickListener {

            Api.instance.getNewsResult(dataAction = {
                Log.i("KilleTom-Ypz", "$it")
                if (!it.isNullOrEmpty()){
                    post
                }
            }, errorAction = {
                it.printStackTrace()
            })
        }
    }
}
```

启动 App，效果如图 10-4 所示。

单击 Hello from Android 获取网络数据，效果如图 10-5 所示。

图 10-4　启动 App

图 10-5　获取网络数据

10.3 总结

使用 Ktor-Client 注意在公共模块下需要配置好基础依赖，在各个平台下配置好对应已实现的库进行依赖配置。

还需要注意以下几点：

- 将HttpClient初始化为对应平台的HttpClient。
- 实现对应平台的协程的 CoroutineDispatcher，也就是掌握expect、actual的使用。
- 利用抽象概念统一封装好对公用API的网络请求以及结果回调。
- 简单调用封装好的网络请求实现即可。

第 11 章

协程及其应用

在学习操作系统这门课时，我们曾经了解过进程和线程的概念以及区别。而协程（Coroutine）相比线程更加轻量级，协程又称为微线程。本章将系统讲解 Kotlin 中协程的功能以及如何使用。

11.1 协程的基本概念

协程虽然是微线程，但是并不会和某一个特定的线程绑定，它可以在 A 线程中执行，经过某一个时刻的挂起（Suspend），等下次调度到恢复执行的时候，很可能会在 B 线程中执行。

11.1.1 协程的定义

协程是一种用户态的轻量级线程，协程的调度完全由用户控制。协程拥有自己的寄存器上下文和栈。协程调度切换时，将寄存器上下文和栈保存到其他地方，在切回来的时候，恢复先前保存的寄存器上下文和栈，直接操作栈则基本没有内核切换的开销，可以不加锁地访问全局变量，所以上下文的切换非常快。

线程和协程的一个显著区别：线程的阻塞代价是昂贵的，而协程使用了更简单、代价更小的挂起来代替阻塞。

11.1.2 为何要使用协程

1. 示例一

在访问一个电商的商品详情页面时，背后可能会通过 API Gateway（网关）调用多个接口，例如商品详情、商品评价、相关商品的推荐、商品图片信息......这些接口返回的 Response 可能会通过 Gateway 进行合并，再返回给前端页面，如图 11-1 所示。这可以看成是一个典型的微服务应用。每一个接口都是一个服务，需要调用多个服务来处理这个 URL 请求并返回结果。这里可能会涉及并发编程，我们先使用 Java 8 的 CompletableFuture 以及 RxJava 来实现。

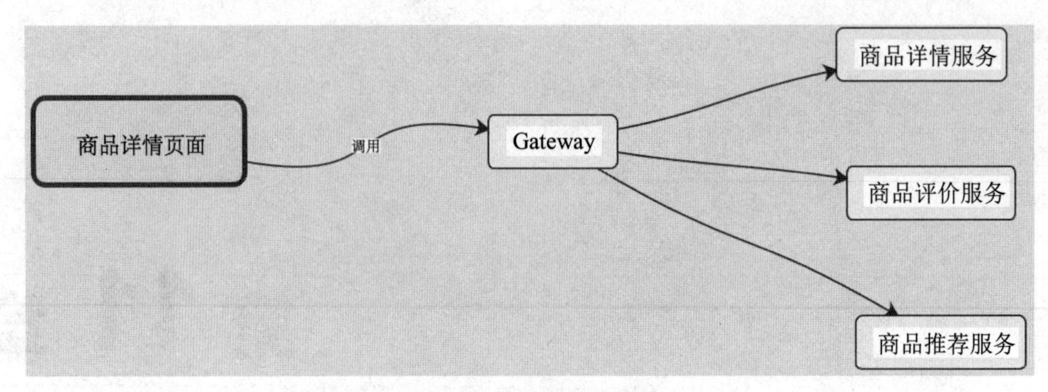

图 11-1 商品详情页面

Java 8 CompletableFuture 的实现（伪代码）：

```
        CompletableFuture<DetailModel> future1 = CompletableFuture.
supplyAsync(() -> { //获取商品详情
            return getDetail();
        });

        CompletableFuture<CommentsModel> future2 = CompletableFuture.
supplyAsync(() -> { //获取商品评价
            return getComments();
        });

        CompletableFuture<RecommendModel> future3 = CompletableFuture.
supplyAsync(() -> { //获取商品推荐
            return getRecommend();
        });

        CompletableFuture combineFuture = CompletableFuture.allOf(future1,
future2,future3)
                .thenApply(v->{
                  Goods goods = new Goods();
                  goods.detail = future1.get();
                  goods.comments = future2.get();
                  goods.recommend = future3.get();
                  return goods;
          });

         Goods goods = combineFuture.get()
    }
```

RxJava 的实现（伪代码）：

```
        Maybe detailMaybe = getDetailForMaybe();              //获取商品详情
        Maybe commentsMaybe = getCommentsForMaybe();          //获取商品评价
        Maybe recommendMaybe = getRecommendForMaybe();        //获取商品推荐

        //合并多个网络请求
        Maybe.zip(detailMaybe, commentsMaybe, recommendMaybe, new
Function3<DetailModel, CommentsModel, RecommendModel, Goods>() {
```

```
            @Override
            public Goods apply(DetailModel detailModel, CommentsModel
commentsModel, RecommendModel recommendModel) throws Exception {

                Goods goods = new Goods();
                goods.detail = detailModel.detail;
                goods.comments = commentsModel.comments;
                goods.recommend = recommendModel.recommend;

                return goods;
            }
        }).subscribe(new Consumer<Goods>() {
            @Override
            public void accept(Goods goods) throws Exception {

                        ...
            }
        }, new Consumer<Throwable>() {
            @Override
            public void accept(Throwable throwable) throws Exception {
                System.out.println(throwable.getMessage());
            }
        });
```

实现完上述两个版本后，再来看看 Kotlin 协程的实现（伪代码）：

```
val detail = GlobalScope.async { //获取商品详情
      getDetail()
}

val comments = GlobalScope.async { //获取商品评价
      getComments()
}

val recommend = GlobalScope.async { //获取商品推荐
     getRecommend()
}

val goods = Goods()
goods.detail = detail.await()
goods.comments = comments.await()
goods.recommend = recommend.await()
```

从上述代码可以得出，这三种方式都能可以实现需求，也都解决了“Callback hell”的问题。但是使用协程的方式简化了异步编程，看似使用“同步”的方法来实现异步编程。

2. 示例二

为了演示协程使用更小的内存，我们分别创建 10 万个协程和 10 万个线程进行测试（不使用线程池）。

首先，创建 10 万个协程（下面的代码使用了很多 Coroutine builders API，不必着急，11.2 节会详细介绍它们的使用）：

```
import kotlinx.coroutines.Dispatchers
import kotlinx.coroutines.delay
import kotlinx.coroutines.launch
import kotlinx.coroutines.runBlocking

/**
 * Created by tony on 2018/7/18.
 */
fun main(args: Array<String>) {

    val start = System.currentTimeMillis()

    runBlocking {
        val jobs = List(100000) {
            //创建新的 coroutine
            launch(Dispatchers.Default) {
                //挂起当前上下文，而非阻塞 1000ms
                delay(1000)
                println("thread name="+Thread.currentThread().name)
            }
        }

        jobs.forEach {
            it.join()
        }
    }

    val spend = (System.currentTimeMillis()-start)/1000

    println("Coroutines: spend= $spend s")

}
```

程序演示完之后，10 万个协程的创建大概花费了 1 秒，如图 11-2 所示。

接下来，再来创建 10 万个线程：

```
import kotlin.concurrent.thread

/**
 * Created by tony on 2018/7/18.
 */
fun main(args: Array<String>) {

    val start = System.currentTimeMillis()

    val threads = List(100000) {
        //创建新的线程
        thread {
            Thread.sleep(1000)
            println(Thread.currentThread().name)
```

```
        }
    }

    threads.forEach { it.join() }

    val spend = (System.currentTimeMillis()-start)/1000

    println("Threads: spend= $spend s")

}
```

如图 11-3 所示，10 万个线程的创建很快就出现了 OutOfMemoryError。然而，再创建 100 万个协程也没有问题，经测试，在笔者的机器上大概花费了 11 秒的时间，从而证实了协程比线程使用更小的内存。

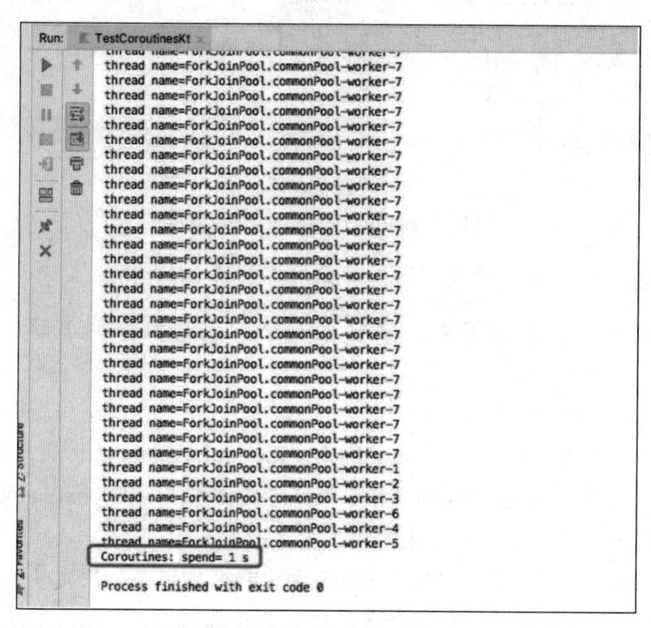

图 11-2 创建 10 万个协程

```
/Library/Java/JavaVirtualMachines/jdk1.8.0_60.jdk/Contents/Home/bin/java ...
objc[1876]: Class JavaLaunchHelper is implemented in both /Library/Java/JavaVirtualMachines/jdk1.8.0_60.jdk/Contents/Home/bin/java
 (0x1098214c0) and /Library/Java/JavaVirtualMachines/jdk1.8.0_60.jdk/Contents/Home/jre/lib/libinstrument.dylib (0x1098ad4e0). One of
 the two will be used. Which one is undefined.
Exception in thread "main" java.lang.OutOfMemoryError: unable to create new native thread
    at java.lang.Thread.start0(Native Method)
    at java.lang.Thread.start(Thread.java:714)
    at kotlin.concurrent.ThreadsKt.thread(Thread.kt:30)
    at kotlin.concurrent.ThreadsKt.thread$default(Thread.kt:15)
    at TestCoroutinesKt.main(TestCoroutines.kt:16)
Thread-3
Thread-4
Thread-9
Thread-11
Thread-15
Thread-7
Thread-5
Thread-8
Thread-19
Thread-21
Thread-22
Thread-18
Thread-25
Thread-33
Thread-28
Thread-30
Thread-36
Thread-45
Thread-51
Thread-44
Thread-49
Thread-58
Thread-63
Thread-40
Thread-53
Thread-66
Thread-48
```

图 11-3 创建 10 万个协程

上述两个例子分别显示了协程异步编程的便利性以及它的轻量级，所以协程还是有它的必要性的。Kotlin 1.3 之后，协程不再是试验的版本，我们已经在生产环境中使用它。

11.1.3 Kotlin 协程的基本概念

Kotlin 的协程是依靠编译器实现的，并不需要操作系统和硬件的支持。编译器为了让开发者编写代码更简单方便，提供了一些关键字（例如 suspend），并在内部自动生成了一些支持型的代码。

Kotlin 的协程支持多种异步模型，如图 11-4 所示。

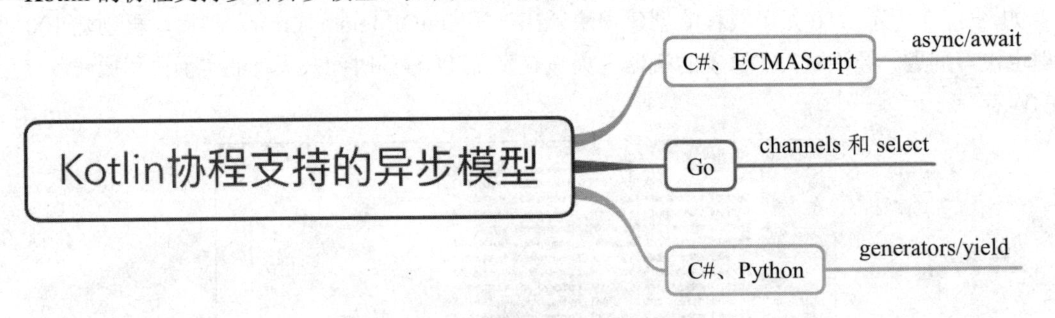

图 11-4 Kotlin 协程支持的异步模型

下面介绍一些协程常用的基本概念，这些概念会在后续小节用到。

- CoroutineContext：协程上下文，它包含一个默认的协程调度器。所有协程都必须在CoroutineContext中执行。
- CoroutineScope：协程作用域，它一个接口只包含一个属性coroutineContext。它定义了一个协程的作用范围。每个Coroutine builder都是CoroutineScope的扩展，CoroutineScope会在具有生命周期的实体上实现。Kotlin定义了一个全局的作用域GlobalScope，用于启动顶级的协程，这些协程会在整个应用程序生命周期内运行。
- CoroutineDispatcher：协程调度器，它用来调度和处理任务，决定了相关协程应该在哪个或哪些线程中执行。Kotlin的协程包含多种协程调度器。
- Suspend：关键字，协程可以被挂起而无须阻塞线程。我们使用suspend关键字来修饰可以被挂起的函数。被标记为suspend的函数只能运行在协程或者其他suspend函数中。suspend可以修饰普通函数、扩展函数和Lambda表达式。
- suspension point：协程每个挂起的地方是一个suspension point。
- Continuation：按照字面解释，它是继续、持续的意思。由于协程可能是分段执行的：先执行一段，挂起，再执行一段，再挂起……相邻的两个suspension point 之间被称为Continuation。Continuation用来表示每一段执行的代码。一个完整的协程程序包含多个Continuation。
- Job：任务执行的过程被封装成 Job，交给协程调度器处理。Job是一种具有简单生命周期的可取消任务，如图11-5所示。当父类的Job被取消时，子类的Job也会被取消。Job拥有三种状态：isActive、isCompleted和isCancelled。
- Deferred：是Job的子类。Job 完成时是没有返回值的，而 Deferred 在任务完成时能够提供返回值。

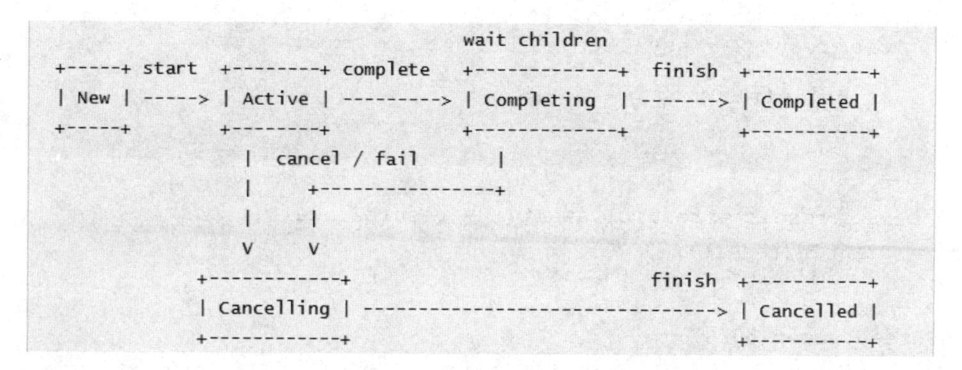

图 11-5　Kotlin 协程的生命周期

11.2　Coroutine builders

每一个 Coroutine builder 是一个函数，它接受一个 suspend 的 Lambda 表达式并创建一个协程序来运行它。

Kotlin 提供了多种 Coroutine builders，可以满足常见场景。

11.2.1　launch 和 async

1. 创建协程

在 Kotlin 中使用 launch 创建协程很简单，它会启动一个新的协程，返回一个 Job 对象。

```
fun main(args: Array<String>) {

    val job = GlobalScope.launch {

        delay(1000)
        println("Hello Coroutines!")
    }

    Thread.sleep(2000)
}
```

async 跟 launch 的用法基本一致，使用 async 会返回一个 Deferred 对象。因此，async 创建的协程拥有返回值，通过 await()方法将值返回（如果要在线程中返回值，直接使用 Thread 会比较麻烦，可以考虑使用 Future）。

```
fun main(args: Array<String>) {

    GlobalScope.launch {

        val result1 = async {

            delay(2000)
            1
        }
```

```
        val  result2 = async {
            delay(1000)
            2
        }
        val  result = result1.await() + result2.await()
        println(result)
    }
    Thread.sleep(5000)
}
```

执行结果如下：

```
3
```

2. start参数

launch、async 的 start 参数用于指定协程应该何时开始。下面查看 async 的源码：

```
public fun <T> CoroutineScope.async(
    context: CoroutineContext = EmptyCoroutineContext,
    start: CoroutineStart = CoroutineStart.DEFAULT,
    block: suspend CoroutineScope.() -> T
): Deferred<T> {
    val newContext = newCoroutineContext(context)
    val coroutine = if (start.isLazy)
        LazyDeferredCoroutine(newContext, block) else
        DeferredCoroutine<T>(newContext, active = true)
    coroutine.start(start, coroutine, block)
    return coroutine
}
```

在默认情况下，当执行到具有 launch、async 函数时，会立即启动协程内部的工作，因为 start 参数的默认值是 CoroutineStart.DEFAULT。

当 start 参数使用 CoroutineStart.LAZY 值时，只有在返回的 Job 或 Deferred 对象显式调用 start()、join()或 await()（只有 Deferred 才有 await()）时才会启动协程，这类似于懒加载。

```
fun main(args: Array<String>) {
    GlobalScope.launch {
        val result1 = async {
            delay(2000)
            1
        }
        val  result2 = async(start= CoroutineStart.LAZY) {
            delay(1000)
            2
```

```
        }

        val  result = result1.await() + result2.await()
        println(result)
    }

    Thread.sleep(5000)
}
```

执行结果如下：

```
3
```

如果上述代码最外层 launch 函数的 start 参数也使用了 CoroutineStart.LAZY，则 result 的结果就不会打印了。因为最外层 launch 返回的 job 对象并没有被调用。

3. invokeOnCompletion函数

launch、async 的 invokeOnCompletion 函数会对它们的执行结果进行回调，支持异常的处理。

```
fun main() {

    GlobalScope.launch {

        val  result = async{

            delay(2000)
            1
        }

        result.invokeOnCompletion {

            if (it!=null){

                println("exception: ${it.message}")
            } else {

                println("result is complete")
            }
        }

        result.cancelAndJoin()

        println(result.await())
    }

    Thread.sleep(5000)
}
```

执行结果如下：

```
exception: Job was cancelled
```

其中，cancelAndJoin()表示取消任务。由于 result 已经被取消了，因此 result.await()获取不到结果。最后，Job、Deferred 对象都可以取消任务（使用 cancel()、cancelAndJoin() ）。

11.2.2 runBlocking

runBlocking 创建的协程直接运行在当前线程上，同时阻塞当前线程直到结束。

在 runBlocking 内可以创建其他协程，例如 launch。但是反过来，在 launch 中使用 runBlocking 则不行。

```
fun main(args: Array<String>) = runBlocking {

    launch {
        delay(1000)
        println("Hello World!")
    }

    delay(2000)
}
```

runBlocking 在使用时可以指定 CoroutineDispatcher，此时创建的协程会在指定的协程调度器中运行，同时阻塞当前线程。

runBlocking 最后一行的值即为它的返回值。

另外，还有 produce、actor 也是 Coroutine builder 的方法，将会在后续详细介绍。

11.3 挂起函数

协程提供了一种避免阻塞线程，并用更廉价、更可控的操作替代线程阻塞的方法：协程挂起。

挂起函数比普通函数多了一个关键字 suspend 修饰，Kotlin 的挂起函数采用 CPS（Continuation Passing Style）和 Switch 状态机实现。能够保证每次挂起之后，后面的代码会在挂起函数执行完再继续执行。

来自维基百科的定义：CPS 是一种函数不直接返回值的代码风格。在这种风格中，函数将结果传入一个延续（Continuation，指“之后的内容”），后者决定了之后的逻辑。

11.3.1 delay

delay()是常见的挂起函数，类似于线程的 sleep()函数，但 delay()并不会阻塞线程。

例如下面的代码，协程在创建之后会立即打印 3，之后调用挂起函数。1 秒之后，恢复之前的协程并打印 4。而线程的 sleep()一开始阻塞了主线程 2 秒，等主线程“唤醒”后立即打印 5。

```
fun main(args: Array<String>) = runBlocking{

    println("1: current thread is ${Thread.currentThread().name}")

    GlobalScope.launch {

        println("3: current thread is ${Thread.currentThread().name}")

        delay(1000L)

        println("4: current thread is ${Thread.currentThread().name}")
```

```
    }
    println("2: current thread is ${Thread.currentThread().name}")
    Thread.sleep(2000L)
    println("5: current thread is ${Thread.currentThread().name}")
}
```

执行结果如下：

```
1: current thread is main
2: current thread is main
3: current thread is DefaultDispatcher-worker-1
4: current thread is DefaultDispatcher-worker-1
5: current thread is main
```

11.3.2 yield

yield()用于挂起当前的协程，将当前的协程分发到 CoroutineDispatcher 的队列，等其他协程完成/挂起之后，再继续执行先前的协程。

```
fun main(args: Array<String>) = runBlocking {
    val job1 = launch {
        println(1)
        yield()
        println(3)
        yield()
        println(5)
    }
    val job2 = launch {
        println(2)
        yield()
        println(4)
        yield()
        println(6)
    }
    println(0)
    //无论是否调用以下两句，上面两个协程都会运行
    job1.join()
    job2.join()
}
```

执行结果如下：

```
0
1
2
3
```

```
4
5
6
```

11.3.3 withContext

withContext 不会创建新的协程。withContext 类似于 runBlocking，它的最后一行的值即为 withContext 的返回值：

```
fun main(args: Array<String>) {
    GlobalScope.launch {
        val result1 = withContext(Dispatchers.Default) {
            delay(2000)
            1
        }

        val  result2 = withContext(Dispatchers.IO) {
            delay(1000)
            2
        }

        val  result = result1 + result2
        println(result)
    }

    Thread.sleep(5000)
}
```

执行结果如下：

```
3
```

withContext不像launch、async的context参数都是默认参数，并且使用默认值EmptyCoroutineContext。

withContext 的 context 参数必须传值，它是 CoroutineContext 类型的。在使用 withContext 时，可以使用不同的 CoroutineDispatcher，例如 Dispatchers.Default（取代原先的 CommonPool，Kotlin 1.3 之后 CommonPool 变成了 internal object）。

因为 CoroutineDispatcher 实现了 CoroutineContext 接口，所以这里传递 CoroutineDispatcher。图 11-6 显示了 CoroutineDispatcher 和 CoroutineContext 的关系。

Dispatchers 提供了 CoroutineDispatcher 的多种实现，有点类似于 RxJava 的 Schedulers。

Dispatchers 提供的 CoroutineDispatcher 包括：

- Default表示使用后台线程的公共线程池。
- IO 适用于I/O密集型操作的线程池。
- Unconfined表示在被调用的线程中启动协程，直到程序运行到第一个挂起点，协程会在相应的挂起函数所使用的任何线程中恢复。

此外，常见的 CoroutineDispatcher 还可以通过 ThreadPoolDispatcher 的 newSingleThreadContext()、newFixedThreadPoolContext()来创建，以及 Executor 的扩展函数 asCoroutineDispatcher()来创建。

在 Android 中，经常会用到 Dispatchers.Main，它同样继承自 CoroutineDispatcher。使用之后可以在 Android 主线程上调度执行，例如：

```
launch(Dispatchers.Main) {
    ...
}
```

使用 Dispatchers.Main，需要配合使用 kotlinx-coroutines-android 库。

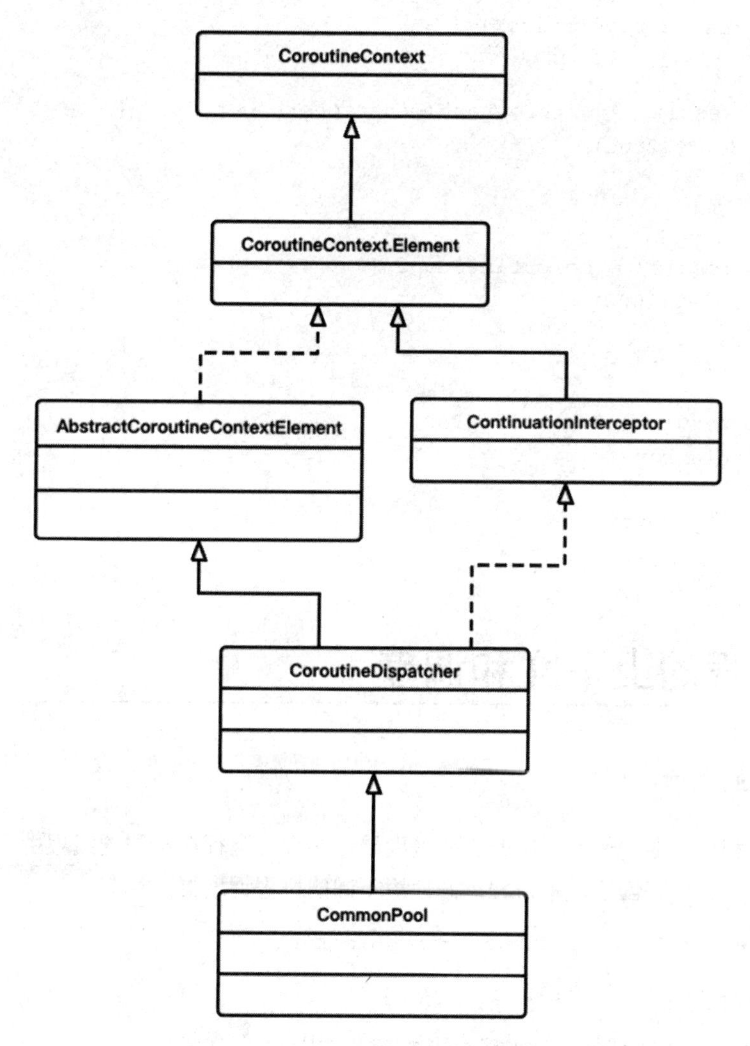

图 11-6　CoroutineDispatcher 和 CoroutineContext 的关系

withContext 在使用 NonCancellable 时，能够让协程的任务执行完，即使会被调用者取消。

```
val job =  GlobalScope.launch {
    withContext(NonCancellable) {
        delay(2000)
        println("this code can not be cancel")
    }
}
```

```
    job.cancel()

    Thread.sleep(5000)
```

11.3.4 coroutineScope

跟 withContext 类似，coroutineScope 也会有返回值，但是 coroutineScope 采用父协程的 CoroutineContext，无法使用其他的 CoroutineDispatcher。

```
fun main(args: Array<String>) {
    GlobalScope.launch {

        val result1 = withContext(Dispatchers.Default) {
            delay(2000)
            1
        }

        val result2 = coroutineScope {
            delay(1000)
            2
        }

        val result = result1 + result2
        println(result)
    }
    Thread.sleep(5000)
}
```

11.4 协程的上下文和调度

11.4.1 协程的调度

协程拥有多种调度器。使用不同的协程调度器，协程会运行在不同的线程中。

下面的例子，我们将创建多个协程，并使用不同的协程调度器：

```
fun main(args: Array<String>) = runBlocking {

    val jobs = ArrayList<Job>()

    jobs += launch(Dispatchers.Unconfined) { //无限制
        println("'Unconfined': I'm working in thread ${Thread.currentThread().
name}")
    }

    jobs += launch(coroutineContext) { //使用父级的上下文，也就是 runBlocking 的上
下文
        println("'coroutineContext': I'm working in thread
${Thread.currentThread().name}")
    }
```

```
        jobs += launch(Dispatchers.Default) {
            println("'Dispatchers.Default': I'm working in thread ${Thread.
currentThread().name}")
        }

        jobs += launch {
            println("'default': I'm working in thread
${Thread.currentThread().name}")
        }

        jobs += launch(newSingleThreadContext("MyThread")) { //创建自己的新线程
            println("'MyThread': I'm working in thread ${Thread.currentThread().
name}")
        }
        jobs.forEach { it.join() }
    }
```

执行结果如下：

```
'Unconfined': I'm working in thread main
'Dispatchers.Default': I'm working in thread DefaultDispatcher-worker-1
'MyThread': I'm working in thread MyThread
'coroutineContext': I'm working in thread main
'default': I'm working in thread main
```

上述代码每次执行后，顺序可能略有不同。

Unconfined 是在当前默认的协程中运行。（但是在遇到第一个暂停点之后，恢复的线程是不确定的。所以对于 Unconfined，其实无法保证全都在当前线程中调用）。

下面的代码，runBlocking 使用 Dispatchers.Default：

```
fun main(args: Array<String>) = runBlocking(Dispatchers.Default) {

    val jobs = ArrayList<Job>()

    jobs += launch(Dispatchers.Unconfined) { //无限制
        println("'Unconfined': I'm working in thread ${Thread.currentThread().
name}")
        delay(500)
        println("'Unconfined': After delay in thread ${Thread.currentThread().
name}")
    }

    jobs += launch(coroutineContext) { //使用父级的上下文，也就是 runBlocking 的上
下文
        println("'coroutineContext': I'm working in thread ${Thread.
currentThread().name}")
    }

    jobs += launch(Dispatchers.Default) {
```

```
        println("'Dispatchers.Default': I'm working in thread ${Thread.
currentThread().name}")
    }

    jobs += launch {
        println("'default': I'm working in thread ${Thread.currentThread().
name}")
    }

    jobs += launch(newSingleThreadContext("MyThread")) { //创建自己的新线程
        println("'MyThread': I'm working in thread ${Thread.currentThread().
name}")
    }
    jobs.forEach { it.join() }
}
```

执行结果如下：

```
'Unconfined': I'm working in thread DefaultDispatcher-worker-1
'Dispatchers.Default': I'm working in thread DefaultDispatcher-worker-3
'coroutineContext': I'm working in thread DefaultDispatcher-worker-2
'default': I'm working in thread DefaultDispatcher-worker-4
'MyThread': I'm working in thread MyThread
'Unconfined': After delay in thread kotlinx.coroutines.DefaultExecutor
```

这次，我们发现使用 Unconfined 的协程，在 delay 之前不在主线程运行了，并且该协程在 delay 前后并没有运行在同一线程中。

11.4.2 父子协程

通过一个协程的 coroutineContext（当前协程的上下文）来启动另一个协程，新协程的 job 就会成为该协程的孩子。

下面的代码中，job2 是 job 的孩子，而 job1 并不是。因为，job1 采用全局作用域来创建协程，所以不受原先协程的影响。

```
fun main(args: Array<String>) {

    //创建一个协程，并在内部再创建两个协程
    val job = GlobalScope.launch {

        //第一个使用不同的上下文
        val job1 = GlobalScope.launch {
            println("job1: I have my own context and execute independently!")
            delay(1000)
            println("job1: I am not affected by cancellation of the job")
        }

        //第二个继承父级上下文
        val job2 = launch(coroutineContext) {
            println("job2: I am a child of the job coroutine")
```

```
            delay(1000)
            println("job2: I will not execute this line if my parent job is
cancelled")
        }

        job1.join()
        job2.join()
    }

    Thread.sleep(500)
    job.cancel() //取消 job
    Thread.sleep(2000)
}
```

执行结果如下：

```
job1: I have my own context and execute independently!
job2: I am a child of the job coroutine
job1: I am not affected by cancellation of the request
```

由于父协程的取消，会导致子协程也会被取消，因此上述代码中 job2 只打印了一句话，而 job1 会打印两句话。

下面的代码中，我们看到父协程会等待子协程执行完。

```
fun main(args: Array<String>) = runBlocking {

    val job = launch {

        //子协程
        val job1 = launch(coroutineContext)  {

            println("job1 is running")
            delay(1000)
            println("job1 is done")
        }

        //子协程
        val job2 = launch(coroutineContext) {

            println("job2 is running")
            delay(1500)
            println("job2 is done")
        }

        //子协程
        val job3 = launch(coroutineContext) {

            println("job3 is running")
            delay(2000)
            println("job3 is done")
        }
        job1.join()
        job2.join()
```

```
        job3.join()
    }
    job.join()
    println("all the jobs is complete")
}
```

执行结果如下：

```
job1 is running
job2 is running
job3 is running
job1 is done
job2 is done
job3 is done
all the jobs is complete
```

11.4.3 多个 CoroutineContext 进行“+”操作

协程支持多个 CoroutineContext 进行“+”操作，使得一个协程具有多个 CoroutineContext 的特性。例如，下面的代码 childJob 其实并不是 job 的子协程，所以即使 job 取消了，childJob 仍然会执行。

```
fun main(args: Array<String>) {

    val job = GlobalScope.launch {
        val childJob = GlobalScope.launch(Dispatchers.Default) {
            println("childJob: I am a child of the request coroutine, but with
a different dispatcher")
            delay(1000)
            println("childJob: I will not execute this line if job is cancelled")
        }

        childJob.join()
    }
    Thread.sleep(500)
    job.cancel() //取消请求
    Thread.sleep(2000)
}
```

执行结果如下：

```
childJob: I am a child of the request coroutine, but with a different dispatcher
childJob: I will not execute this line if job is cancelled
```

使用了“+coroutineContext”之后，childJob 就变成了 job 的子协程。job 取消后，childJob 也会跟着取消。

```
fun main(args: Array<String>) {
    val job = GlobalScope.launch {
        val childJob = GlobalScope.launch(Dispatchers.Default +
coroutineContext){
```

```
            println("childJob: I am a child of the job coroutine, but with a
different dispatcher")
            delay(1000)
            println("childJob: I will not execute this line if job is cancelled")
        }

        childJob.join()
    }
    Thread.sleep(500)
    job.cancel() //取消请求
    Thread.sleep(2000)
}
```

执行结果如下：

```
childJob: I am a child of the job coroutine, but with a different dispatcher
```

CoroutineContext 能够使用“+”操作，是因为 CoroutineContext 重载了运算符。不难发现，CoroutineContext 的 plus 函数使用 operator 修饰。

11.4.4 CoroutineContext+Job

如果 CoroutineContext 与 job 对象相加，job 对象可以直接管理该协程。

下面的代码中，所有的协程都由 job 进行管理，job 取消任务后，后续的协程就不再运行了。

```
fun main(args: Array<String>) = runBlocking<Unit> {

    val job = Job()  //创建一个 job 对象来管理生命周期
    launch(coroutineContext+job)  {
        delay(500)
        println("job1 is done")
    }

    launch(coroutineContext+job) {
        delay(1000)
        println("job2 is done")
    }

    launch(Dispatchers.Default+job)  {
        delay(1500)
        println("job3 is done")
    }

    launch(Dispatchers.Default+job)  {
        delay(2000)
        println("job4 is done")
    }

    launch(Dispatchers.Default+job)  {
        delay(2500)
        println("job5 is done")
    }
```

```
    delay(1800)
    println("Cancelling the job!")
    job.cancel() //取消任务
}
```

执行结果如下：

```
job1 is done
job2 is done
job3 is done
Cancelling the job!
```

以 Android 开发为例，Activity/Fragment 可以创建一个 job 对象，并让该 job 管理其他的协程。等到退出 Activity/Fragment 时，可以调用 job.cancel()来取消协程的任务。

11.5 协程的作用域 CoroutineScope

协程可以通过创建一个 CoroutineScope 对象来创建。

之前介绍过的 launch、async 都是 CoroutineScope 的扩展函数。GlobalScope 是 CoroutineScope 的实现类。

GlobalScope 没有绑定任何 job 对象，它用于构建最顶层的协程，这些协程的生命周期会跟随着整个 Application。

11.5.1 尽量少用 GlobalScope

在 GlobalScope 中创建的 Coroutines 可能会导致应用崩溃，例如：

```
fun main() {
    GlobalScope.launch {
        throw RuntimeException("this is an exception")
        "doSomething..."
    }
    Thread.sleep(5000)
}
```

即使在 main 函数中增加了 try...catch 试图去捕获异常，下面的代码仍然抛出异常。

```
fun doSomething(): Deferred<String> = GlobalScope.async {
    throw RuntimeException("this is an exception")
    "doSomething..."
}

fun main() {
    try {
        GlobalScope.launch {
            doSomething().await()
```

```
        }
    } catch (e:Exception) {
    }
    Thread.sleep(5000)
}
```

这是因为在 doSomething()内创建了一个子 Coroutine，子 Coroutine 的异常导致了整个应用的崩溃。

11.5.2 安全地使用 CoroutineScope

如果能够创建一个 CoroutineScope，由该 CoroutineScope 创建的 Coroutines 即使抛出异常，依然能够捕获并对异常做一些处理，那将是多么的理想。

例如：

```
class SafeCoroutineScope(context: CoroutineContext, errorHandler:
CoroutineErrorListener?=null) : CoroutineScope, Closeable {

    override val coroutineContext: CoroutineContext = SupervisorJob() + context
+ UncaughtCoroutineExceptionHandler(errorHandler)

    override fun close() {
        coroutineContext.cancelChildren()
    }
}
```

SafeCoroutineScope 的 CoroutineContext 使用了 SupervisorJob 和 CoroutineExceptionHandler。

- SupervisorJob里面的子job不相互影响，一个子job的失败不会不影响其他子job的执行。
- CoroutineExceptionHandler 的使用和 Thread.uncaughtExceptionHandler 很相似。CoroutineExceptionHandler被作为通用的catch代码块，可以在协程中自定义日志记录或异常处理。

11.5.3 在 Android 中更好地使用 Coroutines

如果想要在 View 中创建一个协程，它能够在 View 生命周期结束时取消协程，那我们可以定义一个 View 的扩展属性 autoDisposeScope：

```
val UI: CoroutineDispatcher     = Dispatchers.Main
//在 Android View 中创建 autoDisposeScope，支持主线程运行、异常处理，job 能够在 View 的
生命周期内自动 Disposable
val View.autoDisposeScope: CoroutineScope
    get() {
        return SafeCoroutineScope(UI + ViewAutoDisposeInterceptorImpl(this))
    }
```

autoDisposeScope 也是借助于 SafeCoroutineScope。有了 autoDisposeScope 这个 CoroutineScope，就可以在 View 中放心地使用 Coroutines。

SafeCoroutineScope、autoDisposeScope 实现在笔者的开源库里，感兴趣的同学可以自行阅读源码。

GitHub 地址：https://github.com/fengzhizi715/Lifecycle-Coroutines-Extension。

最后，Android Jetpack 的组件 ViewModel、Lifecycle 也有其自身对应的 CoroutineScope，方便在其生命周期的活动状态使用协程，比如 viewModelScope、lifecycleCoroutineScopes。

11.6 Channel 机制

其实到了这里，我们已经可以使用协程来满足大多数的使用场景。

但是，Kotlin 协程的强大之处在于它拥有很多特性，例如 Go 的 Channel 机制。Channel 可以实现协程之间的数据通信。

如果你曾经用过消息队列，那么恭喜你，因为 Kotlin 的 Channel 与 Java 的 BlockingQueue 类似。BlockingQueue 的 put 和 take 操作相当于 Channel 的 send 和 receive 操作，但是 BlockingQueue 是阻塞操作，而 Channel 是挂起操作。

11.6.1 生产者和消费者

下面的两个不同的协程，一个作为生产者“发送”消息，另一个作为消费者“消费”消息，通过 channel 建立关系。

```
fun main() = runBlocking {
    val channel = Channel<Int>()  //定义一个通道
    launch(Dispatchers.Default) {
        repeat(5) { //重复 5 次发送消息，相当于 for(int i=0;i<5;i++)
            i ->
            delay(200)
            channel.send((i + 1) * (i + 1))
        }
    }

    launch(Dispatchers.Default) {
        repeat(5) {
            println(channel.receive())
        }
    }
    delay(2000)
    println("Receive Done!")
}
```

执行结果如下：

```
1
4
9
16
25
Receive Done!
```

另外，Channel 可以关闭，而 BlockingQueue 不行。

```
fun main() = runBlocking {

    val channel = Channel<Int>()  //定义一个通道
    launch(Dispatchers.Default) {
        repeat(5) {
            i ->
            delay(200)
            channel.send((i+1) * (i+1))
            if (i==2) {  //发送 3 次后关闭
                channel.close()
            }
        }
    }

    launch(Dispatchers.Default) {
        repeat(5) {
            try {
                println(channel.receive())
            }catch (e: ClosedReceiveChannelException){
                println("There is a ClosedReceiveChannelException.")  //channel
异常则打印
            }
        }
    }

    delay(2000)

    println("Receive Done!")
}
...
```

执行结果如下：

```
...
1
4
9
There is a ClosedReceiveChannelException.
There is a ClosedReceiveChannelException.
Receive Done!
```

之所以会出现打印两个异常，是因为发送三次之后 channel 关闭了，再要接收的话只能捕获异常了。

11.6.2　管道

在类 UNIX 操作系统（以及一些其他借用了这个设计的操作系统，如 Windows）中，管道（Pipeline）是一系列将标准输入输出连接起来的进程，其中每一个进程的输出被直接作为下一个进程的输入。每一个链接都由匿名管道实现。管道中的组成元素也被称作过滤程序。

Channel 参考这个概念设计了 Pipelines 的功能。下面的代码中，produce1()、produce2()、produce3()都相当于一个管道，produce2()、produce3()的输入值分别是前一个管道的输出值。

```
fun produce1() = GlobalScope.produce(Dispatchers.Default) {
    repeat(5) { //发送从 0 到 4
        i-> send(i)
    }
}

fun produce2(numbers: ReceiveChannel<Int>) = GlobalScope.produce(Dispatchers.
Default) {
    for (x in numbers) {
        send((x * x))
    }
}

fun produce3(numbers: ReceiveChannel<Int>) = GlobalScope.produce(Dispatchers.
Default) {
    for (x in numbers) {
        send(x+1)
    }
}

fun main() = runBlocking<Unit> {
    val numbers = produce1()
    val squares = produce2(numbers)
    val adds = produce3(squares)
    adds.consumeEach(::println)
    println("Receive Done!")
    //消费完消息之后，关闭所有的 produce
    adds.cancel()
    squares.cancel()
    numbers.cancel()
}
```

执行结果如下：

```
1
2
5
10
17
Receive Done!
```

produce 函数是 Coroutine builder，能够方便地构造协程和发送消息。consumeEach 是 ReceiveChannel 的扩展函数，用于消费者循环地消费消息。

11.6.3 channel 缓冲

channel 和 produce 函数的创建都能够指定创建缓冲区的大小。

```
fun main() = runBlocking<Unit>{
    val channel = Channel<Int>(2) //创建带有缓冲区的 channel
    launch(coroutineContext) {
        repeat(6) {
            println("Sending $it")
            channel.send(it)
        }
    }

    launch {
        repeat(6) {
            println("Receive ${channel.receive()}")
        }
    }
}
```

执行结果如下：

```
Sending 0
Sending 1
Sending 2
Receive 0
Receive 1
Receive 2
Sending 3
Sending 4
Sending 5
Receive 3
Receive 4
Receive 5
```

这里创建的 channel 缓冲区的大小是 2，前面两个放在了缓冲区，尝试发送第三个的时候就挂起了（上述代码多次执行之后，后面几个发送和接收的顺序可能会略有不同）。

对上述代码进行修改，两个协程分别在不同地方的使用 delay：

```
fun main() = runBlocking<Unit>{
    val channel = Channel<Int>(2) //创建带有缓冲区的 channel
    launch(kotlin.coroutines.coroutineContext) {
        repeat(6) {
            delay(50)
            println("Sending $it")
            channel.send(it)
        }
    }
```

```
    launch {
        delay(1000)
        repeat(6) {
            println("Receive ${channel.receive()}")
        }
    }

    delay(20000)
}
```

执行结果如下：

```
Sending 0
Sending 1
Sending 2
Receive 0
Receive 1
Receive 2
Sending 3
Receive 3
Sending 4
Receive 4
Sending 5
Receive 5
```

第一个协程先发送了两个消息，需要等到第二个协程 delay 的时间到了，第二个协程才开始消费消息。等到缓冲区的消息消费完毕后，第一个协程继续发消息，第二个协程继续消费消息，依此类推直到结束。

11.6.4 actor

actor 本身就是一个协程，内部包含一个 channel，通过 channel 与其他协程进行通信。值得注意的是，actor 内部是从 channel 接收消息的。

例如下面的代码，借助 actor 对 1～10 进行求和：

```
fun main(args: Array<String>) = runBlocking<Unit> {
    val summer = actor<Int>(coroutineContext) {
        var sum = 0
        for (i in channel) { //不断接收 channel 中的数据，这个 channel 是 ActorScope
的变量
            sum += i
            println("Sum = $sum")
        }
    }

    repeat(10) {
        i->summer.send(i+1) //发送从 1～10
    }
```

```
    summer.close()
}
```

执行结果如下：

```
Sum = 1
Sum = 3
Sum = 6
Sum = 10
Sum = 15
Sum = 21
Sum = 28
Sum = 36
Sum = 45
Sum = 55
```

11.6.5 Select 表达式

Select 表达式能够同时等待多个 suspending function，然后选择第一个可用的结果。

```
fun produce1(context: CoroutineContext) = GlobalScope.produce<String>(context) {
    while (true) {
        delay(400)
        send("Tony")
    }
}

fun produce2(context: CoroutineContext) = GlobalScope.produce<String>(context) {
    while (true) {
        delay(600)
        send("Monica")
    }
}

suspend fun selectProduces(channel1: ReceiveChannel<String>, channel2:
ReceiveChannel<String>) {
    select<Unit> {

        channel1.onReceive {
            println("This is $it")
        }

        channel2.onReceive {
            println("This is $it")
        }
    }
}

fun main() = runBlocking {
    val tony = produce1(coroutineContext)
```

```
    val monica = produce2(coroutineContext)

    repeat(10) {
        selectProduces(tony, monica)
    }
    coroutineContext.cancelChildren() //关闭子协程
}
```

执行结果如下：

```
This is Tony
This is Monica
This is Tony
This is Monica
This is Tony
This is Tony
This is Monica
This is Tony
This is Monica
This is Tony
```

11.7 总结

Java 异步编程的发展大致经历了 Future、Callback、响应式编程，再到现如今的 Kotlin Coroutine，以及尚未到来的 Project Loom。

Project Loom 是 OpenJDK 在 2018 年创建的 Java 版本的协程方案，截至笔者编写本书，还没有正式的发布日期。因此，我们可以先使用 Kotlin 版本的协程。

Kotlin Coroutine 的内容非常丰富，除了本章介绍的内容之外，下一章将介绍的 Flow 也是 Coroutine 的一部分。在第 12 章的总结中会有一个思维导图总结 Kotlin Coroutine 的所有内容。

第 12 章 Flow 的基本使用

Flow 是 Kotlin 协程与响应式编程模型结合的产物。本章将介绍 Flow 的特性、基本的使用方式以及跟 RxJava 的区别。

12.1 Flow 的使用

12.1.1 Kotlin Flow 介绍

Flow 库是在 Kotlin Coroutines 1.3.2 发布之后新增的库。

官方文档给予了一句话简单地介绍：

Flow — cold asynchronous stream with flow builder and comprehensive operator set (filter, map, etc);

从官方文档的介绍来看，Flow 有点类似 RxJava 的 Observable。因为 Observable 也有 Cold、Hot 之分。

12.1.2 Flow 的基本使用方式

Flow 能够返回多个异步计算的值，例如下面的 flow builder：

```
flow {
    for (i in 1..5) {
        delay(100)
        emit(i)
    }
}.collect{
    println(it)
}
```

其中 Flow 接口只有一个 collect 函数：

```
public interface Flow<out T> {

    @InternalCoroutinesApi
    public suspend fun collect(collector: FlowCollector<T>)
}
```

如果熟悉 RxJava 的话，那么可以这样理解，将 collect()对应 subscribe()，而 emit()对应 onNext()。

1. 创建Flow

除了刚刚展示的 flow builder 可以用于创建 Flow 之外，还有其他的几种方式：

（1）flowOf()

```
flowOf(1,2,3,4,5)
    .onEach {
        delay(100)
    }
    .collect{
        println(it)
    }
```

（2）asFlow()

```
listOf(1, 2, 3, 4, 5).asFlow()
    .onEach {
        delay(100)
    }.collect {
        println(it)
}
```

（3）channelFlow()

```
channelFlow {
    for (i in 1..5) {
        delay(100)
        send(i)
    }
}.collect{
    println(it)
}
```

最后的 channelFlow builder 跟 flow builder 是有一定差异的：

- flow是Cold Stream。在没有切换线程的情况下，生产者和消费者是同步非阻塞的。
- channel Flow是Hot Stream。channelFlow实现了生产者和消费者异步非阻塞模型。

下面的代码将展示使用 flow builder 的情况，大致花费 1 秒：

```
fun main() = runBlocking {

    val time = measureTimeMillis {
        flow {
```

```
            for (i in 1..5) {
                delay(100)
                emit(i)
            }
        }.collect{
            delay(100)
            println(it)
        }
    }
    print("cost $time")
}
```

图 12-1 展示了 flow 的同步非阻塞模型。

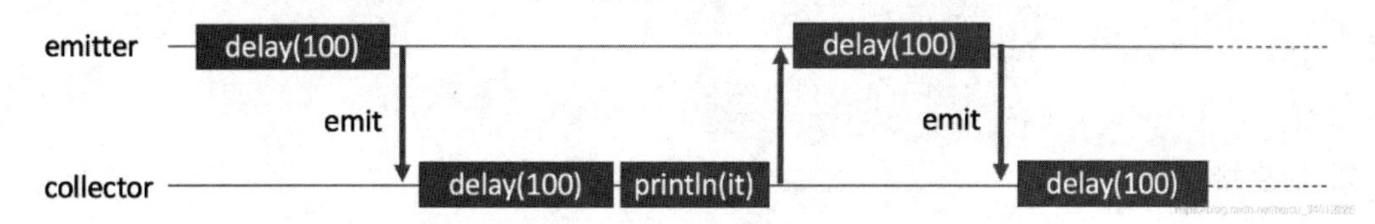

图 12-1　使用 flow 没有切换线程的情况

使用 channelFlow builder 的情况大致花费 700 毫秒：

```
fun main() = runBlocking {

    val time = measureTimeMillis{
        channelFlow {
            for (i in 1..5) {
                delay(100)
                send(i)
            }
        }.collect{
            delay(100)
            println(it)
        }
    }
    print("cost $time")
}
```

图 12-12 展示了 channelFlow 的异步非阻塞模型。

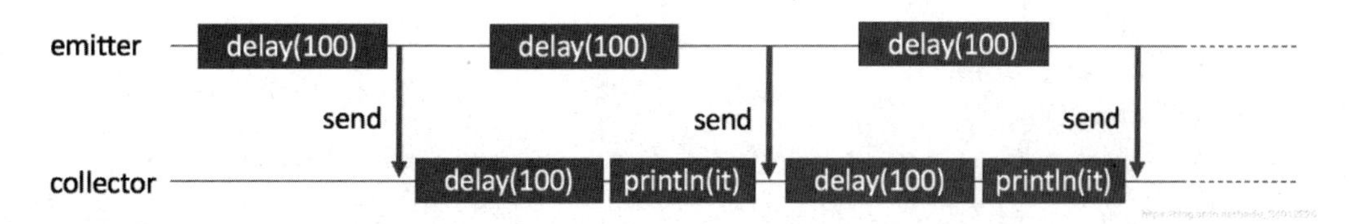

图 12-2　使用 channelFlow 展示异步非阻塞模型

当然，Flow 如果切换线程的话，花费的时间也是大致 700 毫秒，跟使用 channelFlow builder 效果差不多。

```
fun main() = runBlocking {

    val time = measureTimeMillis{
        flow {
            for (i in 1..5) {
                delay(100)
                emit(i)
            }
        }.flowOn(Dispatchers.IO)
            .collect {
                delay(100)
                println(it)
            }
    }
    print("cost $time")
}
```

2. 切换线程

相比于 RxJava 需要使用 observeOn、subscribeOn 来切换线程，Flow 会更加简单，只需使用 flowOn。在下面的例子中将展示 flow builder 和 map 操作符都会受到 flowOn 的影响。

```
flow {
    for (i in 1..5) {
        delay(100)
        emit(i)
    }
}.map {
    it * it
}.flowOn(Dispatchers.IO)
    .collect {
        println(it)
    }
```

而 collect()指定哪个线程，则需要看整个 Flow 处于哪个 CoroutineScope 下。例如，下面的代码 collect()是在 main 线程：

```
fun main() = runBlocking {

    flow {
        for (i in 1..5) {
            delay(100)
            emit(i)
        }
    }.map {
        it * it
    }.flowOn(Dispatchers.IO)
        .collect {
```

```
            println("${Thread.currentThread().name}: $it")
        }
}
```

执行结果如下：

```
main: 1
main: 4
main: 9
main: 16
main: 25
```

> 注意　值得注意的是，不要使用 withContext()来切换 Flow 的线程。

3. 取消Flow

如果 Flow 是在一个挂起函数内被挂起了，那么 Flow 是可以被取消的，否则不能取消。

```
fun main() = runBlocking {

    withTimeoutOrNull(2500) {
        flow {
            for (i in 1..5) {
                delay(1000)
                emit(i)
            }
        }.collect {
            println(it)
        }
    }
    println("Done")
}
```

执行结果如下：

```
1
2
Done
```

4. 终端操作符

Flow 的 API 有点类似于 Java Stream 的 API。它同样拥有 Intermediate Operations、Terminal Operations。

Flow 的 Terminal 运算符可以是 suspend 函数，如 collect、single、reduce、toList 等；也可以是 launchIn 运算符，用于在指定 CoroutineScope 内使用 Flow。

```
@ExperimentalCoroutinesApi //tentatively stable in 1.3.0
public fun <T> Flow<T>.launchIn(scope: CoroutineScope): Job = scope.launch {
    collect() //tail-call
}
```

整理一下 Flow 的 Terminal 运算符：

- collect
- single/first
- toList/toSet/toCollection
- count
- fold/reduce
- launchIn/produceIn/broadcastIn

12.1.3 Flow 的生命周期

RxJava 的 do 操作符能够监听 Observables 的生命周期的各个阶段。

Flow 并没有那么丰富的操作符来监听其生命周期的各个阶段，目前只有 onStart、onCompletion 来监听 Flow 的创建和结束。

```
fun main() = runBlocking {

    (1..5).asFlow().onEach {
        if (it == 3) throw RuntimeException("Error on $it")
    }
    .onStart { println("Starting flow") }
    .onEach { println("On each $it") }
    .catch { println("Exception : ${it.message}") }
    .onCompletion { println("Flow completed") }
    .collect()
}
```

执行结果如下：

```
Starting flow
On each 1
On each 2
Flow completed
Exception : Error on 3
```

其使用场景举例如下：

比如，在 Android 开发中，使用 Flow 创建网络请求时，通过 onStart 操作符调用 loading 动画以及网络请求结束后，通过 onCompletion 操作符取消动画。再比如，借助这些操作符做一些日志的打印。

```
fun <T> Flow<T>.log(opName: String) = onStart {
    println("Loading $opName")
}.onEach {
    println("Loaded $opName : $it")
}.onCompletion { maybeErr ->
    maybeErr?.let {
        println("Error $opName: $it")
    } ?: println("Completed $opName")
}
```

12.2 Flow 和 RxJava

12.2.1 Flow 和 Sequences

每一个 Flow 其内部是按照顺序执行的，这一点跟 Sequences 类似。

Flow跟Sequences之间的区别：Flow不会阻塞主线程的运行，而Sequences会阻塞主线程的运行。

以使用 Flow 为例：

```
fun main() = runBlocking {

    launch {
        for (j in 1..5) {
            delay(100)
            println("I'm not blocked $j")
        }
    }

    flow {
        for (i in 1..5) {
            delay(100)
            emit(i)
        }
    }.collect { println(it) }
    println("Done")
}
```

执行结果如下：

```
1
I'm not blocked 1
2
I'm not blocked 2
3
I'm not blocked 3
4
I'm not blocked 4
5
Done
I'm not blocked 5
```

使用 Sequence：

```
fun main() = runBlocking {

    launch {
        for (k in 1..5) {
            delay(100)
            println("I'm blocked $k")
```

```
        }
    }

    sequence {
        for (i in 1..5) {
            Thread.sleep(100)
            yield(i)
        }
    }.forEach { println(it) }
    println("Done")
}
```

执行结果如下：

```
1
2
3
4
5
Done
I'm blocked 1
I'm blocked 2
I'm blocked 3
I'm blocked 4
I'm blocked 5
```

由此可以得出，Flow 在使用各个 suspend 函数（本例中使用了 collect、emit 函数）时不会阻塞主线程的运行。

12.2.2 Flow 和 RxJava

Kotlin 协程库的设计本身也参考了 RxJava，表 12-1 展示了如何从 RxJava 迁移到 Kotlin 协程。

表12-1 RxJava 迁移到 Kotlin 协程

RxJava2、3	Coroutines
Single<T>	Defered<T>
Maybe<T>	Defered<T>
Completable	Job
Observable<T>	Channel<T>、Flow<T>
Flowable<T>	Channel<T>、Flow<T>

1. Cold Stream

Flow 的代码块只有调用 collected()才开始运行，正如 RxJava 创建的 Observables 只有调用 subscribe()才开始运行一样。

2. Hot Stream

如表 12-1 所示，可以借助 Kotlin Channel 来实现 Hot Stream。

3. Completion

Flow 完成（正常或出现异常）时，如果需要执行一个操作，可以通过两种方式完成：imperative 和 declarative。

（1）imperative

通过使用 try ... finally 实现：

```
fun main() = runBlocking {
    try {
        flow {
            for (i in 1..5) {
                delay(100)
                emit(i)
            }
        }.collect { println(it) }
    } finally {
        println("Done")
    }
}
```

（2）declarative

通过 onCompletion()函数实现：

```
fun main() = runBlocking {
    flow {
        for (i in 1..5) {
            delay(100)
            emit(i)
        }
    }.onCompletion { println("Done") }
        .collect { println(it) }
}
```

（3）onCompleted（借助扩展函数实现）

借助扩展函数可以实现类似 RxJava 的 onCompleted()功能，只有在正常结束时才会被调用：

```
fun <T> Flow<T>.onCompleted(action: () -> Unit) = flow {
    collect { value -> emit(value) }
    action()
}
```

它的使用类似于 onCompletion()：

```
fun <T> Flow<T>.onCompleted(action: () -> Unit) = flow {
    collect { value -> emit(value) }
    action()
}
```

```
fun main() = runBlocking {
    flow {
        for (i in 1..5) {
            delay(100)
            emit(i)
        }
    }.onCompleted { println("Completed...") }
        .collect{println(it)}
}
```

但是当 Flow 异常结束时，是不会执行 onCompleted()函数的。

4. Backpressure

Backpressure 是响应式编程会遇到的问题之一。

RxJava2 Flowable 支持的 Backpressure 策略包括：

- MISSING：创建的Flowable没有指定背压策略，不会对通过OnNext发射的数据做缓存或丢弃处理。
- ERROR: 如果放入Flowable的异步缓存池中的数据超限了，就会抛出MissingBackpressureException异常。
- BUFFER：Flowable的异步缓存池同Observable的一样，没有固定大小，可以无限制地添加数据，不会抛出MissingBackpressureException异常，但会导致OOM。
- DROP：如果Flowable的异步缓存池满了，就会丢掉将要放入缓存池中的数据。
- LATEST：如果缓存池满了，就会丢掉将要放入缓存池中的数据。这一点跟DROP策略一样，不同的是，无论缓存池的状态如何，LATEST策略都会将最后一条数据强行放入缓存池中。

而 Flow 支持的 Backpressure 是通过 suspend 函数实现。

（1）buffer()对应 BUFFER 策略

```
fun currTime() = System.currentTimeMillis()
var start: Long = 0
fun main() = runBlocking {
    val time = measureTimeMillis {
        (1..5)
            .asFlow()
            .onStart { start = currTime() }
            .onEach {
                delay(100)
                println("Emit $it (${currTime() - start}ms) ")
            }
            .buffer()
            .collect {
                println("Collect $it starts (${currTime() - start}ms) ")
                delay(500)
                println("Collect $it ends (${currTime() - start}ms) ")
```

```
            }
        }
        println("Cost $time ms")
    }
```

执行结果如下：

```
Emit 1 (104ms)
Collect 1 starts (108ms)
Emit 2 (207ms)
Emit 3 (309ms)
Emit 4 (411ms)
Emit 5 (513ms)
Collect 1 ends (613ms)
Collect 2 starts (613ms)
Collect 2 ends (1114ms)
Collect 3 starts (1114ms)
Collect 3 ends (1615ms)
Collect 4 starts (1615ms)
Collect 4 ends (2118ms)
Collect 5 starts (2118ms)
Collect 5 ends (2622ms)
Collected in 2689 ms
```

（2）conflate()对应 LATEST 策略

```
fun main() = runBlocking {

    val time = measureTimeMillis {
        (1..5)
            .asFlow()
            .onStart { start = currTime() }
            .onEach {
                delay(100)
                println("Emit $it (${currTime() - start}ms) ")
            }
            .conflate()
            .collect {
                println("Collect $it starts (${currTime() - start}ms) ")
                delay(500)
                println("Collect $it ends (${currTime() - start}ms) ")
            }
    }
    println("Cost $time ms")
}
```

执行结果如下：

```
Emit 1 (106ms)
Collect 1 starts (110ms)
Emit 2 (213ms)
Emit 3 (314ms)
```

```
Emit 4 (419ms)
Emit 5 (520ms)
Collect 1 ends (613ms)
Collect 5 starts (613ms)
Collect 5 ends (1113ms)
Cost 1162 ms
```

（3）DROP 策略

RxJava 的 contributor: David Karnok 写了一个 kotlin-flow-extensions（https://github.com/akarnokd/kotlin-flow-extensions）库，其中包括 FlowOnBackpressureDrop.kt，这个类支持 DROP 策略。

```
/**
 * Drops items from the upstream when the downstream is not ready to receive them.
 */
@FlowPreview
fun <T> Flow<T>.onBackpressurureDrop() : Flow<T> = FlowOnBackpressureDrop(this)
```

使用这个库的话，可以通过使用 Flow 的扩展函数 onBackpressurureDrop()来支持 DROP 策略。

12.3 Flow 的异常处理

Flow 可以使用传统的 try...catch 来捕获异常：

```
fun main() = runBlocking {
    flow {
        emit(1)
        try {
            throw RuntimeException()
        } catch (e: Exception) {
            e.stackTrace
        }
    }.onCompletion { println("Done") }
        .collect { println(it) }
}
```

另外，也可以使用 catch 操作符这种更优雅的写法来捕获异常。

12.3.1 catch 操作符

前面曾讲述过 onCompletion 操作符，但是 onCompletion 不能捕获异常，只能用于判断是否有异常。

```
fun main() = runBlocking {
    flow {
        emit(1)
        throw RuntimeException()
    }.onCompletion { cause ->
        if (cause != null)
            println("Flow completed exceptionally")
```

```
        else
            println("Done")
    }.collect { println(it) }
}
```

执行结果如下：

```
1
Flow completed exceptionally
Exception in thread "main" java.lang.RuntimeException
...
```

catch 操作符可以捕获来自上游的异常：

```
fun main() = runBlocking {
    flow {
        emit(1)
        throw RuntimeException()
    }
    .onCompletion { cause ->
        if (cause != null)
            println("Flow completed exceptionally")
        else
            println("Done")
    }
    .catch{ println("catch exception") }
    .collect { println(it) }
}
```

执行结果如下：

```
1
Flow completed exceptionally
catch exception
```

上面的代码如果把 onCompletion、catch 交换一下位置，那么 catch 操作符捕获到异常后，不会影响下游。因此，onCompletion 操作符不再打印“Flow completed exceptionally”。

```
fun main() = runBlocking {
    flow {
        emit(1)
        throw RuntimeException()
    }
    .catch{ println("catch exception") }
    .onCompletion { cause ->
        if (cause != null)
            println("Flow completed exceptionally")
        else
            println("Done")
    }
    .collect { println(it) }
}
```

执行结果如下：

```
1
catch exception
Done
```

catch 操作符用于实现异常透明化处理。例如，在 catch 操作符内，可以使用 throw 再次抛出异常，可以使用 emit()转换为发射值，可以用于打印或者其他业务逻辑的处理等。

但是，catch 只是中间操作符，不能捕获下游的异常，类似于 collect 内的异常。

对于下游的异常，可以多次使用 catch 操作符来解决。对于 collect 内的异常，除了传统的 try...catch 之外，还可以借助 onEach 操作符。把业务逻辑放到 onEach 操作符内，在 onEach 之后是 catch 操作符，最后是 collect()。

```
fun main() = runBlocking<Unit> {
    flow {
        ...
    }
    .onEach {
        ...
    }
    .catch { ... }
    .collect()
}
```

12.3.2 retry、retryWhen 操作符

像 RxJava 一样，Flow 也有重试的操作符。如果上游遇到了异常并使用了 retry 操作符，那么 retry 会让 Flow 最多重试 retries 指定的次数。

```
public fun <T> Flow<T>.retry(
    retries: Long = Long.MAX_VALUE,
    predicate: suspend (cause: Throwable) -> Boolean = { true }
): Flow<T> {
    require(retries > 0) { "Expected positive amount of retries, but had
$retries" }
    return retryWhen { cause, attempt -> attempt < retries && predicate(cause) }
}
```

例如，下面打印了三次 Emitting 1、Emitting 2，最后两次是通过 retry 操作符打印出来的。

```
fun main() = runBlocking {
    (1..5).asFlow().onEach {
        if (it == 3) throw RuntimeException("Error on $it")
    }.retry(2) {
        if (it is RuntimeException) {
            return@retry true
        }
        false
    }
    .onEach { println("Emitting $it") }
```

```
        .catch { it.printStackTrace() }
        .collect()
}
```

执行结果如下：

```
Emitting 1
Emitting 2
Emitting 1
Emitting 2
Emitting 1
Emitting 2
java.lang.RuntimeException: Error on 3
...
```

retry 操作符最终调用的是 retryWhen 操作符。下面的代码跟刚才的执行结果一致：

```
fun main() = runBlocking {
    (1..5).asFlow().onEach {
        if (it == 3) throw RuntimeException("Error on $it")
    }
    .onEach { println("Emitting $it") }
    .retryWhen { cause, attempt ->
        attempt < 2
    }
    .catch { it.printStackTrace() }
    .collect()
}
```

因为retryWhen操作符的参数是谓词，当谓词返回 true 时才会进行重试。谓词还接收一个attempt作为参数，表示尝试的次数，该次数是从 0 开始的。

12.4 Flow 的线程操作

12.4.1 更为简化的线程切换

相对于 RxJava 多线程的学习曲线，Flow 对线程的切换友好很多。

在 12.1 节曾经介绍过 Flow 的切换线程，以及 flowOn 操作符。Flow 只需使用 flowOn 操作符，而不像 RxJava 需要深入理解 observeOn、subscribeOn 之间的区别。

12.4.2 flowOn 和 RxJava 的 observeOn

RxJava 的 observeOn 操作符接收一个 Scheduler 参数，用来指定下游操作运行在特定的线程调度器 Scheduler 上。

Flow 的 flowOn 操作符接收一个 CoroutineContext 参数，影响的是上游的操作，例如：

```
fun main() = runBlocking {
    flow {
```

```
        for (i in 1..5) {
            delay(100)
            emit(i)
        }
    }.map {
            it * it
        }.flowOn(Dispatchers.IO)
        .collect {
            println("${Thread.currentThread().name}: $it")
        }
}
```

flow builder 和 map 操作符都会受到 flowOn 的影响，并使用 Dispatchers.io 线程池。

再例如：

```
val customerDispatcher = Executors.newFixedThreadPool(5).
asCoroutineDispatcher()
fun main() = runBlocking {
    flow {
        for (i in 1..5) {
            delay(100)
            emit(i)
        }
    }.map {
            it * it
        }.flowOn(Dispatchers.IO)
        .map {
            it+1
        }
        .flowOn(customerDispatcher)
        .collect {
            println("${Thread.currentThread().name}: $it")
        }
}
```

flow builder 和两个 map 操作符都会受到两个 flowOn 的影响，其中 flow builder 和第一个 map 操作符跟上面的例子一样，第二个 map 操作符会切换到指定的 customerDispatcher 线程池。

12.4.3 buffer 实现并发操作

在 12.2 节曾介绍过 buffer 操作符对应 RxJava Backpressure 中的 BUFFER 策略。

事实上，buffer 操作符也可以并发地执行任务，它是除了使用 flowOn 操作符之外的另一种方式，只是不能显式地指定 Dispatchers，例如：

```
fun main() = runBlocking {
    val time = measureTimeMillis {
        flow {
            for (i in 1..5) {
                delay(100)
```

```
                emit(i)
            }
        }
        .buffer()
        .collect { value ->
            delay(300)
            println(value)
        }
    }
    println("Collected in $time ms")
}
```

执行结果如下：

```
1
2
3
4
5
Collected in 1676 ms
```

在上述例子中，所有的 delay 所花费的时间是 2000 毫秒，然而通过 buffer 操作符并发地执行 emit，再顺序地执行 collect 函数后，所花费的时间在 1700 毫秒左右。如果去掉 buffer 操作符：

```
fun main() = runBlocking {
    val time = measureTimeMillis {
        flow {
            for (i in 1..5) {
                delay(100)
                emit(i)
            }
        }
        .collect { value ->
            delay(300)
            println(value)
        }
    }
    println("Collected in $time ms")
}
```

执行结果如下：

```
1
2
3
4
5
Collected in 2039 ms
```

所花费的时间比刚才多了 300 多毫秒。

12.4.4 并行操作

在讲解并行操作之前，先来回顾一下并发和并行的区别。

- 并发：是指一个处理器同时处理多个任务。
- 并行：是多个处理器或者多核的处理器同时处理多个不同的任务。并行是同时发生的多个并发事件，具有并发的含义，而并发则不一定是并行。

RxJava 可以借助 flatMap 操作符实现并行，亦可以使用 ParallelFlowable 类实现并行操作。下面以 flatMap 操作符为例实现 RxJava 的并行：

```
        Observable.range(1,100)
                .flatMap(new Function<Integer, ObservableSource<String>>() {
                    @Override
                    public ObservableSource<String> apply(Integer integer) throws
Exception {
                        return Observable.just(integer)
                                .subscribeOn(Schedulers.io())
                                .map(new Function<Integer, String>() {

                                    @Override
                                    public String apply(Integer integer) throws
Exception {
                                        return integer.toString();
                                    }
                                });
                    }
                })
                .subscribe(new Consumer<String>() {
                    @Override
                    public void accept(String str) throws Exception {

                        System.out.println(str);
                    }
                });
```

Flow 也有相应的操作符 flatMapMerge 可以实现并行。

```
fun main() = runBlocking {
    val result = arrayListOf<Int>()
    for (index in 1..100){
        result.add(index)
    }
    result.asFlow()
        .flatMapMerge {
            flow {
                emit(it)
            }
            .flowOn(Dispatchers.IO)
```

```
        }
        .collect { println("$it") }
}
```

总体而言，Flow 相比于 RxJava 更加简洁一些。

12.5 Flow 其他的操作符

12.5.1 转换操作符

在使用 transform 操作符时，可以任意多次调用 emit，这是 transform 跟 map 最大的区别：

```
fun main() = runBlocking {
    (1..5).asFlow()
        .transform {
            emit(it * 2)
            delay(100)
            emit(it * 4)
        }
        .collect { println(it) }
}
```

transform 也可以使用 emit 发射任意值：

```
fun main() = runBlocking {
    (1..5).asFlow()
        .transform {
            emit(it * 2)
            delay(100)
            emit("emit $it")
        }
        .collect { println(it) }
}
```

12.5.2 限制大小的操作符

take 操作符只取前几个 emit 发射的值：

```
fun main() = runBlocking {
    (1..5).asFlow()
        .take(2)
        .collect { println(it) }
}
```

12.5.3 终端操作符

在 12.1 节，笔者整理了 Flow 相关的终端操作符。本节会介绍其中的 reduce 和 fold 两个操作符。

1. reduce

类似于 Kotlin 集合中的 reduce 函数，能够对集合进行计算操作。
例如，对平方数列求和：

```
fun main() = runBlocking {
    val sum = (1..5).asFlow()
        .map { it * it }
        .reduce { a, b -> a + b }

    println(sum)
}
```

例如，计算阶乘：

```
fun main() = runBlocking {
    val sum = (1..5).asFlow().reduce { a, b -> a * b }
    println(sum)
}
```

2. fold

类似于 Kotlin 集合中的 fold 函数，fold 也需要设置初始值。

```
fun main() = runBlocking {
    val sum = (1..5).asFlow()
        .map { it * it }
        .fold(0) { a, b -> a + b }

    println(sum)
}
```

在上述代码中，初始值为 0 就类似于使用 reduce 函数实现对平方数列求和。而对于计算阶乘：

```
fun main() = runBlocking {
    val sum = (1..5).asFlow().fold(1) { a, b -> a * b }
    println(sum)
}
```

初始值为 1 就类似于使用 reduce 函数实现计算阶乘。

12.5.4 合并操作符

1. zip

zip 是可以将两个 Flow 进行合并的操作符。

```
fun main() = runBlocking {
    val flowA = (1..5).asFlow()
    val flowB = flowOf("one", "two", "three","four","five")
    flowA.zip(flowB) { a, b -> "$a and $b" }
        .collect { println(it) }
}
```

执行结果如下：

```
1 and one
2 and two
3 and three
4 and four
5 and five
```

zip 操作符会把 flowA 中的一个 item 和 flowB 中对应的一个 item 进行合并。即使 flowB 中的每一个 item 都使用了 delay()函数，在合并过程中也会等待 delay()执行完后再进行合并。

```
fun main() = runBlocking {
    val flowA = (1..5).asFlow()
    val flowB = flowOf("one", "two", "three", "four", "five").onEach
{ delay(100) }

    val time = measureTimeMillis {
        flowA.zip(flowB) { a, b -> "$a and $b" }
            .collect { println(it) }
    }
    println("Cost $time ms")
}
```

执行结果如下：

```
1 and one
2 and two
3 and three
4 and four
5 and five
Cost 561 ms
```

如果 flowA 中 item 的个数大于 flowB 中 item 的个数：

```
fun main() = runBlocking {
    val flowA = (1..6).asFlow()
    val flowB = flowOf("one", "two", "three","four","five")
    flowA.zip(flowB) { a, b -> "$a and $b" }
        .collect { println(it) }
}
```

执行合并后，新的 Flow 的 item 个数等于较小的 Flow 的 item 的个数。

执行结果：

```
1 and one
2 and two
3 and three
4 and four
5 and five
```

2. combine

combine 虽然也是合并，但是跟 zip 不太一样。

使用 combine 合并时，每次从 flowA 发出新的 item，会将其与 flowB 最新的 item 合并。

```
fun main() = runBlocking {
    val flowA = (1..5).asFlow().onEach { delay(100)  }
    val flowB = flowOf("one", "two", "three","four","five").onEach
{ delay(200)  }
    flowA.combine(flowB) { a, b -> "$a and $b" }
        .collect { println(it) }
}
```

执行结果如下：

```
1 and one
2 and one
3 and one
3 and two
4 and two
5 and two
5 and three
5 and four
5 and five
```

3. flattenMerge

其实，flattenMerge 不会组合多个 Flow，而是将它们作为单个流执行。

```
fun main() = runBlocking {
    val flowA = (1..5).asFlow()
    val flowB = flowOf("one", "two", "three","four","five")
    flowOf(flowA,flowB)
        .flattenConcat()
        .collect{ println(it) }
}
```

执行结果如下：

```
1
2
3
4
5
one
two
three
four
five
```

为了能更清楚地看到 flowA、flowB 作为单个流的执行，对它们稍作改动：

```
fun main() = runBlocking {
    val flowA = (1..5).asFlow().onEach { delay(100) }
    val flowB = flowOf("one", "two", "three","four","five").onEach { delay(200) }
    flowOf(flowA,flowB)
```

```
        .flattenMerge(2)
        .collect{ println(it) }
}
```

执行结果如下：

```
1
one
2
3
two
4
5
three
four
five
```

12.5.5　扁平化操作符

flatMapConcat、flatMapMerge 类似于 RxJava 的 concatMap、flatMap 操作符。

1. flatMapConcat

flatMapConcat 由 map、flattenConcat 操作符实现。

```
@FlowPreview
public fun <T, R> Flow<T>.flatMapConcat(transform: suspend (value: T) -> Flow<R>):
Flow<R> =
    map(transform).flattenConcat()
```

在调用 flatMapConcat 后，collect 函数在收集新值之前会等待 flatMapConcat 内部的 Flow 完成。

```
fun currTime() = System.currentTimeMillis()
var start: Long = 0
fun main() = runBlocking {
    (1..5).asFlow()
        .onStart { start = currTime() }
        .onEach { delay(100) }
        .flatMapConcat {
            flow {
                emit("$it: First")
                delay(500)
                emit("$it: Second")
            }
        }
        .collect {
            println("$it at ${System.currentTimeMillis() - start} ms from start")
        }
}
```

执行结果如下：

```
1: First at 114 ms from start
```

```
1: Second at 619 ms from start
2: First at 719 ms from start
2: Second at 1224 ms from start
3: First at 1330 ms from start
3: Second at 1830 ms from start
4: First at 1932 ms from start
4: Second at 2433 ms from start
5: First at 2538 ms from start
5: Second at 3041 ms from start
```

2. flatMapMerge

flatMapMerge 由 map、flattenMerge 操作符实现。

```
@FlowPreview
public fun <T, R> Flow<T>.flatMapMerge(
    concurrency: Int = DEFAULT_CONCURRENCY,
    transform: suspend (value: T) -> Flow<R>
): Flow<R> = map(transform).flattenMerge(concurrency)
```

flatMapMerge 是顺序调用内部代码块，并且并行地执行 collect 函数。

```
fun currTime() = System.currentTimeMillis()
var start: Long = 0
fun main() = runBlocking {
    (1..5).asFlow()
        .onStart { start = currTime() }
        .onEach { delay(100) }
        .flatMapMerge {
            flow {
                emit("$it: First")
                delay(500)
                emit("$it: Second")
            }
        }
        .collect {
            println("$it at ${System.currentTimeMillis() - start} ms from start")
        }
}
```

执行结果如下：

```
1: First at 116 ms from start
2: First at 216 ms from start
3: First at 319 ms from start
4: First at 422 ms from start
5: First at 525 ms from start
1: Second at 618 ms from start
2: Second at 719 ms from start
3: Second at 822 ms from start
4: Second at 924 ms from start
5: Second at 1030 ms from start
```

flatMapMerge 操作符有一个参数 concurrency，它默认使用 DEFAULT_CONCURRENCY，如果想更直观地了解 flatMapMerge 的并行，可以对这个参数进行修改。例如改成 2，就会发现不一样的执行结果。

3. flatMapLatest

当发射了新值之后，上个 flow 就会被取消。

```
fun currTime() = System.currentTimeMillis()
var start: Long = 0
fun main() = runBlocking {
    (1..5).asFlow()
        .onStart { start = currTime() }
        .onEach { delay(100) }
        .flatMapLatest {
            flow {
                emit("$it: First")
                delay(500)
                emit("$it: Second")
            }
        }
        .collect {
            println("$it at ${System.currentTimeMillis() - start} ms from start")
        }
}
```

执行结果如下：

```
1: First at 114 ms from start
2: First at 220 ms from start
3: First at 321 ms from start
4: First at 422 ms from start
5: First at 524 ms from start
5: Second at 1024 ms from start
```

12.6　总结

本章介绍了Flow的基本用法、多线程的处理、异常处理、跟RxJava的对比、一些常用的操作符等。图 12-3 整理了 Kotlin Coroutines 的思维导图，也包含 Flow 相关的内容。

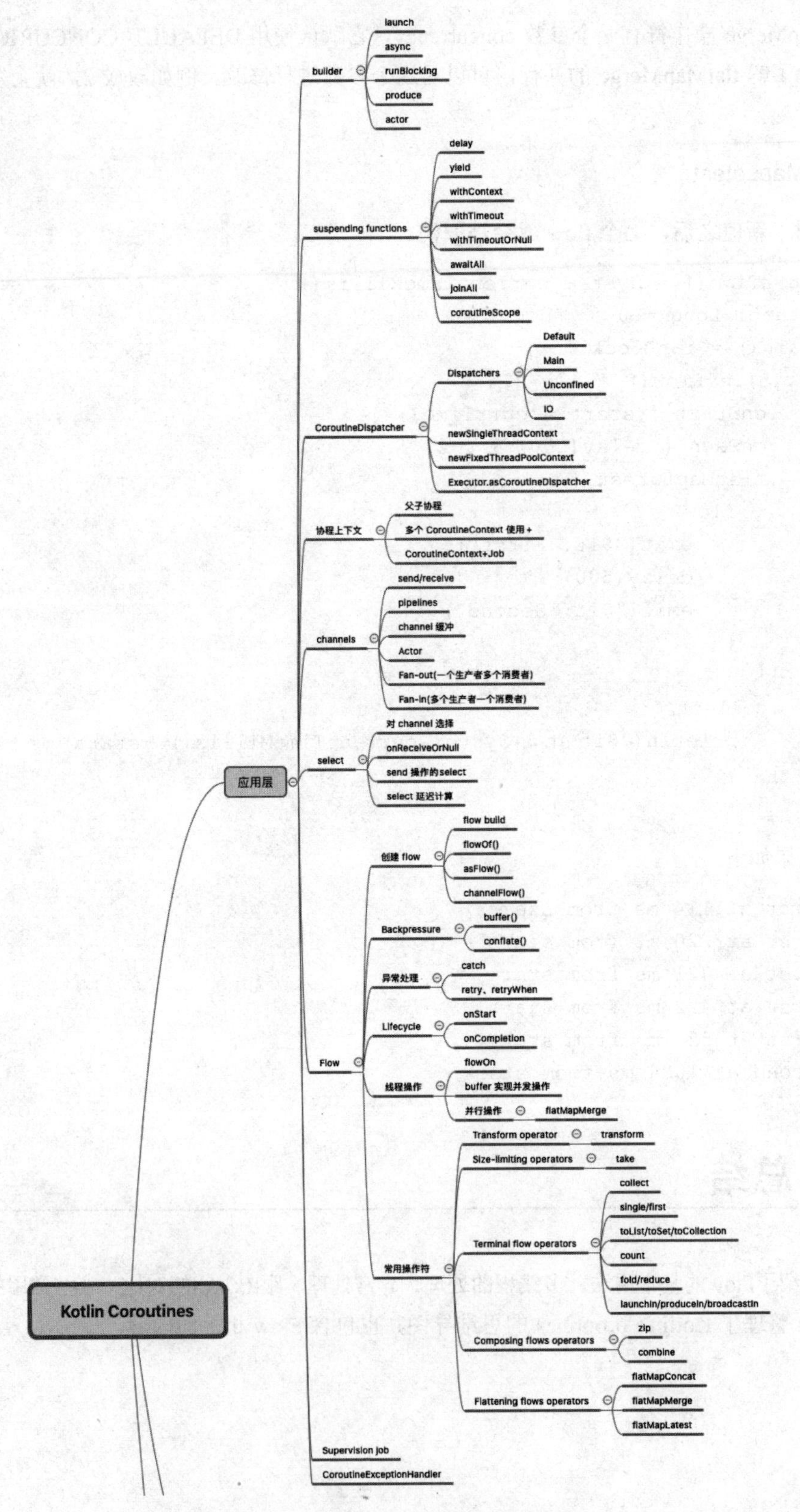

图 12-3 Kotlin Coroutines 的思维导图

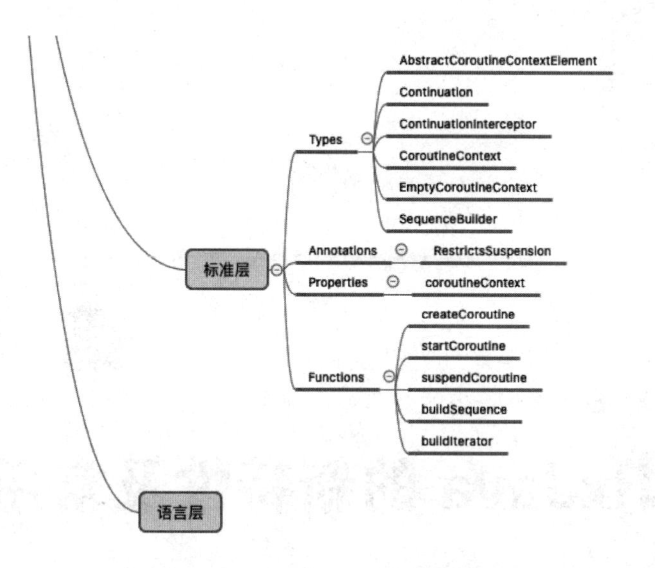

图 12-3　Kotlin Coroutines 的思维导图（续）

第 13 章

RxJava 的新特性及常用操作符

本章将会带领大家学习 RxJava 3 入门相关的技术点，其中针对 Rx 这种编程模式进行详细的讲解，包括为什么会存在 Rx 这样一个模式，运用 Rx 模式如何能让我们更好地进阶编程，并且针对 RxJava 3 中的一些新特性进行讲解，同时与 RxJava 2 进行一些简单的对比。

13.1 RxJava 入门

13.1.1 RxJava 入门理念

传统的异步式编程在解决烦琐的面向对象编程的过程中往往采用抽象的对象关系处理异步事件，往往在并发中处理异步式的事务，根据不同的业务实现相应的抽象对象，以此解决相应的业务场景，这就有可能导致代码的维护过于沉重。

Rx 是一个编程模型，目标是提供一致的编程接口，帮助开发者更方便地处理异步数据流。RxJava 充分体现了函数响应式编程思维，解决了编写传统的异步代码过于烦琐的痛点，采用函数式方式使得代码更好维护以及编写。

函数响应式编程结合了函数式及响应式的优点，函数式编程用以解决传统的面向对象的抽象关系，响应式编程通过函数式编程的方式用以解决传统的 Callback 回调问题。

1. 函数式编程的概念与特性

（1）函数式编程的概念

其目的是为了解决烦琐复杂的并发编程以及分布式处理、多线程等常见的问题。由于单线程较为单一，而多线程利用单线程相互组合使用的时候，容易产生“基于多种不可预测的条件组合导致出现难以定位、复现的 Bug”这一问题。

函数式编程往往由于其数据不可变，因而没有并发编程中的问题，相对于并发编程，它更安全。函数式编程可以将解决多种业务逻辑单独抽离成对一个函数的求解运算，在其求解过程中，常常可运用于单一原则或多次复用某一函数，同时避免了状态以及变量的概念，思维更接近数学运算。

（2）函数式编程的特性

函数式编程的特性如图 13-1 所示。

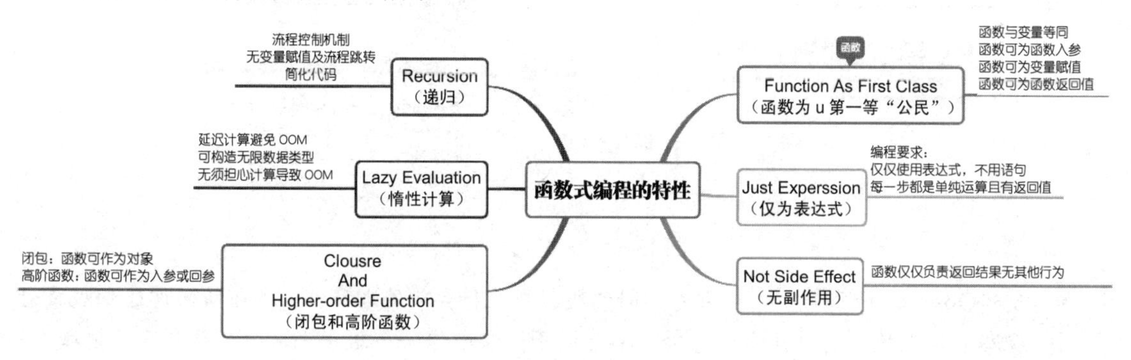

图 13-1　函数式编程的特性

2. 响应式编程的概念与特性

（1）响应式编程的概念

响应式编程是一种面向数据流及其变化传播的编程方式，意味着静态以及动态的数据流可以很直观地被表达展示，其计算模型会以一种变化的值通过数据流的方式进行传播。

（2）响应式编程的特性

响应式编程的特性如图 13-2 所示。

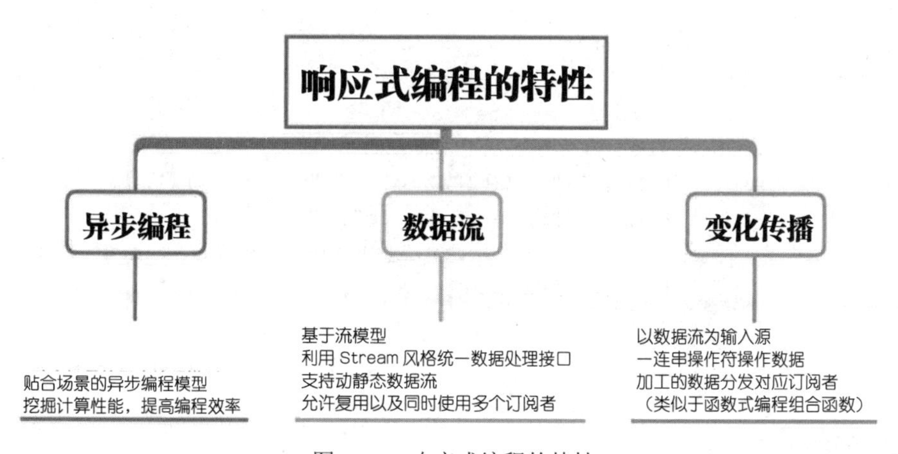

图 13-2　响应式编程的特性

13.1.2　RxJava 的基础知识

Rx 模式的特性如图 13-3 所示。

RxJava 的使用通常分为三部曲：

- 创建Observable（被观察者），它会决定什么时候触发事件以及触发什么样的事件，也就是当程序执行到某一个条件的时候，你想处理的异步操作顺序以及操作次数都可以由它来决定。

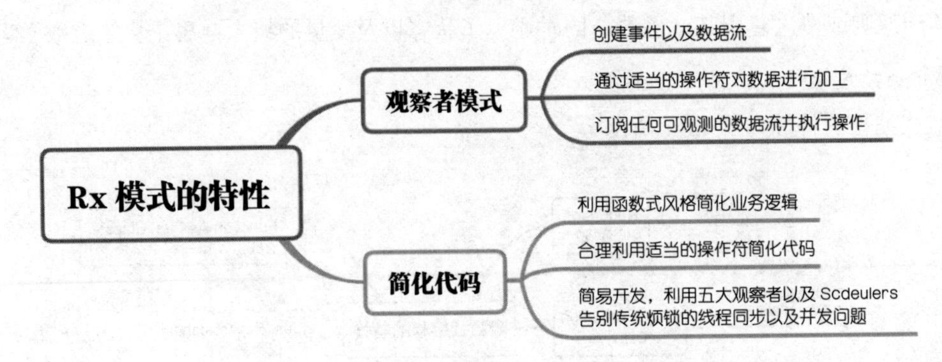

图 13-3 Rx 模式的特性

- 创建Observer（观察者），代表着不同的线程中执行异步处理事件业务逻辑回调通知观察者，观察者在未执行的时候永远待命。举个例子：它就像一个狙击手，一直待命隐蔽地藏在一个角落中，直到目标（被观察者）出现（程序所需要执行的异步条件）时阻击目标（执行你所期待的异步事件逻辑）。
- 使用subscribe在两者间进行订阅。这就好比狙击手对目标进行狙击，但是还得告诉狙击手你阻击的任务对象是谁，要在哪个地方去阻击他，这就是subscribe()方法实现的事情。

接下来看一下代码示例：

```
/**
 * error or next
 * onComplete
 * */
private fun createExample() {
    Observable
            .just("this is create Demo")
            .subscribe(
                    { Log.i("createExample", "msg:$it") },
                    { Log.i("createExample",
                              "error:${it.message ?: "unkown Error"}") },
                    { Log.i("createExample", "onComplete") }
            )
}

/**
 * subscribe
 * error or next
 * onComplete
 * */
private fun createExample2() {
    Observable
            .just("this is create Demo")
            .subscribe(
                    { Log.i("createExample2", "msg:$it") },
                    { Log.i("createExample2",
```

```
                        "error:${it.message ?: "unkown Error"}") },
                { Log.i("createExample2", "onComplete") },
                { Log.i("createExample2", "subscribe") }
        )
    }
```

13.1.3 RxJava 的生命周期

RxJava 拥有自己执行的生命周期，在不同的时期做不同的事情可以在源码中很好地看到，在以下示例代码中看看其在生命周期中究竟做了哪些事情。

```
    private fun lifecyleExampleLog(message: String) = Log.i("lifeCycleExample", 
message)

    /***/
    private fun lifeCycleExample() {
        Observable.just("this is lifeCycleExample")
                .doOnSubscribe {
                    //发生订阅后回调的方法
                    lifecyleExampleLog("doOnSubscribe")
                }.doOnLifecycle(
                        //订阅后是否可以取消
                        { lifecyleExampleLog("doOnLifecycle is" +
                                "disposed${it.isDisposed}") },
                        { lifecyleExampleLog("doOnLifecycle is run") }
                )
                .doOnEach {
                    //Observable 每次发送数据都会执行这个方法
                    lifecyleExampleLog("doOnEach:${when {
                        it.isOnNext -> "onNext"
                        it.isOnError -> "onError"
                        it.isOnComplete -> "onComplete"
                        else -> "nothing"
                    }}")
                }.doOnNext {
                    //在 onNext 前调用
                    lifecyleExampleLog("doOnNext:$it")
                }.doAfterNext {
                    //在 onNext 后调用
                    lifecyleExampleLog("doAfterNext:$it")
                }.doOnError {
                    //在 onError 前调用
                    lifecyleExampleLog("doOnError:${it.message ?:
                            "unkown error message"}")
                }.doOnComplete {
                    //正常调用 onComplete 时被调用
                    lifecyleExampleLog("doOnComplete")
                }.doAfterTerminate {
```

```
                //当 onComplete 或者 onError 执行后被触发
                lifecyleExampleLog("doAfterTerminate")
            }.doFinally {
                //终止后调用，无论是正常执行或者异常终止
                lifecyleExampleLog("doFinally")
            }.subscribe { lifyleExampleLog("onNext value:$it") }
    }
```

在上述示例代码以及注释中，读者可以很清晰地了解不同生命周期的执行顺序以及相应的解析。重点来了，我们来看 doAfterTerminal 与 doFinally 的区别。

1. doAfterTerminal

当观察者与被观察者之间的订阅关系没有被取消时，订阅事件终结之后所执行的方法如图 13-4 所示。

```
    //an {@code Action} to be invoked after the current {@code Observable} finishes
        public final Observable<T> doAfterTerminate(@NonNull Action
onAfterTerminate) {
            Objects.requireNonNull(onAfterTerminate, "onAfterTerminate is null");
            return doOnEach(Functions.emptyConsumer(), Functions.emptyConsumer(),
Functions.EMPTY_ACTION, onAfterTerminate);
        }
```

doOnEach 则是在每一次相应事件执行前一定会执行的方法，但是注意在 onComplete 或 onError 之后则不会触发。

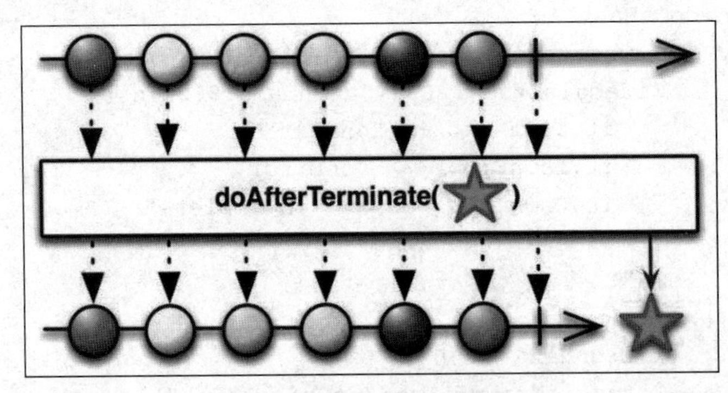

图 13-4　doAfterTerminate()

2. doFinally

无论观察者与被观察者之间的订阅是否取消，在事件终结之后，最终执行的回调，注意其在以下回调后才会执行：onComplete、onError 或 dispose，如图 13-5 所示。

```
    public final Observable<T> doFinally(@NonNull Action onFinally) {
            Objects.requireNonNull(onFinally, "onFinally is null");
            return RxJavaPlugins.onAssembly(new ObservableDoFinally<>(this,
onFinally));
        }
```

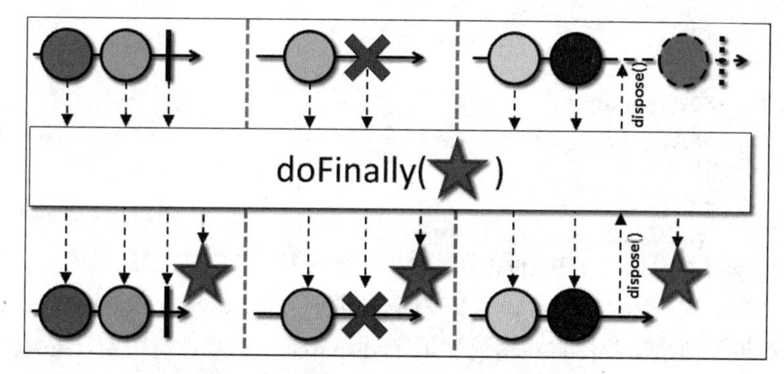

图 13-5　doFinally()

3. doFinally与doAfterTerminal的执行顺序

这两者如果同时声明调用，其触发顺序与调用顺序相反。

```
private fun rxlive1() {
    Observable.just("xxx")
        .doFinally { log("f") }
        .doAfterTerminate { log("a") }
        .subscribe { log("sub$it") }
}
```

代码执行顺序如下：

```
D/KILLE_TOM_DEBUG: subxxx
D/KILLE_TOM_DEBUG: a
D/KILLE_TOM_DEBUG: f
```

```
private fun rxlive2(){
    Observable.just("xxx")
        .doAfterTerminate { log("a") }
        .doFinally { log("f") }
        .subscribe { log("sub$it") }
}
```

代码执行顺序如下：

```
D/KILLE_TOM_DEBUG: subxxx
D/KILLE_TOM_DEBUG: f
D/KILLE_TOM_DEBUG: a
```

到这里，可能有人觉得还不够直观，我们稍微修改一下示例代码：

```
private fun rxlive3(){
    Observable.just("xxx")
        .doAfterTerminate { log("a1") }
        .doFinally { log("f") }
        .doAfterTerminate { log("a2") }
        .subscribe { log("sub$it") }
}
```

代码执行顺序：

```
D/KILLE_TOM_DEBUG: subxxx
D/KILLE_TOM_DEBUG: a2
D/KILLE_TOM_DEBUG: f
D/KILLE_TOM_DEBUG: a1
```

由代码示例可以看到，两者的执行顺序跟调用顺序是相反的。需要注意的是，doAfterTerminal 内部是通过 doOnEach 去实现的，而 doFinally 则是构建一个 ObservableDoFinally 去实现。虽然两者都是事件结束后调用，但是事件没有完结前调用了 dispose()的话事件会中断，doAfterTerminal 此刻一定不会触发，而 doFinally 一定会触发。如果需要不论在什么情况下，最终都需要执行一个操作，建议使用 doFinally 这一动作。

13.2 RxJava 3 新特性描述

13.2.1 主要特性讲解

- 取消RxJava 2.x内部延迟的出错运算符的RxJavaPlugins.onError()机制统一全局发送。
- 支持Connectable source重置。
- 支持Flowable.publish pause。
- groupBy、window的优化。
- 部分异常以及throw机制的优化以及新增Supplier目的。
- 大量新增API以及替换删除。
- 修复RxJava 2.x的Bug以及优化RxJava 2.x的一些限制。
- Converters的引进。

13.2.2 与 RxJava 2.x 的区别

- as被替换为to。
- 用Supplier替换Callback。
- 在to函数中，用Converters机制替换Function<T,R>。

13.2.3 RxJava 3 新特性部分详述

1. Connectable source reset

- 上游：一般特指被观察者需要被观测的事件流。
- 上游管道：一般特指被观察者产生的一系列持续被观测的事件流。
- 下游：一般特指观察者接收到的特定事件流。
- 下游管道：一般特指观察者接收到的一系列特定的事件流。
- 管道连接：是指观察者与被观察者通过订阅的关系建立连接。

在 RxJava 3.x 之前，connectable 利用 ConnectableFlowable 或者 ConnectableObservable 将一个上游和一个或多个下游进行管道连接，使得所有下游管道都能处理上游数据，但是上游一旦发生终止，数据容易出现一些问题。例如数据是通过 replay 或者 publish 创建的，往往新的下游数据无法正确地与上游数据进行连接，或者丢失数据等。

而 RxJava 3.x 为了更好地处理这一问题，终止之后如果想重新使用，必须显式地调用 reset()，以此达到重新刷新上游与下游之间数据关系的目的，或者构建一些缓存的下游。

```
    ConnectableFlowable<Integer> connectable = Flowable.range(1, 10).publish();

    //prepare consumers, nothing is signaled yet
    connectable.subscribe(/* ... */);

    //connect, current consumers will receive items
    connectable.connect();

    //let it terminate
    Thread.sleep(2000);

    //late consumers now will receive a terminal event
    connectable.subscribe(item -> { }, error -> { }, () -> System.out.println
("Done!"));

    //reset the connectable to appear fresh again
    connectable.reset();

    //fresh consumers, they will also be ready to receive
    connectable.subscribe(item->{}, error -> { },() ->System.out.println
("Done!"));

    //connect, the fresh consumer now gets the new items
    connectable.connect();
```

2. Flowable.publish pause

背压一般是指 RxJava 中上游管道事件持续且快速地大量产生事件流，为了避免下游管道来不及处理事件流，且需要快速接收上游管道新的事件流，而诞生的一种数据流发送处理缓存策略。

在 RxJava 3.x 之前，Flowable.publish 作为一个背压式推送流，由其内部是基于一个队列去实现达到背压流的方式，当它的下游已经取消与上游的订阅关系时，消息队列会逐渐丢弃数据，这样的设计往往会导致这样一个问题：当前订阅关系,需要切换新的下游，去建立新的订阅时，由于一些原因没有及时切换，导致原有数据产生了丢失的。

所以在 RxJava 3.x 中采用新的的实现方式，利用一个暂停机制去缓存数据避免数据丢失。

```
    ConnectableFlowable<Integer> connectable = Flowable.range(1, 200).publish();

    connectable.connect();

    //the first consumer takes only 50 items and cancels
    connectable.take(50).test().assertValueCount(50);
```

```
//with 3.x, the remaining items will be still available
connectable.test().assertValueCount(150);
```

3. groupBy、window的改进

（1）资源泄漏的修复

在 RxJava 3.x 之前，window 与 groupBy 都可能产生资源泄漏的问题，window 的本质与 groupBy 类似，但是 window 的实现原理是内部反应序列。

groupBy 在 RxJava 中一直是一个特殊的操作符，用于分组。在 RxJava 3.x 之前，groupBy 都是通过其产生的所有分组一一取消订阅的，否则并不能真正取消订阅。这样设计的本意在于，当某些分组消费完成，或者订阅关系取消时，剩余的分组或者新的分组依然能够处理事件，但是这样的设计就有可能存在资源泄漏的问题，根本原因在于源数据 source 并没有强迫使用。为了修复这一问题，RxJava 3.x 进行了限制操作，产生的分组（分组上游）必须有订阅关系，也就是它的下游（分组下游）必须订阅它，否则会被舍弃。

window 与 groupBy 的不同之处在于 window 可以作为活动窗口进行数据观测。

（2）背压下的 groupBy

Flowable.groupBy 是一个尤为特殊的操作符，其特殊性质在于协调内部的分组和对原始数据的请求。

在 RxJava 3.x 之前，如果使用 flatMap 或者 conactMap 对分组数据合并，当某一个组数量大于可处理的背压数量的时候，会导致新的分组无法产生订阅，也就是背压下的常见分组合并问题，而现在 RxJava 3.x 会抛出最为熟悉的异常 MissingBackpressureException。

4. 相关异常机制的改进

（1）CompositeException 的改进

RxJava 1.x 与 RxJava 2.x 采用 CompositeException.getCause()从内部列表生成一系列异常，因为 Java 6 缺乏 Java 7+的抑制异常特性，为了避免该风险，RxJava 3.x 采用了一种新的做法，利用构造函数构建异常。

（2）FunctionalInterface 的改进

FunctionalInterface 解决了 Java 8 函数类型不支持抛出异常的问题。

（3）参数验证异常的改进

修复某些参数抛出不可观测的异常，修正为 IllegalArgumentException。

（4）Wider throws 以及 Supplier

新增了 Supplier 接口替换 Callable 接口，目的是为了支持 RxJava 相应的扩展函数支持抛出 Throwable 异常。

13.3 常用操作符讲解

在讲解之前，需注意以下提示：

- 操作讲解以Observable为例讲解对应的操作符如何实现，其他观察者实现思路大体一致。
- 封装了一些针对Android RxJava常用的工具代码，避免引发歧义，所以先行简易说明。

```
//利用扩展函数方式对订阅方法统一封装
fun <T> Observable<T>.easySchedulers(observer: Observer<T>) {
    this.easySubscribe()
        .subscribe(observer)
}

fun <T> Observable<T>.easySubscribe(): Observable<T> {
    return this.observeOn(Schedulers.io())
        .subscribeOn(AndroidSchedulers.mainThread())
}

//日志输出
fun String?.beLogD() {
    Log.d("KILLE_TOM", this ?: "unknown message")
}
```

13.3.1 创建操作符

1. create

create 是以传统的方式创建的观察者模式，原理图如图 13-6 所示。

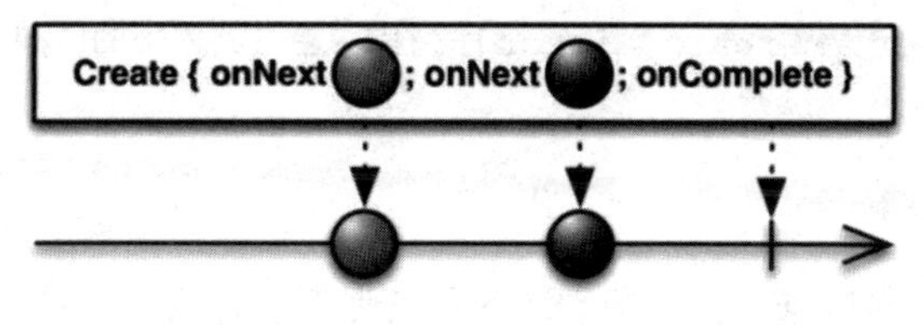

图 13-6 create 操作符

```
Observable.create<Long> { emitter ->

        for (index in 1..5L) {

            if (!emitter.isDisposed) {
                emitter.onNext(index)
                Thread.sleep(1200)
            }
        }

        emitter.onComplete()
```

```
        }.easySubscribe()
            .subscribe(object : Observer<Long> {
                override fun onComplete() {showText("onComplete")}

                override fun onSubscribe(d: Disposable) {}

                override fun onNext(t: Long) {showText(t.toString())}

                override fun onError(e: Throwable) {showText(e.message ?:
"unknown")}
            })
```

示例代码是使用 create 事件流实现类似定时器的效果，动态改变文本内容的显示。

以 ObservableCreate 为列，create 实现的原理主要在于：

```
//以 ObservableOnSubscribe 作为构造参数，以此作为上下文
    public ObservableCreate(ObservableOnSubscribe<T> source) {
        this.source = source;
    }
//触发订阅时上下文，其作用是产生订阅关系
    @Override
    protected void subscribeActual(Observer<? super T> observer) {
        CreateEmitter<T> parent = new CreateEmitter<>(observer);
        observer.onSubscribe(parent);

        try {
            source.subscribe(parent);
        } catch (Throwable ex) {
            Exceptions.throwIfFatal(ex);
            parent.onError(ex);
        }
    }
//CreateEmitter 负责生产数据
//SerializedEmitter 将 CreateEmitter 序列化并通过其内部的队列 SpscLinkedArrayQueue
存取数据
```

2. timer

timer 针对一种延迟发送数据业务的场景，这种延迟仅仅作用于当建立 subscribe 时，避免数据即时发送导致下游需要即刻处理数据的问题。

原理图如图 13-7 所示。

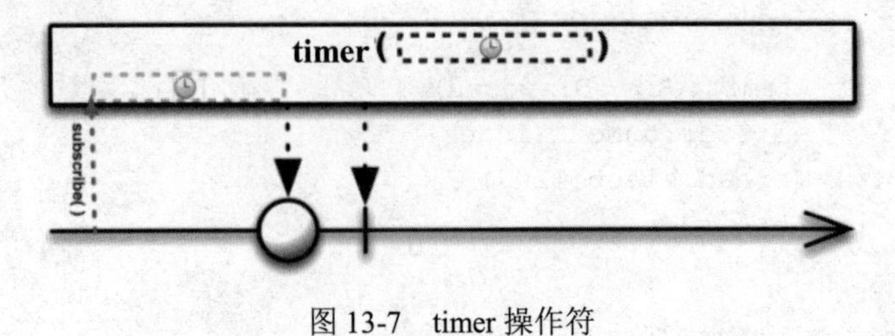

图 13-7　timer 操作符

例如这样的业务场景，利用 timer 实现 App 首次进入闪屏图，到一定时间后进入 App 首页。

```
Observable
        .timer(5, TimeUnit.SECONDS)
        .easySchedules(Consumer {
            //闪屏页面显示结束，跳转到需要显示的页面
        })
```

示例代码中，5秒后收到数据默认闪屏页面，不需要显示结束页面，展示并跳转到相应页面。其核心原理在于ObservableTimer中的静态内部类TimerObserver的实现以及scheduler.scheduleDirect()的使用。

```
public final class ObservableTimer extends Observable<Long> {

    @Override
    public void subscribeActual(Observer<? super Long> observer) {
        //构建 TimerObserver
        TimerObserver ios = new TimerObserver(observer);
        observer.onSubscribe(ios);
        //利用 scheduler.scheduleDirect 方法实现 runnable 以及 worker 的创建
        Disposable d = scheduler.scheduleDirect(ios, delay, unit);

        ios.setResource(d);
    }

    //负责实现 run 方法
    static final class TimerObserver extends AtomicReference<Disposable>
    implements Disposable, Runnable {

        @Override
        public void run() {
            if (!isDisposed()) {
                downstream.onNext(0L);
                lazySet(EmptyDisposable.INSTANCE);
                downstream.onComplete();
            }
        }
    }
}
```

3. defer

defer 针对一种延迟订阅数据业务的场景，这种延迟仅仅作用于当建立 subscribe 时，才会发送数据，应用于延迟订阅或者懒加载数据流的场景。

原理图如图 13-8 所示。

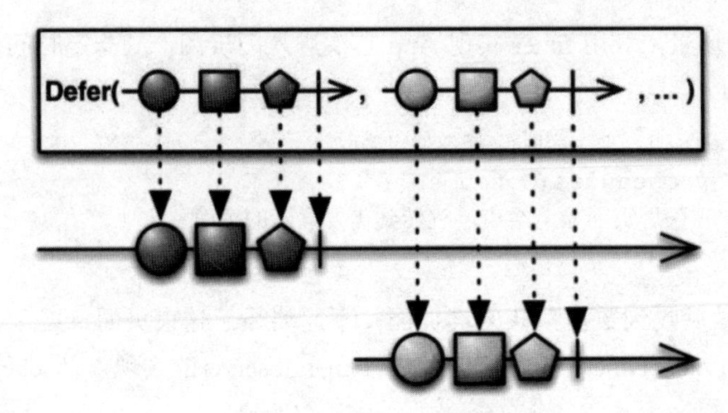

图 13-8　defer 操作符

```
//示例代码
private fun defer() {

    log("unSchedules -- create")
    val obs = Observable
        .defer { Observable.interval(100L,TimeUnit.MILLISECONDS) }

    log("defer --> schedules")
    obs.easySchedulers(Consumer { log("defer -- messsaget -- > $it") })

    //启动线程验证每次使用defer创建订阅的时候都是创建一个全新的订阅关系并同时构建出一
个新的ObservableSource
    Thread{
        Thread.sleep(300)
        obs.easySchedulers(Consumer { log("defer2 -- messsaget -- > $it") })
    }.start()
}
```

核心原理在于 Supplier 接口以及 ObservableDefer 的实现：

```
public final class ObservableDefer<T> extends Observable<T> {
    @Override
    public void subscribeActual(Observer<? super T> observer) {
        ObservableSource<? extends T> pub;
        try {
            pub = Objects.requireNonNull(supplier.get(), "The supplier returned
a null ObservableSource");
        } catch (Throwable t) {
            Exceptions.throwIfFatal(t);
            EmptyDisposable.error(t, observer);
            return;
        }

        pub.subscribe(observer);
    }
}
```

从源码中可以得知，defer 其实利用每次产生订阅的时候将 Supplier<? extends ObservableSource<?

extends T>>中获取对应创建出当前对应的实例的 ObservableSource，利用当前的 ObservableSource 与 Observer 产生订阅关系。

4. repeat

repeat 的目的在于将当前的 ObservableSource 转换为重复多次发送的 ObservableSource。针对一些需要重复发送数据的场景进行应用，例如创建一个需要重复轮询事件流的事件。

（1）repeatCount 的用法

原理图如图 13-9 所示。

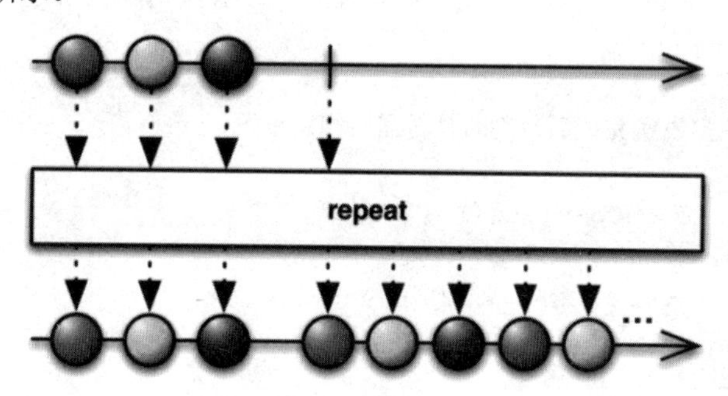

图 13-9　repeat 操作符

```
//示例代码
private fun repeat() {
    Observable
        .just("create repeat")
        .repeat(2)
        .easySchedulers(Consumer {
            log("repeat -- message-->$it")
        })
}
```

执行结果如下：

```
D/KILLE_TOM_DEBUG: repeat -- message-->create repeat
D/KILLE_TOM_DEBUG: repeat -- message-->create repeat
```

基于 ObservableRepeat 中的静态内部类 RepeatObserver 去达到 repeat 的效果。部分源码展示如下：

```
public final class ObservableRepeat<T> extends AbstractObservableWithUpstream
<T, T> {
    @Override
    public void subscribeActual(Observer<? super T> observer) {
        //利用序列 SequentialDisposable 产生订阅事件
        SequentialDisposable sd = new SequentialDisposable();
        observer.onSubscribe(sd);

        RepeatObserver<T> rs =
        new RepeatObserver<>
```

```
                (observer,
                 count != Long.MAX_VALUE ?
                          count - 1 : Long.MAX_VALUE, sd, source);
        rs.subscribeNext();
    }

    static final class RepeatObserver<T> extends AtomicInteger implements
Observer<T> {
        @Override
        public void onSubscribe(Disposable d) {
            //利用 SequentialDisposable 触发 replace 订阅
            sd.replace(d);
        }
        //每次源数据发送完成后，判断是否需要触发重发
        @Override
        public void onComplete() {
            long r = remaining;
            if (r != Long.MAX_VALUE) {
                remaining = r - 1;
            }
            if (r != 0L) {
                subscribeNext();
            } else {
                downstream.onComplete();
            }
        }
        /**
         * Subscribes to the source again via trampolining.
         */
        void subscribeNext() {
            if (getAndIncrement() == 0) {
                int missed = 1;
                for (;;) {
                    if (sd.isDisposed()) {
                        return;
                    }
                    source.subscribe(this);

                    missed = addAndGet(-missed);
                    if (missed == 0) {
                        break;
                    }
                }
            }
        }
    }
```

（2）repeatWhen 的用法

repeatWhen 针对的场景是：当条件触发成功时，中断重发数据，例如在硬件通信的场景，一直轮询硬件某种信息，当满足条件则不再需要轮询查询设备信息的。原理图如图 13-10 所示。

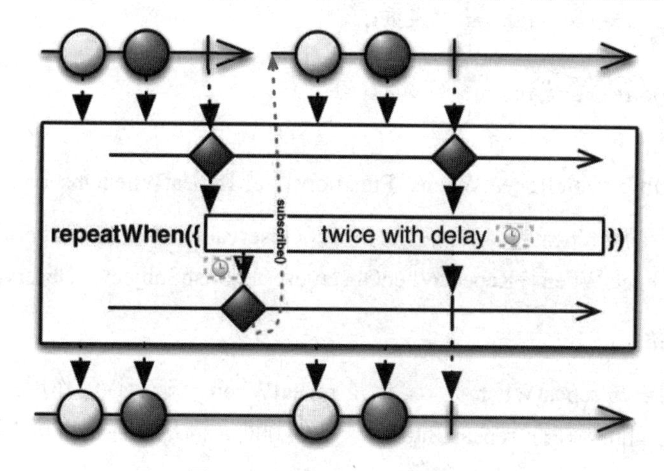

图 13-10　repeatWhen 操作符

示例代码如下：

```
private fun repeatWhen() {
    Observable
        .create(ObservableOnSubscribe<String> { emitter ->
            emitter.onNext("create")
            emitter.onComplete()
        })
        .doOnComplete { log("Operators-repeat-repeatWhen 触发重订阅") }
        .repeatWhen(object : Function<Observable<Any>,
ObservableSource<Any>> {
            var times = 0
            override fun apply(t: Observable<Any>): ObservableSource<Any> {
                val result = t.flatMap<Any> {
                    if (times <= 2) {
                        times += 1
                        Observable.timer(1, TimeUnit.SECONDS)
                    } else {
                        Observable.empty()
                    }
                }
                return result
            }
        }).easySchedulers(Consumer { log("value $it") })
}
```

执行结果如下：

```
Operators-repeat-repeatWhen 触发重订阅
create
Operators-repeat-repeatWhen 触发重订阅
create
Operators-repeat-repeatWhen 触发重订阅
create
Operators-repeat-repeatWhen 触发重订阅
create
```

核心原理在于 ObservableRepeatWhen、Function 以及 RepeatWhenObserver 的实现。

- Function负责构建repeatWhen的条件判断的 Observable 并担任handler的职责。
- ObservableRepeatWhen将RepeatWhenObserver、PublishSubject、Observer进行订阅关联。

（3）repeatUntil 的用法

repeatUntil 的用法与 repeatWhen 类似，但是 repeatWhen 有延迟性的作用，更多地用于重复性发送数据并有一定的时间间隔，而 repeatUntil 用于条件判断，满足条件则直接中断数据的重复发送操作符。原理图如图 13-11 所示。

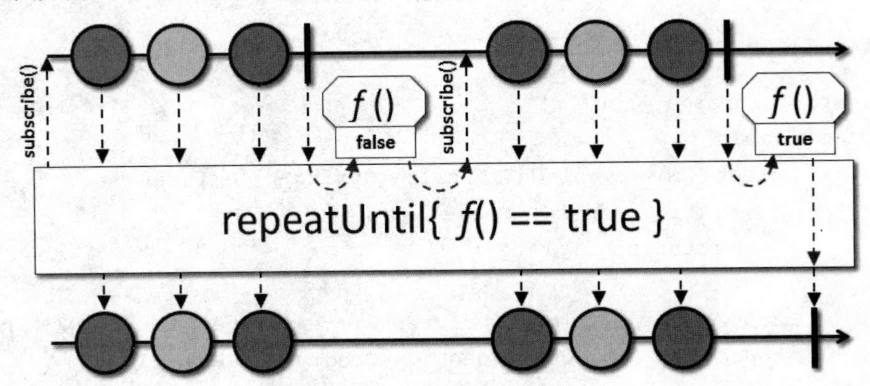

图 13-11 repeatUntil 操作符

示例代码如下：

```
var repeatUntilTime = 0
Observable.interval(500, TimeUnit.MILLISECONDS).take(5).repeatUntil {
    repeatUntilTime += 1
    repeatUntilTime >= 2
}.subscribe {
    log("Operators-repeat-repeatUntilvalue$it")
}
```

执行结果如下：

```
Operators-repeat-repeatUntilvalue0
Operators-repeat-repeatUntilvalue1
Operators-repeat-repeatUntilvalue0
Operators-repeat-repeatUntilvalue1
```

ObservableRepeatUntil、BooleanSupplier 这两个的实现；核心的 RepeatUntilObserver 的 onComplete 实现如下：

```
    static final class RepeatUntilObserver<T> extends AtomicInteger implements Observer<T> {
        final BooleanSupplier stop;
        @Override
        public void onComplete() {
            boolean b;
            try {
                //利用 BooleanSupplier 获取布尔值判断是否中断发送或者进入重复发送
                b = stop.getAsBoolean();
            } catch (Throwable e) {
                Exceptions.throwIfFatal(e);
                downstream.onError(e);
                return;
            }
            if (b) {
                downstream.onComplete();
            } else {
                subscribeNext();
            }
        }
    }
```

13.3.2　转换操作符

1. flatMap

flatMap 通过将每一个 Observable 变换为一组 Observables，然后发射每一个 Observable。原理图如图 13-12 所示。

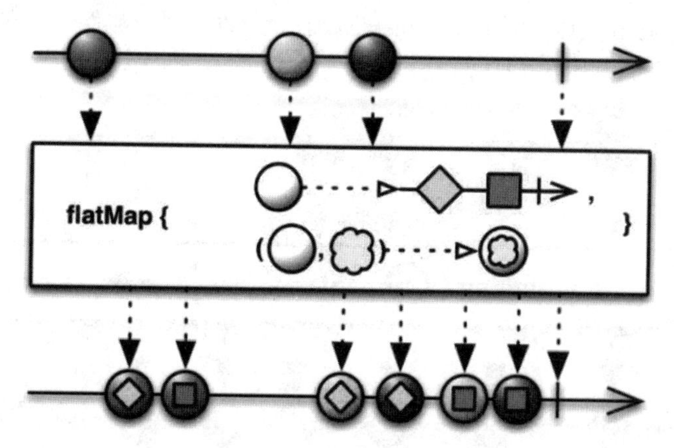

图 13-12　flatMap 操作符

数据经过转换加工发射出来是错乱的，原因在于 flatMap 的操作是 merge，merge 操作是并行操作，所以有可能导致数据最终是乱序发射出去的。

```
private fun flatMap() {
    //flatMap
    val function = Function<Int, Observable<Int>> { value ->
        logMessage("operators-flatMap 需要转换的 Value:$value")
        return@Function Observable.range(value * 10, 2)
    }
    val biFunction = BiFunction<Int, Int, Int> { initValue, changeValue ->
        logMessage("operators-flatMap 转换前数值: $initValue")
        logMessage("operators-flatMap 转换后数值: $changeValue")
        initValue + changeValue
    }
    Observable.just(1, 2, 3)
        .flatMap(function, biFunction)
        .easySchedulers(Consumer {
            logMessage("operators-flatMap 直接转换加函数变换:$it")
        })
}
```

重点探讨直接转换加函数变换的写法：

通过示例代码可以看出，直接转换的核心是通过 Function 这个思维去实现的，而转换以及函数变换主用运用于：业务场景不仅需要直接对元数据进行转换，并且在转换后准备发射数据的过程中，需要对元数据和转换数据进行比对，或者进行一个函数操作，以保证最终所需转换的发射数据是符合业务场景的。从源码中可以看出，函数变换是通过对 BiFunction 的实现达到结果的。注意，在函数变换中，如果变换不符合正常代码运行的业务逻辑，就会抛出异常终止整个事件流数据的发射，需要谨记在 BiFunction 中，T1、T2、R 分别代表转换前的元数据、转换后的元数据、发射最终所需的转换数据类型。

2. concatMap

concatMap 与 flatMap 类似，但是没有 merge 操作，所以顺序能够保证一致，也就是在并发线程中操作时，线程是安全的，如图 13-13 所示。

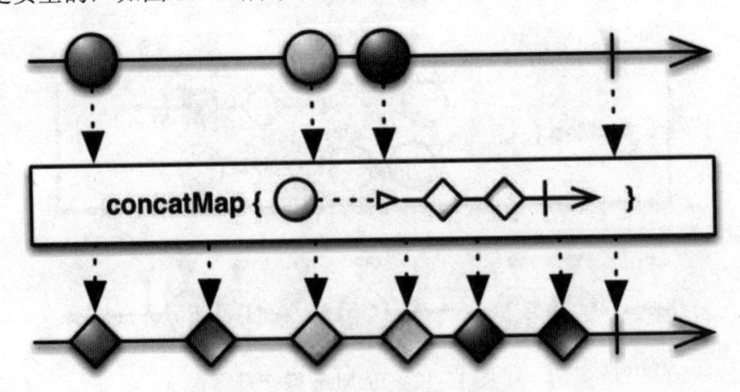

图 13-13 concatMap 操作符

在 concatMap 中，为了保证线程安全，采用了 concat 操作，避免 merge 操作导致的并发问题。

```
private fun concatMap() {
    Observable.just(1, 2, 3)
        .concatMap {
            val value = it * 2 + 10
            return@concatMap Observable.just(value)
        }
        .easySchedulers(Consumer {
            logMessage("concatMap -->$it")
        })
}
```

concatMap 与 flatMap 都是使用 Function 机制进行数据源转换的操作，而 concatMap 使用的是 concat 操作。

3. groupBy

groupBy 主要用于对数据源进行分组，每一个组会有一个特定的 key 来进行区分，key 可以为泛型 T。然后将这些组发射出去，如图 13-14 所示。

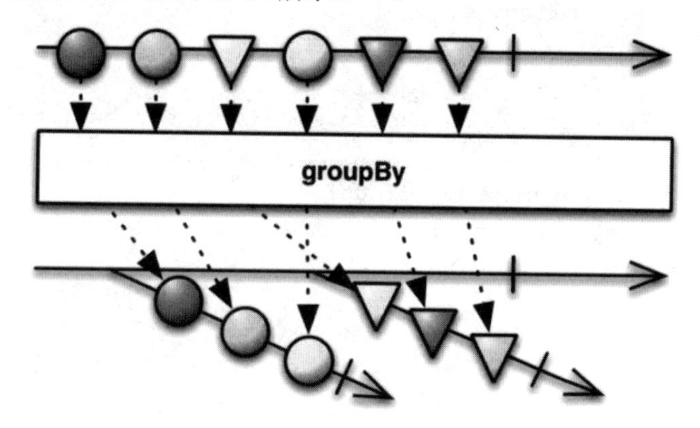

图 13 14　groupBy 操作符

```
//[1,10]区间进行奇偶数区分分组
Observable.range(1, 10).groupBy(object : Function<Int, String> {
        override fun apply(t: Int): String {
            return if (t % 2 == 0) "偶数" else "奇数"
        }
    }).subscribe {
        logMessage("operators-groupBy 分组 key: ${it.key ?: "key is null"}")
        if (it.key.equals("奇数", true)) {
            it.subscribe {
                logMessage("operators-groupBy 奇数$it")
            }
        }
    }
```

ObservableGroupBy 通过使用 ConcurrentHashMap 存储分组数据，Function 则负责对数据源识别分组生成对应的 key。

参考代码如下：

```
        @Override
        public void onNext(T t) {
            K key;
            try {
                key = keySelector.apply(t);
            } catch (Throwable e) {
                Exceptions.throwIfFatal(e);
                upstream.dispose();
                onError(e);
                return;
            }

            Object mapKey = key != null ? key : NULL_KEY;
            GroupedUnicast<K, V> group = groups.get(mapKey);
            boolean newGroup = false;
            if (group == null) {
                if (cancelled.get()) {
                    return;
                }
                group = GroupedUnicast.createWith(key, bufferSize, this,
delayError);
                groups.put(mapKey, group);
                getAndIncrement();
                newGroup = true;
            }
        }
```

4. window

window 对于每隔一段时间或者条件采集的数据，将数据源封装成一个个 window 发射出去。

（1）windowCount 的用法

设置窗口的大小，每一个窗口都有固定的大小容纳一定量的 Observables，如图 13-15 所示。

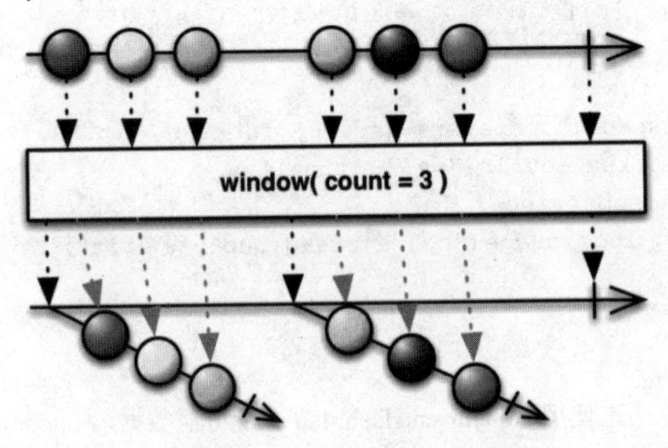

图 13-15　window 操作符

```
//将[1,6]区间分成 3 个 window，大小各为 2
Observable.range(1, 6)
        .window(2)
        .easySchedulers(Consumer {
            logMessage("windowCount")
            it.subscribe {
                logMessage("next value $it")
            }
        })
```

ObservableWindow 利用 ArrayDeque<UnicastSubject<T>>、ObservableWindowSubscribeIntercept 进行窗口的组装与发射数据。

```
//部分核心代码
long i = index;

long s = skip;

ObservableWindowSubscribeIntercept<T> intercept = null;

if (i % s == 0 && !cancelled) {
    wip.getAndIncrement();
    UnicastSubject<T> w = UnicastSubject.create(capacityHint, this);
    intercept = new ObservableWindowSubscribeIntercept<>(w);
    ws.offer(w);
    downstream.onNext(intercept);
}
```

（2）windowTime 的用法

windowTime 主要用于将每隔一段时间采集的数据封装成一定窗口大小的 window 发射数据，如图 13-16 所示。

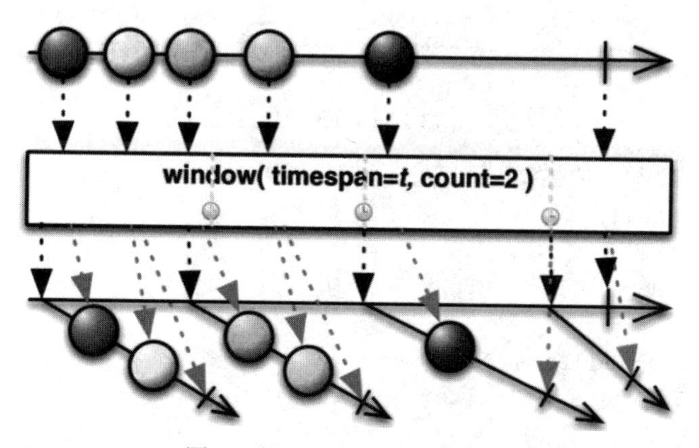

图 13-16　windowTime 的用法

```
Observable
        .range(1, 6)
        .window(100, TimeUnit.MILLISECONDS, 3)
        .easySchedulers(object : Observer<Observable<Int>> {
```

```
            override fun onComplete() {
                logMessage("onCompletetime:${System.currentTimeMillis()}")
            }

            override fun onSubscribe(d: Disposable?) {
            }

            override fun onNext(t: Observable<Int>?) {
                logMessage("onNexttime:${System.currentTimeMillis()}")
                t?.subscribe { logMessage("value:${it}") }
            }
            override fun onError(e: Throwable?) {}
        })
```

在 AbstractWindowObserver 中：

（1）SimplePlainQueue 负责存放数据队列。

（2）SequentialDisposable、Runnable 则用于计时采集数据。

13.3.3 过滤操作符

1. filter

filter 通过一些条件逻辑对上游数据进行筛选，然后发射到下游，如图 13-17 所示。

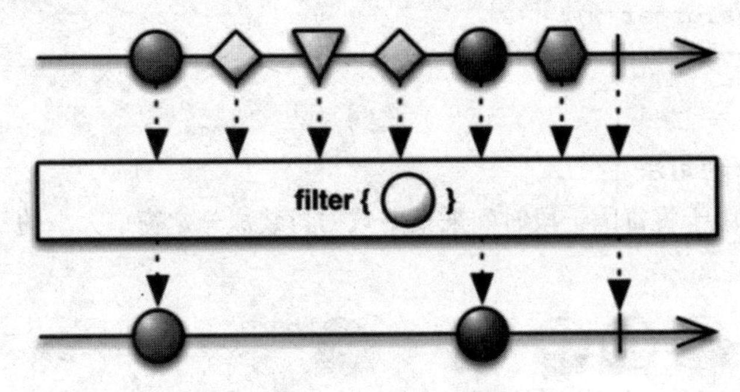

图 13-17 filter 操作符

```
//将[1,10]筛选出整除 2 的整数
 Observable.range(1, 6)
            .filter {
                return@filter it % 2 == 0
            }
            .easySchedulers(Consumer {
                logMessage("filter value->$it")
            })
```

在 filter 中，最为核心的条件筛选是通过实现 Predicate 接口去实现逻辑判断。而 FilterObserver 仅仅在 onNext 中调用 Predicate 判断是否向下游发射数据。

```
static final class FilterObserver<T> extends BasicFuseableObserver<T, T> {
      final Predicate<? super T> filter;
```

```
        @Override
        public void onNext(T t) {
            if (sourceMode == NONE) {
                boolean b;
                try {
                    //调用接口判断是否可以发射数据
                    b = filter.test(t);
                } catch (Throwable e) {
                    fail(e);
                    return;
                }
                if (b) {
                    downstream.onNext(t);
                }
            } else {
                downstream.onNext(null);
            }
        }
    }
```

filter 可用于面对一些复杂或者不需要关心 ObservableSource 源的时候，利用这一操作实现所需数据的获取。

2. distinct

distinct 主要用于对 ObservableSource 实现去重的操作，其核心原理在于 HashCode 对比，如图 13-18 所示。

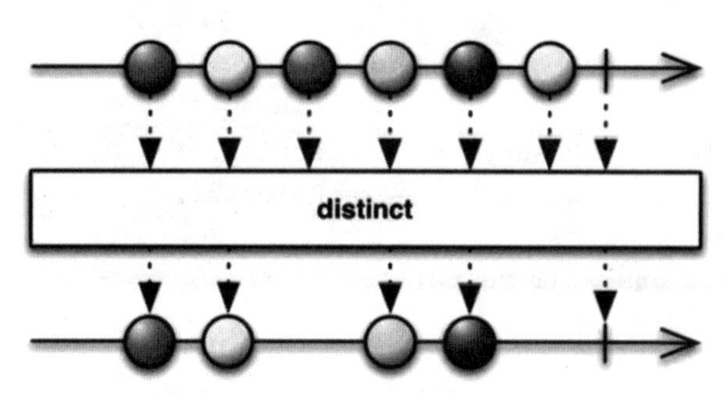

图 13-18 distinct 操作符

（1）distinct 直接使用

对于一些常用的基础类型，可以通过这样的写法达到去重的目的：

```
//(1,2,5,4,5)去重后为(1,2,5,4)
Observable.just(1, 3, 5, 4, 5)
        .distinct()
        .easySchedulers(Consumer {
            logMessage("distinct value->$it")
        })
```

（2）distinct 自定义去重

对于一些需要自定义去重效果的过滤，需要用到 Observable<T> distinct(@NonNull Function<? super T, K> keySelector)：

```
var key = 1L
        //过滤 2 或者 3，2、3 只能出现其中一个，并且只出现一次
        Observable
            .just(1L, 2L, 3L, 1L, 2L)
            .distinct {
                if (key%2==0L || key%3==0L){
                    return@distinct -1
                }else{
                    key += 1
                }
                key
            }
            .easySchedulers(Consumer {
                logMessage("distinct key value->$it")
            })
```

（3）distinct 的核心原理

distinct 的核心原理在于：

- Function<@NonNull T, @NonNull R>的实现用于生成唯一的HashCode。
- (Supplier)HashSetSupplier.INSTANCE实现HashCode作为key，判断是否可以添加。
- DistinctObserver负责利用Function<@NonNull T, @NonNull R>、(Supplier)HashSetSupplier.INSTANCE进行数据的去重。

```
    static final class DistinctObserver<T, K> extends BasicFuseableObserver<T,
T> {
        final Collection<? super K> collection;
        final Function<? super T, K> keySelector;
        @Override
        public void onNext(T value) {
            if (done) {
                return;
            }
            if (sourceMode == NONE) {
                K key;
                boolean b;

                try {
                    //获取生成的 HashCode
                    key = Objects
                    .requireNonNull(
                        keySelector.apply(value),
                        "The keySelector returned a null key");
```

```
                //判断是否可以添加
                b = collection.add(key);
            } catch (Throwable ex) {
                fail(ex);
                return;
            }

            if (b) {
                downstream.onNext(value);
            }
        } else {
            downstream.onNext(null);
        }
    }
}
```

3. take

take 的核心思想在于对于可观察的上游序列的数据，从起始数据开始仅仅获取满足某些指定条件的指定数据，当不满足后，往后的数据都不再获取，直接抛弃。

（1）takeCount 的用法

takeCount 用于从源数据[1,m]中获取指定[1,n]区间的数据，注意 n≤m，如图 13-19 所示。

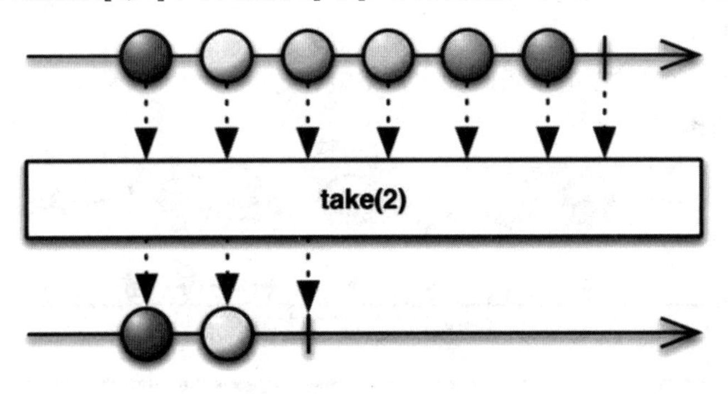

图 13-19　take 操作符

```
//[1,100]过滤到[1,10]
Observable.range(1, 100)
        .take(10)
        .easySchedulers(Consumer {
            logMessage("take count value->$it")
        })
```

takeCount 其实就是通过对 count 累加，且 count 起始值为 1，直到满足条件中断发射：

```
static final class TakeObserver<T> implements Observer<T>, Disposable {
    final Observer<? super T> downstream;
    Disposable upstream;
            @Override
    public void onSubscribe(Disposable d) {
```

```
            if (DisposableHelper.validate(this.upstream, d)) {
                upstream = d;
                if (remaining == 0) {
                    done = true;
                    d.dispose();
                    EmptyDisposable.complete(downstream);
                } else {
                    downstream.onSubscribe(this);
                }
            }
        }
            @Override
        public void onNext(T t) {
            if (!done && remaining-- > 0) {
                boolean stop = remaining == 0;
                downstream.onNext(t);
                if (stop) {
                    onComplete();
                }
            }
        }
    }
```

（2）takeTime 的用法

takeTime 用于在源数据发射的一段时间内，指定一定的时间段内从源数据的起始位到最后一个源数据，如图 13-20 所示。

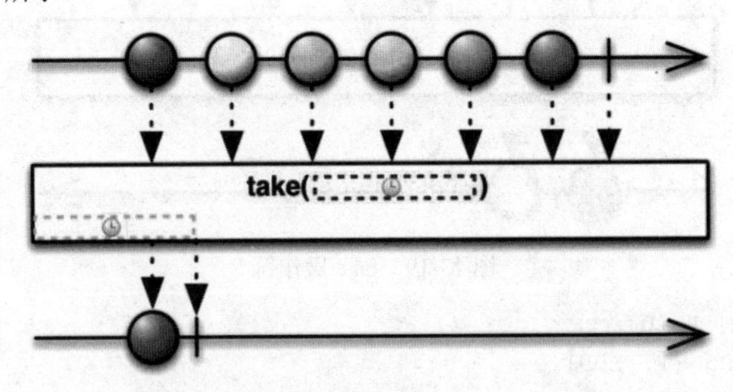

图 13-20　takeTime 的用法

```
//比如 App 闪屏页的倒计时功能以及相应的逻辑功能
    Observable.interval(1, TimeUnit.SECONDS)
            .take(1,TimeUnit.SECONDS)
            .easySchedulers(object : Observer<Long> {
                override fun onComplete() {
                    //闪屏页显示完成，进行相应的业务逻辑
                }
                override fun onSubscribe(d: Disposable?) {}
                override fun onNext(t: Long?) {
```

```
                //闪屏页的倒计时显示以及一些逻辑判断
            }
            override fun onError(e: Throwable?) {}
        })
```

takeTime 的核心在于 takeUntil 的实现，而 takeUntil 属于一种布尔操作符，其核心思想在于直到某个条件成立的时候不再发射数据。takeUntil 的核心是由 TakeUntilPredicateObserver 实现的：

```
    static final class TakeUntilPredicateObserver<T> implements Observer<T>,
Disposable {
        final Observer<? super T> downstream;
        final Predicate<? super T> predicate;
        Disposable upstream;
        boolean done;
        TakeUntilPredicateObserver(Observer<? super T> downstream, Predicate<?
super T> predicate) {
            this.downstream = downstream;
            this.predicate = predicate;
        }
        @Override
        public void onNext(T t) {
            if (!done) {
                downstream.onNext(t);
                boolean b;
                try {
                    b = predicate.test(t);
                } catch (Throwable e) {
                    Exceptions.throwIfFatal(e);
                    upstream.dispose();
                    onError(e);
                    return;
                }
                if (b) {
                    done = true;
                    upstream.dispose();
                    downstream.onComplete();
                }
            }
        }
    }
```

4. skip

skip 是指在源数据中从起始数据开始判断是否满足一些逻辑条件，直至不满足条件时，开始将上游数据捕获发送到下游。

（1）skipCount 的用法

原理图如图 13-21 所示。

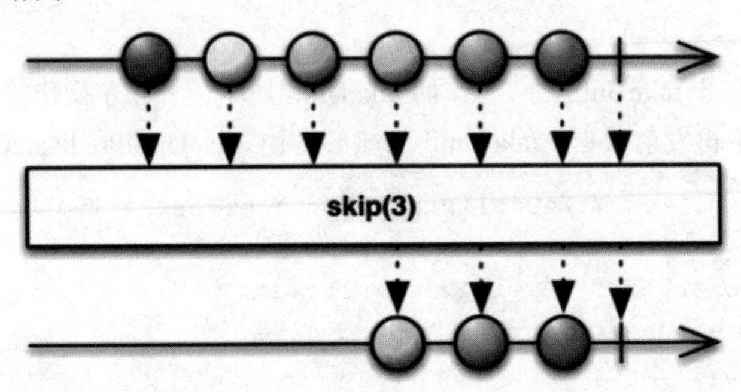

图 13-21 skipCount 的用法

```
//[1,6]使用 skip 变成[4,6]
Observable.range(1,6)
        .skip(3)
        .easySchedulers(Consumer {
            logMessage("skip count value$it")
        })
```

skipCount 的原理在于对 Count 进行递减，直至满足 count==0 时发射数据：

```
static final class SkipObserver<T> implements Observer<T>, Disposable {
    final Observer<? super T> downstream;
    long remaining;
    Disposable upstream;

    SkipObserver(Observer<? super T> actual, long n) {
        this.downstream = actual;
        this.remaining = n;
    }
        @Override
    public void onNext(T t) {
        if (remaining != 0L) {
            remaining--;
        } else {
            downstream.onNext(t);
        }
    }
}
```

（2）skipTime 的用法

原理图如图 13-22 所示。

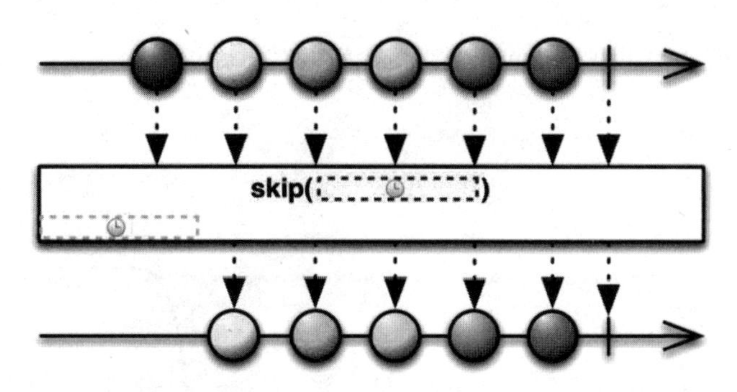

图 13-22 skipTime 的用法

```
//模拟[1,5]区间每秒发射一个数据
//跳过起始发射 3 秒内的数据
        Observable.interval(1, TimeUnit.SECONDS)
            .take(5)
            .skip(3, TimeUnit.SECONDS)
            .easySchedulers(object : Observer<Long> {
                override fun onComplete() { logMessage("take time onComplete") }
                override fun onSubscribe(d: Disposable?) {}
                override fun onNext(t: Long?) {
                    logMessage("skip time :${System.currentTimeMillis()}
value->$t")
                }
                override fun onError(e: Throwable?) {}

            })
```

skipTime 的核心在于利用 skipUntil 的实现，而 skipUntil 与 takeUntil 的思想类似，但是其将源数据一直丢弃不发射，直到满足某一条件时才开始将剩余数据逐一发射：

```
        @Override
        public void onNext(T t) {
            if (notSkippingLocal) {
                downstream.onNext(t);
            } else
            if (notSkipping) {
                notSkippingLocal = true;
                downstream.onNext(t);
            }
        }
```

13.4 总结

首先需要掌握函数响应式编程思维的特点，利用这个特点解决传统编程思维的困境，然后掌握 RxJava 的一些基本概念及其生命周期，还要掌握一些基本函数的使用。

我们以图 13-23 所示的思维导图回顾一下概念性的基本知识。

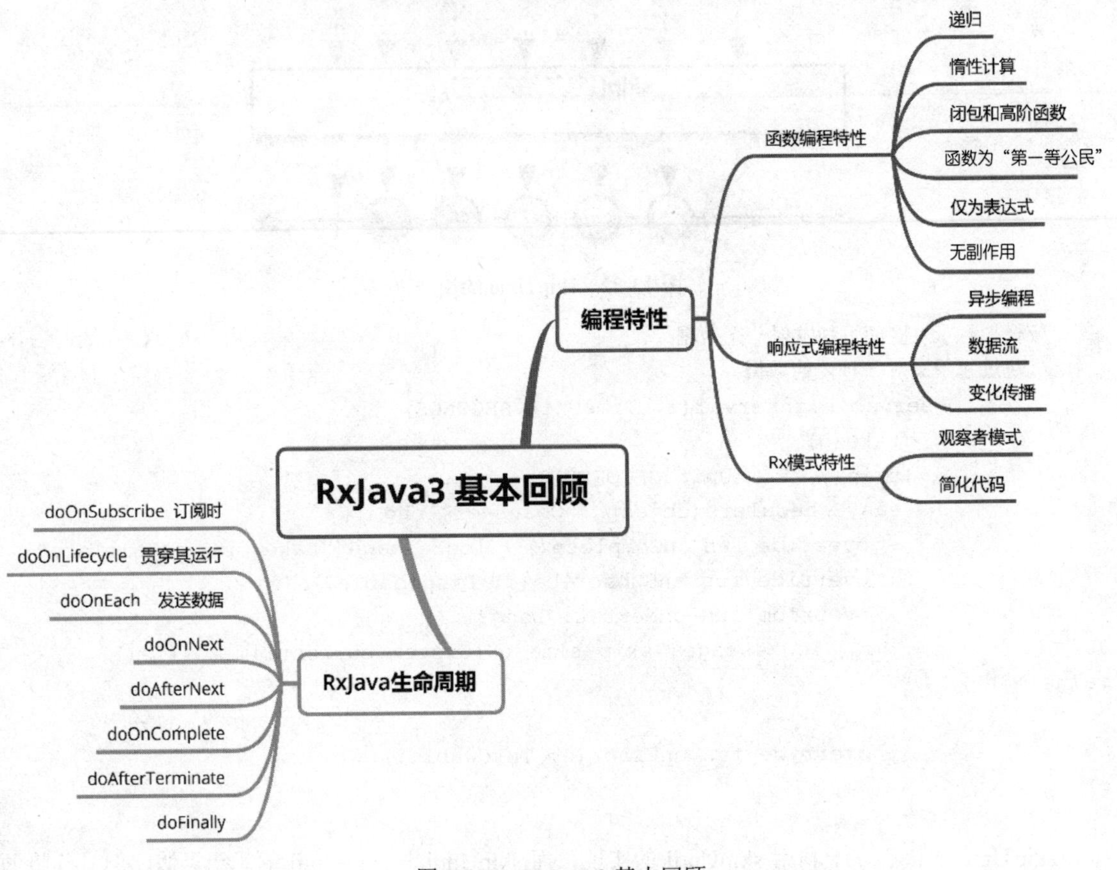

图 13-23　RxJava 3 基本回顾

接下来重点回顾一下一些常用的操作符：

- create：利用它可以创建一个简单的Rx。
- defer：利用它可以满足延迟使用一个Rx。
- take：利用take可以取出某些数据。
- skip：利用skip可以跳过某些数据。
- distinct：利用它可以达到去重效果。
- filter：利用它可以实现一些过滤效果。

第 14 章

RxJava 的核心机制

在前面我们掌握了使用一些简单的操作符，但是在 RxJava 中还有许多操作以及特性还没讲解，例如背压、异步、观察者与被观察者之间的联系、五大观察者模式等，本章将结合一些开发场景以及源码分析对一些核心进行讲解。

14.1 ObservableSource、Observable、Observer 的同流合污

ObservableSource 不仅作为一个抽象的接口，还将上游与下游通过订阅建立关联。当缺失这一环节时，上下游无法关联，导致 downstream 无法收获到 upstream 的数据流。

```
@FunctionalInterface
public interface ObservableSource<@NonNull T> {

    /**
     * 就连源码都这样告诉你
     * Subscribes the given {@link Observer} to this {@link ObservableSource}
instance.
     */
    void subscribe(@NonNull Observer<? super T> observer);
}
```

Observable 不仅为抽象类，还为其内部封装了大量的操作符方法，通过使用特定的方法指向特定的 Observable 实例。

Observable 在实现 ObservableSource 的基础上提供了一个必须由子类实现的抽象方法 SubscribeActual。subscribeActual 的目的在于当 upstream 与 downstream 需要通过订阅建立连接时：

- Objects会先对Observer做安全校验。

- RxJavaPlugins会将当前Observer、Observable建立连接，返回一个新的Observer。
- Objecets对新的Observer做安全校验。
- 最终触发其子类实现的subscribeActual方法。

每一个特定作用的 Observable 都需要实现这一抽象方法，以此达到期望的目的。

```
@SchedulerSupport(SchedulerSupport.NONE)
@Override
public final void subscribe(@NonNull Observer<? super T> observer) {
    Objects.requireNonNull(observer, "observer is null");
    try {
        observer = RxJavaPlugins.onSubscribe(this, observer);

        Objects.requireNonNull(observer, "官网 wiki 的一些解释");

        subscribeActual(observer);
    } catch (NullPointerException e) { //NOPMD
        throw e;
    } catch (Throwable e) {
        Exceptions.throwIfFatal(e);
        RxJavaPlugins.onError(e);
        NullPointerException npe =
            new NullPointerException
                ("Actually not, but can't throw other exceptions due to RS");
        npe.initCause(e);
        throw npe;
    }
}
```

- Observer相对于ObservableSource与Observable绑定在一起的阵容，就显得干净多了。
- Observer主要负责将upstream的事件与Disposable发射出去，让观察者去消费这些事件。这里的Disposable可以看成负责上下游通信的唯一中间联系人。

此刻的 Disposable 是 Observer、ObservableSource、Observable 三者中不可缺失的一环。

- 仅有当upstream与downstream产生订阅的时候才有这个唯一联系人。
- 当Disposable说我不干了，随时都可以把这三个同流合污的家伙变为失联状态。
- 但凡Disposable不干了，这三个家伙还得重新订阅，再拉一个新的Disposable入伙干匪事。

14.2 恐怖的 Function 机制

为什么说 Function 机制很恐怖？但凡少了 Function，基本什么都干不成，哪怕干成了，也很费劲。Function 主要用于将一种或多种输入参数通过 apply 方法转换为特定的 R 类型。

譬如 groupBy、concatMap、flatMap 等都是使用 Function 实现的。

例如图 14-1 这样一个业务场景。

利用 Function 就可以这样实现，如图 14-2 所示。

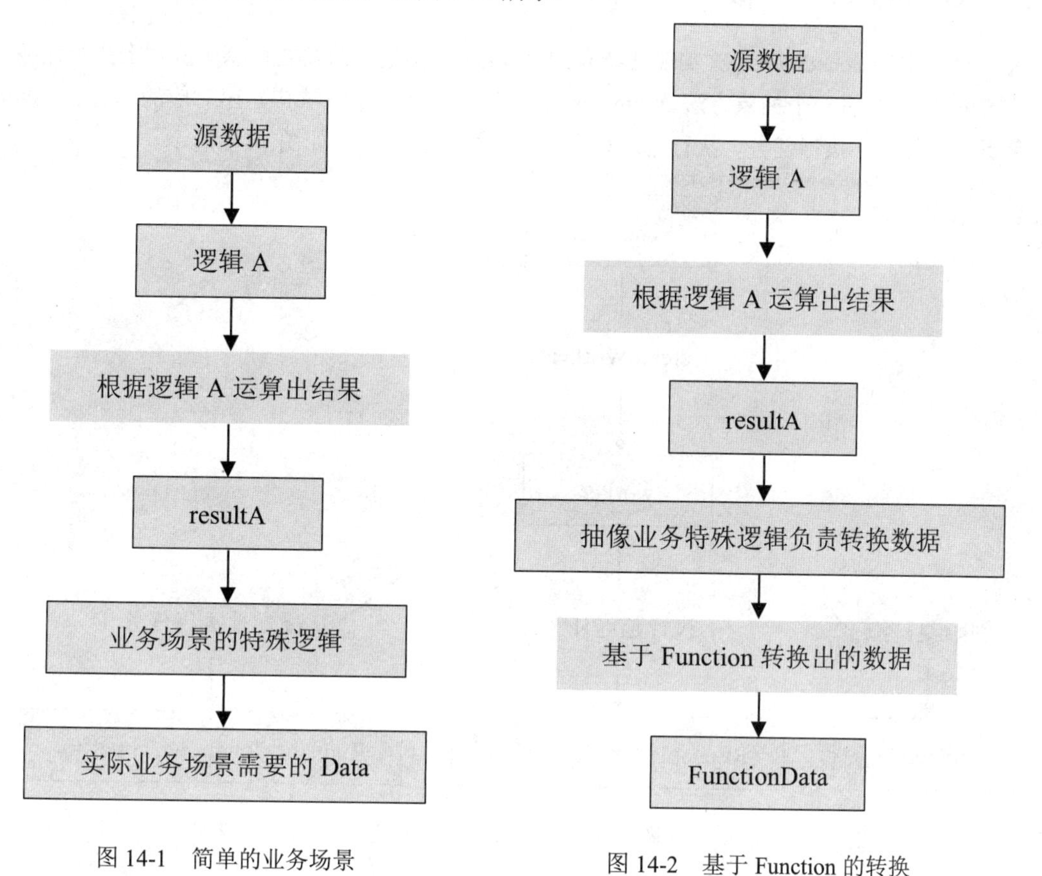

图 14-1 简单的业务场景

图 14-2 基于 Function 的转换

14.3 线程的决策者 Scheduler

在 RxJava 的使用中，为什么经常出现 observeOn、subscribeOn 呢？因为我们需要指定 Observable、Observer 工作在哪个线程。在 RxJava 中是通过这两个方法分别指定 Observable、Observer 的工作线程的，如果都不设置，则默认在同一个线程中工作。可以通过图 14-3 来理解。

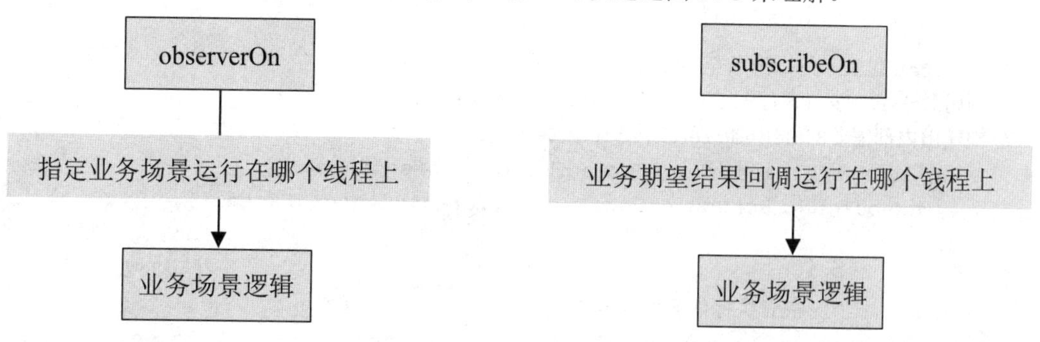

图 14-3 observeOn、subscribeOn 的使用

14.3.1 Scheduler 工作核心 Worker

每一个特定的 Scheduler 通过实现其特有的 Worker 去制定当前需要在哪个线程上执行任务。

在 Scheduler 中有一个抽象方法 createWorker()，通过实现这个方法构建出对应的 Worker。Worker 主要负责三大行为：执行任务、执行延迟任务、周期性执行任务，如图 14-4 所示。

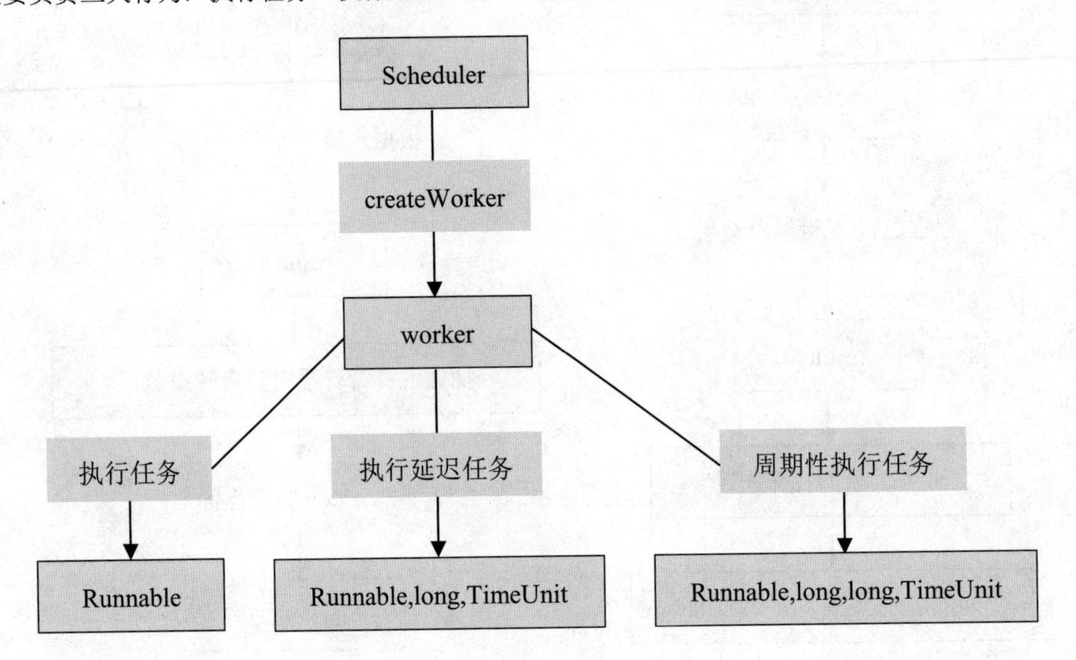

图 14-4 Worker 的三大行为

注意，Scheduler 与 Worker 的关系可以为 1:n，每一个 Worker 与对应工作的 Task 的关系也可以为 1:n。

14.3.2 Scheduler 线程池核心 RxThreadFactory

RxThreadFactory 就是为了创建出 Worker 所需要的工作线程，以 NewThreadWorker 为例：

```
public class NewThreadWorker extends Scheduler.Worker implements Disposable {
    private final ScheduledExecutorService executor;

    volatile boolean disposed;

//RxThreadFactory 继承至 ThreadFactory
//利用 SchedulerPoolFactory.create(threadFactory)
//构建出内部需要的 ScheduledExecutorService
    public NewThreadWorker(ThreadFactory threadFactory) {
        executor = SchedulerPoolFactory.create(threadFactory);
    }
}
//以 scheduleDirect 执行任务为例
    public Disposable scheduleDirect(final Runnable run, long delayTime,
TimeUnit unit) {
```

```
    //利用 runnable 构建执行的 Task
        ScheduledDirectTask task = new ScheduledDirectTask(RxJavaPlugins.
onSchedule(run));
        try {
            Future<?> f;
            if (delayTime <= 0L) {
            //不是延迟执行，直接提交 submit
                f = executor.submit(task);
            } else {
            //需要延迟则使用 schedule
                f = executor.schedule(task, delayTime, unit);
            }
            //设置 task 所需的 Future
            task.setFuture(f);
            return task;
        } catch (RejectedExecutionException ex) {
         //省略代码
        }
    }
```

14.3.3　异步实践例子

通过 Scheduler 可以实现一个类似 Android 中 Looper 机制的一种异步任务。例如，基于 RxJava 可以实现这样一个特定的场景：实现向服务器主动轮询信息或者发送心跳包：

```
    fun looper(){
        var isLooperRun = true
        Observable.create<Unit> {
            while (isLooperRun) {
                //do get data and set Data
                getLooperData().setMessage()
                //do some Other logic
                getLooperData().doSomeLogic()
                //make looper
                if(getLooperData().canSleep()){
                    Thread.sleep(xxx)
                }
            }
        }.observeOn(Schedulers.io())
            .subscribeOn(AndroidSchedulers.mainThread())
            .subscribe {  }
    }

     class ServiceLooperData(){
         //需要轮询请求的数据
         fun setMessage(){
             //设置一些信息
         }
```

```
        fun getMessage(){
            //获取一些信息
        }

        fun doSomeLogic(){
            //做一些业务逻辑
        }

        fun canSleep():Bloean{
        }
    }
  companion object{
    private val  data:ServiceLooperData  by lazy { ServiceLooperData() }

      fun getLooperData():ServiceLooperData = data
  }
```

14.3.4 并行的操作

在这里先讲一下并行与并发的区分，有些同学总是容易将并行和并发搞混。

- 并行：两个或多个事件同一时刻发生，可以理解为多核处理器同时处理多条指令。
- 并发：两个或多个事件在同一时间间隔发生，可以理解为单核处理器一个时间段内分为多个时间片段，每个时间片段处理不同的指令，减少IO的等待时间，近似为单核实现并行行为。

在 RxJava 中可以利用 flatMap 实现并行的操作，示例代码如下：

```
//在这里使用一个简单的例子进行解释
//第一步利用最大进程数构建 Scheduler
val threadNumber = Runtime.getRuntime().availableProcessors()+1
val executor = Executors.newFixedThreadPool(threadNumber)
val scheduler = Schedulers.from(executor)
Observable.range(1, 100)
    .flatMap { soures ->
        return@flatMap Observable
            .just("$soures")
            //订阅线程
            .subscribeOn(scheduler)
            .map { t -> "output->${t ?: "unknown"}" }
    }.easySchedulers(Consumer {
        logMessage(it)
    })
```

在上述例子中，通过使用 flatMap 对数据进行并行转换处理，注意由于是并行处理数据，可能会交错发射出来，为了明显地将数据交错发射，采用线程池构建出 Scheduler。

14.4 Observeable 五兄弟的差异性

前面曾经介绍过 RxJava 的生命周期，其实 RxJava 并不只有 Observerable，如图 14-5 所示。

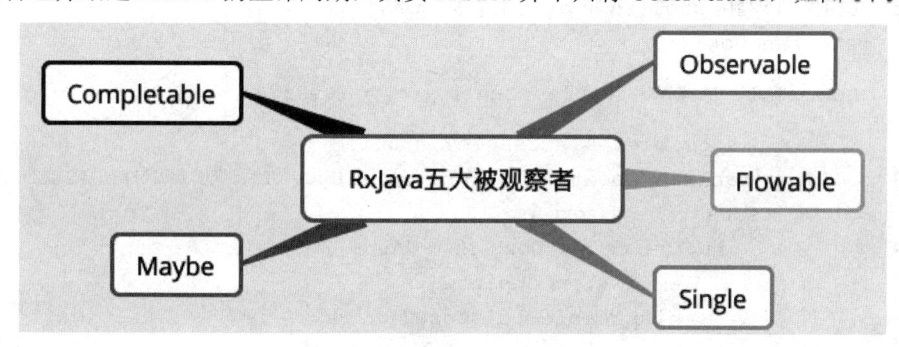

图 14-5 RxJava 的五大被观察者

14.4.1 Observable

在入门篇幅中，操作符示例都是以 Observable 进行讲解的，因为它代表着最经典的 Rx 理念。

在官网中大致是这样描述的：Observer（观察者）通过 Subscribes（订阅）与 Observable（被观察者）产生联系，观察者仅仅对被观察者产生的对应事件感兴趣并且做出相应的行为进行响应，也就是说在订阅关系中，被观察者做了任何一件事情，只要与结果无关，观察者都不需要理会，仅仅针对其结果响应即可。

1. 进阶冷热两重天的使用

在 RxJava 中，观察者模式可以分为两种模式：cold 和 hot。

- cold：可以理解为当Observer、Observable产生关联的时候，Observerable才会产生事件并发送事件。

  也就是说，当两者建立关系的时候，业务逻辑才会执行并产生事件。当存在多个订阅者的时候，每一个订阅者收到的事件是一一对应的，但是其事件是相互独立的，并且其接收顺序与订阅顺序是不一致的。
- hot：可以理解为，一张CD被A电台播放（Observable在产生事件），无论有没有被观众（Observer）收听（Subscribe），音乐始终在播放（事件总是在不断地发生）。当同一时刻有多个观众收听A电台时（Observable与多个Observer存在Subscribe关系），都能及时听到当前时刻的音乐（事件）。

同理，cold 可以想象成每一个人（Observer）都有同一张 CD（Observable），每一个人使用该 CD 播放音乐产生的事件是相互独一的，顺序也是不一致的。

对于 hot，多个观众（Observer）与电台（Observable）存在收听（订阅）关系，电台播放 CD（事件），观众接收到的都是一致的。

2. hot的实现

hot 的实现方式是通过特定的操作符将 cold 转化为 hot。

3. publish的实现

```
//hot 实现示例 1:利用 publish 将 cold 转换为 hot
    private fun hot1() {

        val hotObs = Observable.create<Long> { emiter ->

            var disposable: Disposable? = null
            disposable = Observable.interval(1000, TimeUnit.MILLISECONDS)
                .subscribe { value ->
                    if (value >= Long.MAX_VALUE / 2) {
                        emiter.onComplete()
                        disposable?.dispose()
                    } else {
                        emiter.onNext(value)
                    }

                }
        }.easySubscribe()
            .publish()
        hotObs.connect()
        hotObs.subscribe { "hotObs1$it".beLogD() }
        hotObs.subscribe { "hotObs2$it".beLogD() }

    }
```

publish 的目的在于将一个 cold 类型的 Observable 转化为 ConnectableObservable。ConnectableObservable 可以这样理解，一个需要 connect 操作的 Observable，当建立 connect 的时刻，无论有没有产生订阅，都会马上搞事情。

4. PublishSubject的实现

```
    private fun hot2(){
        val source = Observable.create<Long> { emiter ->
            var disposable: Disposable? = null
            disposable = Observable.interval(1000, TimeUnit.MILLISECONDS)
                .subscribe { value ->
                    if (value >= Long.MAX_VALUE / 2) {
                        emiter.onComplete()
                        disposable?.dispose()
                    } else {
                        emiter.onNext(value)
                    }
                }
```

```
        }.easySubscribe()

        val hot = PublishSubject.create<Long>()
        source.subscribe(hot)
        //safe thread
        hot.serialize()
        hot.subscribe { "hot1 value:$it".beLogD() }
        hot.subscribe { "hot2-value:$it".beLogD() }
    }
```

先利用 PublishSubject.create()方法创建一个 PublishSubject 对象，担任被观察者，然后利用 Subject 继承 Observable 去转发或者发送新的数据。所以 Subject 既是观察者，又是被观察者。但是它存在线程不安全问题，所以要保证线程安全还得调用 toSerialized()方法，这样可以避免并发的问题。

5. hot转化为cold的用法

hot 转化为 cold 的核心思想在于利用 hot 统一发送最新的事件，让多个 Observer 接收统一的事件，Observerable 按照 Subscribe 的顺序进行事件的派发，如图 14-6 所示。

```
    /**
     * 运行效果如下
     *
     * I/hotTobeCold-consumer1: value0
     * I/hotTobeCold-consumer2: value0
     * I/hotTobeCold-consumer1: value1
     * I/hotTobeCold-consumer2: value1
     * I/hotTobeCold-consumer1: value2
     * I/hotTobeCold-consumer2: value2
     * I/hotTobeCold-consumer1: value3
     * I/hotTobeCold-consumer2: value3
     * I/hotTobeCold: resetDataSource
     * I/hotTobeCold-consumer1: value0
     * I/hotTobeCold-consumer2: value0
     * I/hotTobeCold-consumer1: value1
     * I/hotTobeCold-consumer2: value1
     *
     **/
     private fun hotTobeCold() {
        val consumer1 = Consumer<Long> { Log.i("hotTobeCold-consumer1",
"value$it") }
        val consumer2 = Consumer<Long> { Log.i("hotTobeCold-consumer2",
"value$it") }

        val connectableObservable = Observable.create<Long> { emitter ->
            Observable.interval(10, TimeUnit.MILLISECONDS,
Schedulers.computation()).take(Integer.MAX_VALUE.toLong())
                    .subscribe {
                        emitter.onNext(it)
```

```
        }
    }.observeOn(Schedulers.newThread()).publish()

    connectableObservable.connect()
    val observable = connectableObservable.refCount()

    var dispose1 = observable.subscribe(consumer1)
    var dispose2 = observable.subscribe(consumer2)


    Thread.sleep(50L)
    dispose1.dispose()
    dispose2.dispose()

    Log.i("hotTobeCold", "resetDataSource")
    dispose1 = observable.subscribe(consumer1)
    dispose2 = observable.subscribe(consumer2)
    Thread.sleep(30L)
    dispose1.dispose()
    dispose2.dispose()
}
```

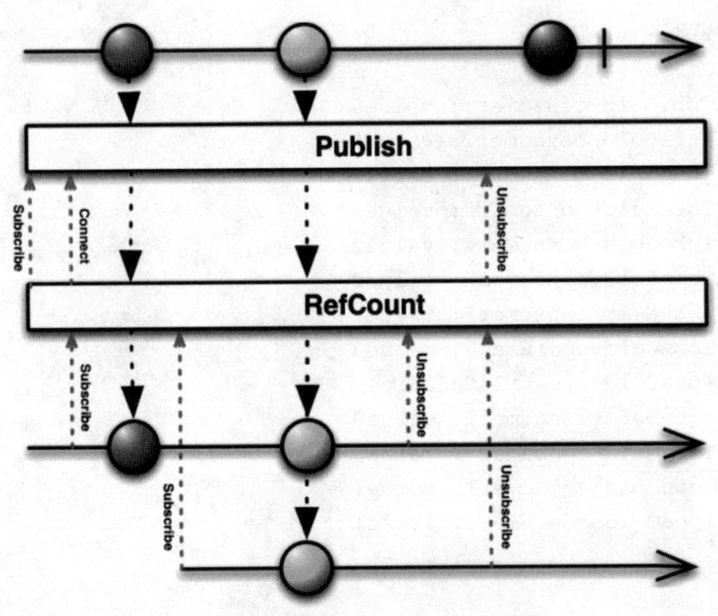

图 14-6 hot 转化成 cold

利用 hotTobeCold()可以实现一些需要全局监听的事件进行派发。

14.4.2 Flowable

Flowable 的作用是用来支持非阻塞性背压。Flowable 的所有操作符都默认支持背压，并且可以同时实现 Reactive Streams 操作。Observable 与 Flowable 的区别如表 14-1 所示。

表14-1　Observable与Flowable的区别

观　察　者	场景作用
Observable	处理小于等于 1000 条数据，几乎不出现 OOM 处理不会背压的事件 处理同步流操作
Flowable	处理超过 10KB 以上的元素 文件读写以及分析等 创建响应式接口 读取数据库接口 网络 IO 数据流

Flowable 将在 14.5 节详细介绍。

14.4.3 Single

这种观察者模式与其余 4 种有很大的区别，在这种模式下仅仅支持 onSuccess 与 onError 这一事件。这一点可以很轻易地在 SingleObserver 源码中看到，例如 SingleObserver 的源码：

```
public interface SingleObserver<@NonNull T> {

    void onSubscribe(@NonNull Disposable d);
    void onSuccess(@NonNull T t);
    void onError(@NonNull Throwable e);
}
```

Single 可用于一些业务场景，仅仅关心成功或失败的结果返回。例如对一些数据进行加工处理，结果是成功或者失败。

```
 private fun single(){
      Single.create<String> {
         try {
           val result =  getStringData()
             it.onSuccess(result)
         }catch (e:Exception){
             it.onError(e)
         }
      }.subscribe(Consumer {
         //success do some thing
      }, Consumer {
         //error do some thing
      })
   }

   @Throws
   private fun getStringData():String{
      //
      throw RuntimeException("get Data error")
   }
```

14.4.4 Completable

在这种模式下是不会发送数据的，为什么这样说呢？它只有一对互斥的 onComple 以及 onError 事件，以及它常常配合 andThen 修饰符在互斥事件某一个事件执行完后再去执行一个操作的作用。

可以利用 Completable 针对性地做一些资源初始化操作后，再对某一些场景进行操作等。

```
@Throws
  private fun getStringData():String{
      //
      throw RuntimeException("get Data error")
  }

  private fun completable(){
      Completable.create {
          initSomeThing()
      }.andThen(Observable.create<String> {
          val result = getStringData()
          it.onNext(result)
      }).subscribe {
          //do you logic by success
      }
  }

  @Throws
  private fun initSomeThing(){

  }
```

14.4.5 Maybe

Maybe 是 RxJava 2 中出现的一种新类型，近似地将它理解为 Single 与 Completable 的结合；区别是 Maybe 只会发射 0～1 个数据，超过则不会再发射数据。示例代码如下：

```
private fun maybeObserver(){
    //仅仅会打印 sucess1
    Maybe.create<String> {
        emitter: MaybeEmitter<String> ->
        emitter.onSuccess("sucess1")
        emitter.onSuccess("sucess2")
        emitter.onSuccess("sucess2")
    }.subscribe {
        logIMessage("MaybeExample1","value:$it")
    }
    //success 事件不会发送的情况
    Maybe.create<String> {
        it.onComplete()
        it.onSuccess("affter complete sucess")
    }.subscribe(
          {
```

```
                    logIMessage("MaybeExample2","value:$it")
                },
                {
                    logIMessage("MaybeExample2","value:${it.message?:"unknown
error"}")
                },
                {
                    logIMessage("MaybeExample2","value:onComplete")
                }
        )
    }
```

从示例代码可以看出，Maybe 最多只会发射一次数据，数据没发射前，也就是 0 次的时候，说明被 onComple 或者 onError 给抢夺了。这种场景就可以运用仅仅关心某个数据是否只需要关注一遍并且它的错误或者完成的时候的应该如何去进行相应的业务逻辑操作。

14.5 背压策略

在RxJava中，在多线程环境下，会遇到被观察者发送消息太快，以至于它的操作符或者订阅者不能及时处理相关的消息，这就是典型的背压场景。其中常见的异常为MissingBackpressureException。

```
    private fun missingBackError() {
        //例如这样写抛出背压异常
        Observable.create<Long> { emitter ->
            for (index in 1L..Long.MAX_VALUE) {
                emitter.onNext(index)
            }
        }.easySchedulers(Consumer {
            "it".beLogD()
        })
    }
```

为了解决上述情况从RxJava 2.x开始新增了Flowable类型用来支持背压。其背压默认大小为128。

Flowable 的所有操作符统一支持背压策略，目的是利用这个 Flowable 应对各种操作符需要背压的场景。

在 Flowable 中可以利用指定的 BackpressureStrategy 类型构建所需要的背压策略。

```
public enum BackpressureStrategy {
    /**
     * The {@code onNext} events are written without any buffering or dropping.
     * Downstream has to deal with any overflow.
     * <p>Useful when one applies one of the custom-parameter onBackpressureXXX
operators.
     */
    MISSING,
    /**
```

```
        * Signals a {@link io.reactivex.rxjava3.exceptions.
MissingBackpressureException MissingBackpressureException}
        * in case the downstream can't keep up.
        */
       ERROR,
       /**
        * Buffers <em>all</em> {@code onNext} values until the downstream consumes it.
        */
       BUFFER,
       /**
        * Drops the most recent {@code onNext} value if the downstream can't keep up.
        */
       DROP,
       /**
        * Keeps only the latest {@code onNext} value, overwriting any previous value
if the
        * downstream can't keep up.
        */
       LATEST
    }
```

14.5.1 MISSING

通过 create 方法创建的 Flowable 没有指定背压策略，不会对通过 onNext 发射的数据做缓存或丢弃处理，需要下游通过背压操作符（onBackpressureBuffer()/onBackpressureDrop()/onBackpressureLatest()）指定背压策略。

14.5.2 ERROR

当使用 ERROR 类型的时候，需要注意不可超过 Flowable 缓存池数据大小上限，否则抛出 MissingBackpressureException 异常。

```
//例如这样抛出这个异常
    private fun flowableError(){
        Flowable.create(FlowableOnSubscribe<Long> {
            for (index in 1..129L)
                it.onNext(index)
        }, BackpressureStrategy.ERROR).subscribe {
            "$it".beLogD()
        }
    }
```

14.5.3 BUFFER

Flowable 的异步缓存池同 Observable 的一样，没有固定大小，可以无限制添加数据，不会抛出 MissingBackpressureException 异常，但会导致 OOM。

```
//该代码会导致 Android 产生 ANR 异常
private fun flowableBuffer(){
        Flowable.create(FlowableOnSubscribe<Long> {
```

```
            for (index in 1..Long.MAX_VALUE)
                it.onNext(index)
        }, BackpressureStrategy.BUFFER).subscribe {
            "$it".beLogD()
        }
    }
```

14.5.4 DROP

当缓存池满时，需要丢弃将要进入缓存池的数据，示例代码如下：

```
//打印[1,128]，其余丢弃
private fun flowableDrrop(){
        Flowable.create(FlowableOnSubscribe<Long> {
            for (index in 1..130L)
                it.onNext(index)
        }, BackpressureStrategy.DRROP).subscribe {
            "$it".beLogD()
        }
    }
```

14.5.5 LATEST

与 DROP 类似，当缓存池满后，会将最后一条数据强制放入缓存池中，示例代码如下：

```
//打印[1,128]以及 130
private fun flowableDrrop(){
        Flowable.create(FlowableOnSubscribe<Long> {
            for (index in 1..130L)
                it.onNext(index)
        }, BackpressureStrategy.LATEST).subscribe {
            "$it".beLogD()
        }
    }
```

面对不同的场景，需要利用合适的类型创建属于自己的背压策略 Flowable。

14.6 总结

本章讲述了 RxJava 的一些原理及其实现方式，特别是线程的切换和使用。另外，还讲述了不同类型的被观察者以及它们的特点。最后讲述了背压的特性。

第 15 章 Jetpack

近十多年来，客户端（包括前端）的架构正在不断迭代，经历了从 MVC、MVP 到 MVVM，再到 Clean Architecture。这对于开发者而言是一件很苦恼的事情，因此在 2017 年的 Google I/O 大会上，Google 推出了 Android Architecture Components（AAC），希望通过它来帮助 Android 开发者构建稳定、易于测试和维护的 Android 架构。

15.1 Jetpack 介绍

15.1.1 客户端的架构迭代

早期的 MVC 时代，在 Android 的开发中，所有的业务逻辑都写在 Activity/Fragment 中，高度耦合，难以复用，难以进行单元测试。并且，Activity/Fragment 充当了 View 和 Controller 两个角色，不符合关注点分离（Separation of Concerns，SoC）的原则。

关注点分离是只对与“特定概念、目标”（关注点）相关联的软件组成部分进行“标识、封装和操纵”的能力，即标识、封装和操纵关注点的能力，是处理复杂性的一个原则。由于关注点混杂在一起会导致复杂性大大增加，因此能够把不同的关注点分离开来、分别处理就是处理复杂性的一个原则、一种方法。

随后出现的 MVP 架构将 Presenter 与 View 进行绑定，并且将用户响应事件绑定到 Presenter 中。在 Presenter 层中，通过调用 Model 更新数据，通过调用 View 进行渲染 UI。

此时，Activity/Fragment 作为 View 层真正被解耦。

MVP 虽然做到了一定程度的解耦，但还是会造成 Presenter 与 View 有一定程度的紧耦合。

于是，客户端的开发又开始采用 MVVM 架构。在没有出现 Android Architecture Component 之前，一般采用 Google 官方推出的 DataBinding 在 XML 中声明数据绑定，使得 View 层可以绑定 ViewModel 层，在 ViewModel 中进行数据操作。ViewModel 只需要关注数据和业务逻辑，无须和

UI 打交道。一个 ViewModel 可以对应多个 View，软件的复用性得到了提升，并且 ViewModel 也便于进行单元测试。图 15-1 分别展示了 MVC、MVP、MVVM 模式。

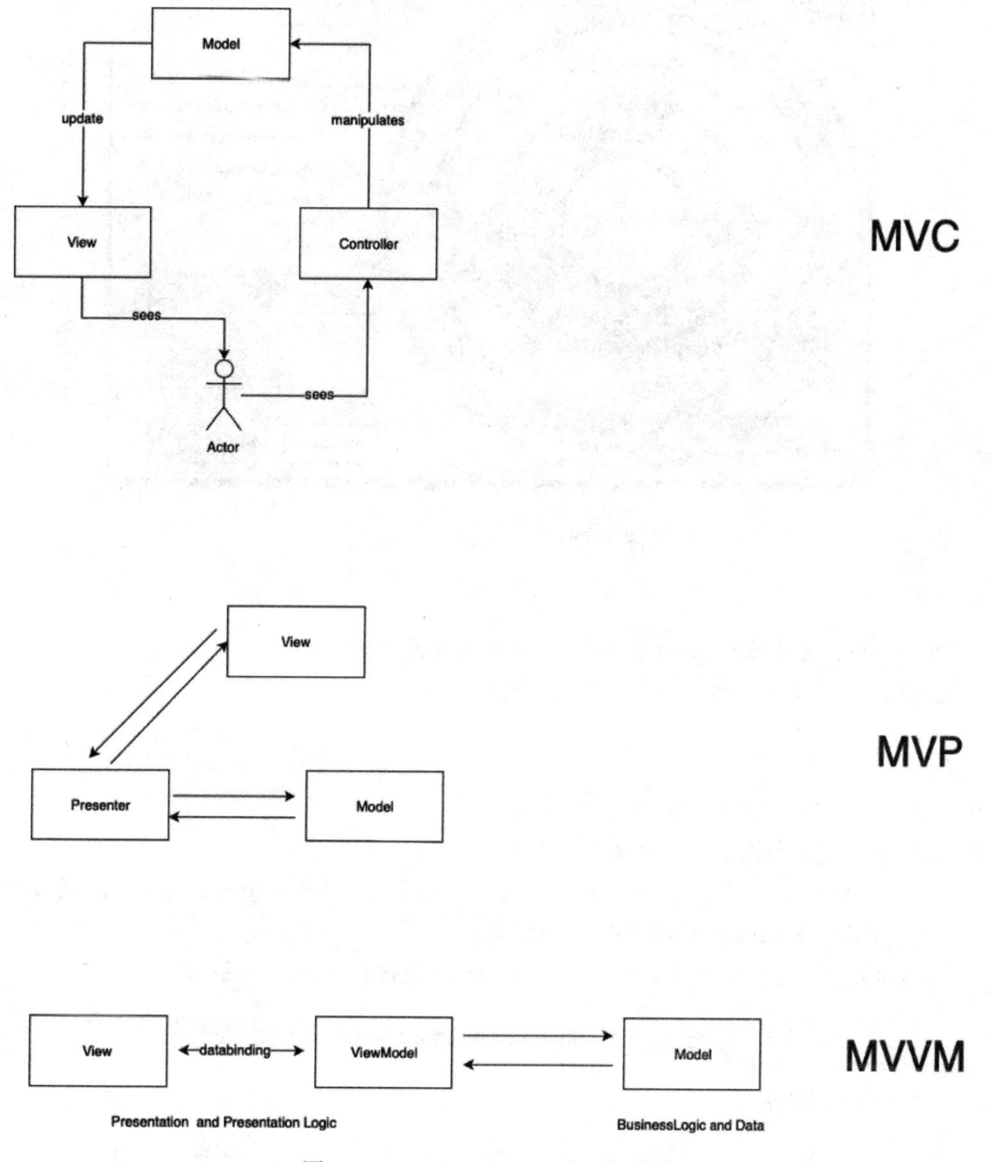

图 15-1 MVC、MVP、MVVM 模式

Uncle Bob 提出的 The Clean Architecture 如图 15-2 所示，最早并不是客户端的开发模式，而是描述了一种用于构建可扩展、可测试软件系统的概要原则。所以它是适用于当前各种语言的开发架构。

在 Android 中采用 The Clean Architecture 的通用结构如下：

外层：

- UI：包括Activity、Fragment、Adapter等相关代码。
- 存储：Interactors访问和存储数据所需要使用的接口代码。
- 网络：例如使用Retrofit框架。

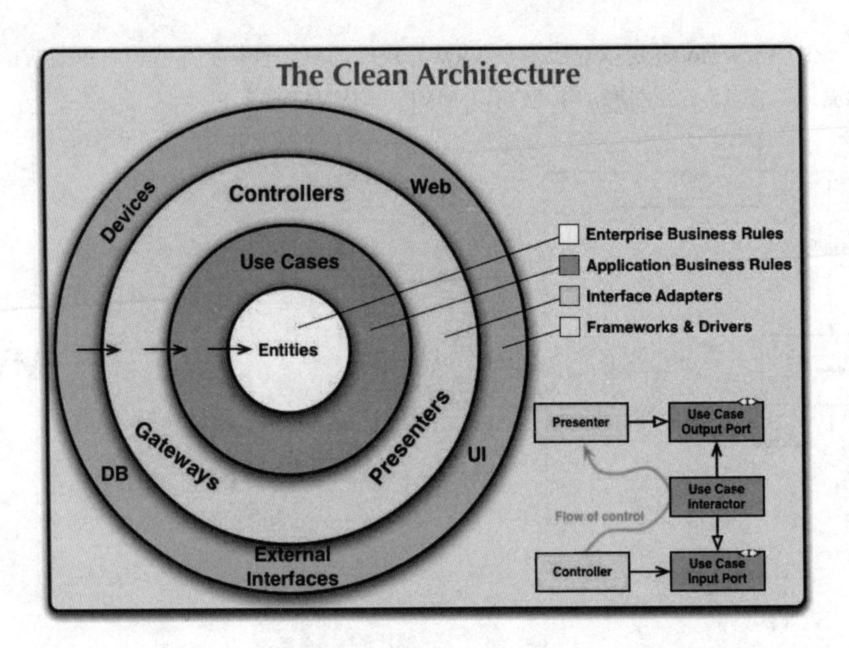

图 15-2 The Clean Architecture

中间层：

- Presenters：负责处理来自UI的事件和内层模块的回调。
- Converters：负责内层模型与外层模块的相互转换工作。

内层：

- Interactors：包含真正的业务逻辑代码。
- Models：是业务模型，用于操作业务逻辑。
- Repositories：是一个典型的Repository模式，包含数据库或其他一些外层实现的接口。这些接口被用来通过Interactors访问和存储数据。
- Executor：通过使用一个工作线程使Interactors运行在后台的代码。

介绍完当前主流的架构，但是“Architecture is About Intent, not Frameworks”。

15.1.2 AAC 的功能

目前，AAC 已经是 Android Jetpack 的一部分，AAC 包含以下 4 个组件：

- LifeCycle：LifeCycle能够管理Activity和Fragment的生命周期。
- LiveData：LiveData是一个可被观察的数据持有类。与常规Observable不同，LiveData是有生命周期感知的，这意味着它尊重其他应用程序组件的生命周期，例如activities、fragments或services。此感知确保LiveData仅更新处于活动生命周期状态的应用程序组件观察者。
- ViewModel：ViewModel用来存储和管理UI相关的数据，它能够持有LiveData。
- Room：Room是一个SQLite对象映射库。使用它来避免样板代码并轻松地将SQLite数据转换为Java对象。Room提供SQLite语句的编译时检查，可以返回RxJava和LiveData Observable。

图 15-3 展示了 AAC 各个模块的架构以及它们之间的交互。

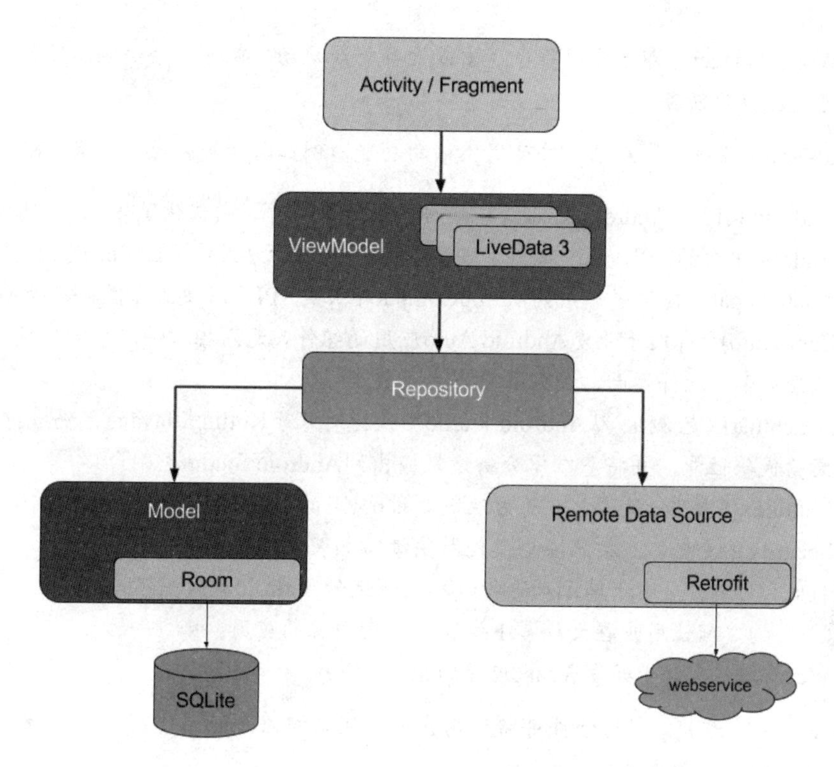

图 15-3　AAC 各个模块的架构以及它们之间的交互

15.1.3　Android Jetpack

Jetpack 是谷歌在 2018 年的谷歌 I/O 大会上发布的一系列辅助 Android 开发者的实用工具集。Android Jetpack 集合了一系列的开发库，旨在帮助开发者更容易地创作高质量的应用，同时也更好地兼容老旧版本的 Android 系统。

Jetpack 覆盖 4 个方面：

- Architecture（架构）：架构组件可帮助开发者设计稳健、可测试且易维护的应用。
  - Data Binding（数据绑定）：数据绑定库是一种支持库，借助该库可以使用声明式将布局中的界面组件绑定到应用中的数据源。
  - Lifecycles：方便管理Activity和Fragment生命周期，帮助开发者书写更轻量、易于维护的代码。
  - ViewModel：以生命周期感知的方式存储和管理与UI相关的数据。
  - LiveData：是一个可观察的数据持有者类。与常规Observable不同，LiveData是有生命周期感知的。
  - Navigation：处理应用内导航所需的一切。
  - Room：Room持久性库在SQLite上提供了一个抽象层，帮助开发者更友好、流畅地访问SQLite数据库。
  - Paging：帮助开发者一次加载和显示小块数据。按需加载部分数据可减少网络带宽和系统资源的使用。

    - WorkManager：即使应用程序退出或设备重新启动，也可以轻松地调度预期将要运行的可延迟异步任务。

- Foundation（基础）：基础组件可提供横向功能，例如向后兼容性、测试和Kotlin语言支持。
    - Android KTX：Android KTX是一组 Kotlin扩展程序，它优化了供Kotlin使用的Jetpack和Android平台的API，以更简洁、更愉悦、更惯用的方式使用Kotlin进行Android开发。
    - AppCompat：提供了一系列以AppCompat开头的API，以便兼容低版本的Android开发。
    - Cars(Auto)：有助于开发Android Auto应用的组件，无须担心特定车辆的硬件差异（如屏幕分辨率、软件界面、旋钮和触摸式控件）。
    - Benchmark（检测）：从Android Studio中快速对基于Kotlin或Java的代码进行基准化分析。衡量代码性能，并将基准化分析结果输出到Android Studio控制台。
    - Multidex（多Dex处理）：为方法数超过64KB的应用启用多Dex文件。
    - Security（安全）：按照安全最佳做法读写加密文件和共享偏好设置。
    - Test（测试）：用于单元和运行时界面测试的Android测试框架。
    - TV：构建可让用户在大屏幕上体验沉浸式内容的应用。
    - Wear OS：有助于开发Wear 应用的组件。

- Behavior（行为）：行为组件可帮助用户的应用与标准Android服务（如通知、权限、分享和Google助理）相集成。
    - CameraX：帮助开发者简化相机应用的开发工作。它提供一致且易于使用的API界面，适用于大多数Android设备，并可向后兼容至Android 5.0（API级别21）。
    - DownloadManager（下载管理器）：可处理长时间运行的HTTP下载，并在出现故障、连接更改和系统重新启动后重试下载。
    - Media & Playback（媒体&播放）：用于媒体播放和路由（包括Google Cast）的向后兼容API。
    - Notifications（通知）：提供向后兼容的通知API，支持Wear和Auto。
    - Permissions（权限）：用于检查和请求应用权限的兼容性API。
    - Preferences（偏好设置）：提供了用户能够改变应用的功能和行为能力。
    - Sharing（共享）：提供适合应用操作栏的共享操作。
    - Slices（切片）：创建可在应用外部显示应用数据的灵活界面元素。

- UI（界面）：界面组件可提供微件和辅助程序，让App不仅简单易用，还能带来愉悦体验。
    - Animation & Transitions（动画&过度）：提供各类内置动画，也可以自定义动画效果。
    - Emoji（表情符号）：使用户在未更新系统版本的情况下也可以使用表情符号。
    - Fragment：组件化界面的基本单位。
    - Layout（布局）：XML书写的界面布局或者使用Compose完成的界面。
    - Palette（调色板）：从调色板中提取出有用的信息。

15.2 Lifecycle

15.2.1 Lifecycle 介绍

Jetpack 的 Lifecycle 可以构建感知生命周期的组件，这些组件根据 Activity、Fragment 的当前生命周期状态自动调整其行为。并且，LiveData 与 ViewModel 的 Lifecycle 也依赖于 Lifecycle。由此可见，Lifecycle 是 AAC 的基础。

先来看一下 Lifecycle 的源码：

```
public abstract class Lifecycle {

    @MainThread
    public abstract void addObserver(@NonNull LifecycleObserver observer);
    @MainThread
    public abstract void removeObserver(@NonNull LifecycleObserver observer);
    @MainThread
    @NonNull
    public abstract State getCurrentState();
    @SuppressWarnings("WeakerAccess")
    public enum Event {
        ON_CREATE,
        ON_START,
        ON_RESUME,
        ON_PAUSE,
        ON_STOP,
        ON_DESTROY,
        ON_ANY
    }

    @SuppressWarnings("WeakerAccess")
    public enum State {
        DESTROYED,
        INITIALIZED,
        CREATED,
        STARTED,
        RESUMED;
        public boolean isAtLeast(@NonNull State state) {
            return compareTo(state) >= 0;
        }
    }
}
```

Lifecycle 包含三个方法：addObserver()、removeObserver()和 getCurrentState()。

addObserver()方法将实现了 LifecycleObserver 接口的对象作为参数传入，完成注册监听。removeObserver()移除传入的观察者。getCurrentState()返回 Lifecycle 当前的 State。

Lifecycle 还拥有两个枚举类，它们用来跟踪其关联组件的生命周期状态，如图 15-4 所示。

- Event：从框架和Lifecycle类调度的生命周期事件。这些事件映射到Activity和Fragment的回调事件中。
- State：Lifecycle对象跟踪的组件的当前状态。

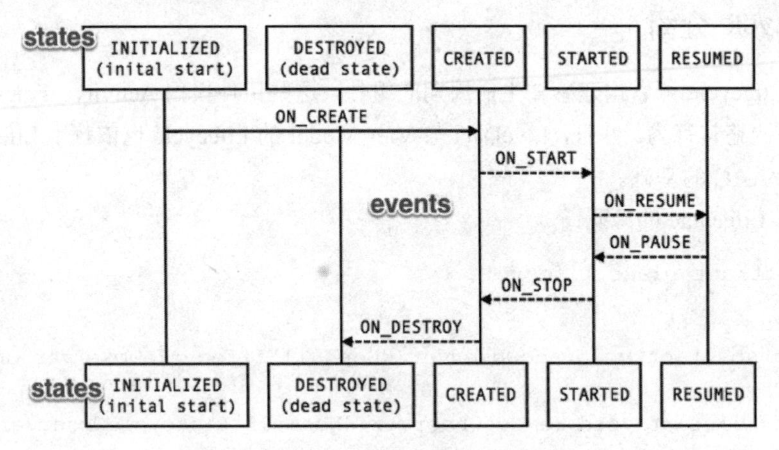

图 15-4 Lifecycle 的生命周期

在 Lifecycle 组件中，还有一些重要的类：

- LifecycleOwner：LifecycleOwner是一个接口，该接口只有一个getLifecycle()方法，所以实现该接口的类会持有Lifecycle对象。所持有的Lifecycle对象的改变会被其注册的观察者LifecycleObserver观察到，并触发对应的事件。在Support Library 26.1.0之后的版本，AppCompatActivity和Fragment都已实现 LifecycleOwner接口。
- LifecycleRegistry：LifecycleRegistry是Lifecycle的子类。如果想要自己实现LifecycleOwner接口，可以借助LifecycleRegistry进行State的转换和处理Event事件的分发。本质上，Fragment使用LifecycleRegistry来接受和处理Event事件（而AppCompatActivity是通过ReportFragment去接受和处理Event事件的）。
- LifecycleObserver：LifecycleObserver是一个接口，它通过Lifecycle的addObserver()方法注册监听（此Lifecycle可以通过LifecycleOwner的getLifecycle()方法获得）。因此，LifecycleObserver的实现类能够感知LifecycleOwner的生命周期事件。

15.2.2 Lifecycle 的使用

首先，创建一个 LifecycleObserver 接口的实现类 LifeCycleListener，并使用@OnLifecycleEvent绑定 Activity 对应生命周期的函数。

```
class LifeCycleListener : LifecycleObserver {

    @OnLifecycleEvent(Lifecycle.Event.ON_CREATE)
    fun onCreate() {
        Log.d(TAG, "onCreate")
    }
    @OnLifecycleEvent(Lifecycle.Event.ON_START)
    fun onStart() {
```

```
        Log.d(TAG, "onStart")
    }

    @OnLifecycleEvent(Lifecycle.Event.ON_RESUME)
    fun onResume() {
        Log.d(TAG, "onResume")
    }

    @OnLifecycleEvent(Lifecycle.Event.ON_PAUSE)
    fun onPause() {
        Log.d(TAG, "onPause")
    }

    @OnLifecycleEvent(Lifecycle.Event.ON_STOP)
    fun onStop() {
        Log.d(TAG, "onStop")
    }

    @OnLifecycleEvent(Lifecycle.Event.ON_DESTROY)
    fun onDestroy() {
        Log.d(TAG, "onDestroy")
    }

    @OnLifecycleEvent(Lifecycle.Event.ON_ANY)
    fun onAny() {
        Log.d(TAG, "onAny")
    }

    companion object {
        private val TAG = "LifeCycleListener"
    }
}
```

然后，在 Activity1 中使用 lifecycle（AppCompatActivity 已经实现了 LifecycleOwner 接口，此处的 lifecycle 等价于使用 getLifecycle()）去绑定 LifeCycleListener 对象。

```
class Activity1: AppCompatActivity() {
    override fun onCreate(savedInstanceState: Bundle?) {
        super.onCreate(savedInstanceState)
        lifecycle.addObserver(LifeCycleListener())
    }
}
```

打开该页面会打印：

```
    2018-10-09 19:22:24.870 18667-18667/com.kotlin.tutorial.aac D/LifeCycleListener:
onCreate
    2018-10-09 19:22:24.870 18667-18667/com.kotlin.tutorial.aac D/LifeCycleListener:
onAny
    2018-10-09 19:22:24.873 18667-18667/com.kotlin.tutorial.aac D/LifeCycleListener:
onStart
    2018-10-09 19:22:24.873 18667-18667/com.kotlin.tutorial.aac D/LifeCycleListener:
onAny
```

```
2018-10-09 19:22:24.882 18667-18667/com.kotlin.tutorial.aac D/LifeCycleListener:
onResume
2018-10-09 19:22:24.882 18667-18667/com.kotlin.tutorial.aac D/LifeCycleListener:
onAny
```

切换到后台会打印：

```
2018-10-09 19:23:27.870 18667-18667/com.kotlin.tutorial.aac D/LifeCycleListener:
onPause
2018-10-09 19:23:27.870 18667-18667/com.kotlin.tutorial.aac D/LifeCycleListener:
onAny
2018-10-09 19:23:27.913 18667-18667/com.kotlin.tutorial.aac D/LifeCycleListener:
onStop
2018-10-09 19:23:27.913 18667-18667/com.kotlin.tutorial.aac D/LifeCycleListener:
onAny
```

从后台切换到前台会打印：

```
2018-10-09 19:24:36.710 18667-18667/com.kotlin.tutorial.aac
D/LifeCycleListener: onStart
2018-10-09 19:24:36.710 18667-18667/com.kotlin.tutorial.aac
D/LifeCycleListener: onAny
2018-10-09 19:24:36.711 18667-18667/com.kotlin.tutorial.aac
D/LifeCycleListener: onResume
2018-10-09 19:24:36.711 18667-18667/com.kotlin.tutorial.aac
D/LifeCycleListener: onAny
```

关闭该页面会打印：

```
2018-10-09 19:25:15.732 18667-18667/com.kotlin.tutorial.aac D/
LifeCycleListener: onPause
2018-10-09 19:25:15.732 18667-18667/com.kotlin.tutorial.aac D/
LifeCycleListener: onAny
2018-10-09 19:25:16.114 18667-18667/com.kotlin.tutorial.aac D/
LifeCycleListener: onStop
2018-10-09 19:25:16.114 18667-18667/com.kotlin.tutorial.aac D/
LifeCycleListener: onAny
2018-10-09 19:25:16.114 18667-18667/com.kotlin.tutorial.aac D/
LifeCycleListener: onDestroy
2018-10-09 19:25:16.114 18667-18667/com.kotlin.tutorial.aac D/
LifeCycleListener: onAny
```

对于没有实现LifecycleOwner的Activity，可以自己实现LifecycleOwner接口，并使用LifecycleRegistry标记生命周期的状态。

```
class Activity2: Activity(), LifecycleOwner {
    private lateinit var mLifecycleRegistry: LifecycleRegistry
    override fun onCreate(savedInstanceState: Bundle?) {
        super.onCreate(savedInstanceState)
        mLifecycleRegistry = LifecycleRegistry(this)
        mLifecycleRegistry.markState(Lifecycle.State.CREATED)
```

```
        getLifecycle().addObserver(LifeCycleListener())
    }

    override fun getLifecycle(): Lifecycle = mLifecycleRegistry

    @Override
    override fun onStart() {
        super.onStart();
        mLifecycleRegistry.markState(Lifecycle.State.STARTED);
    }

    @Override
    override fun onResume() {
        super.onResume();
        mLifecycleRegistry.markState(Lifecycle.State.RESUMED);
    }

    @Override
    override fun onDestroy() {
        super.onDestroy();
        mLifecycleRegistry.markState(Lifecycle.State.DESTROYED);
    }
}
```

15.2.3 Retrofit 结合 Lifecycle

我们新的 App 已经采用了 AAC，所以在版本迭代过程中考虑替换掉 RxLifecycle。基于 Kotlin 的扩展函数和 RxJava 的特性，以及参考了 https://github.com/YvesCheung/LiveDataToRxJava 这个库。

笔者做了一个 Lifecycle、LiveData 的扩展库，GitHub 地址：https://github.com/fengzhizi715/LiveDataExtension。

它其中的一个功能：支持 RxJava 的 Observable、Flowable、Completable、Single、Maybe 绑定 AAC 的 Lifecycle。通过它们的扩展函数 bindLifecycle()实现。

例如在 LoginViewModel 中，login()函数大致是这样写的，并使用 RxLifecycle：

```
fun login(activity:AppCompatActivity): Observable<LoginResponse> {
    val param = LoginParam()
    param.phoneNo = phoneNumber.value.toString()
    param.zoneCode = zoneCode
    param.validationCode = verificationCode.value.toString()
    return RetrofitManager.get()
            .apiService()
            .login(param)
            .compose(RxJavaUtils.observableToMain())
            .compose(RxLifecycle.bind(activity).toLifecycleTransformer());
}
```

使用新的库之后，可以这样写：

```
fun login(owner: LifecycleOwner): Observable<LoginResponse> {
    val param = LoginParam()
```

```
        param.phoneNo = phoneNumber.value.toString()
        param.zoneCode = zoneCode
        param.validationCode = verificationCode.value.toString()

        return RetrofitManager.get()
                .apiService()
                .login(param)
                .compose(RxJavaUtils.observableToMain())
                .bindLifecycle(owner)
    }
```

感兴趣的读者可以阅读 LiveDataExtension 这个库相关的源码。

15.3 ViewModel

15.3.1 ViewModel 介绍

AAC 提供的 ViewModel 实现了对 View 层的数据操作的解耦。

ViewModel 有以下几个特性：

- 手机屏幕旋转或者Activity重建时，ViewModel中的数据仍然能够使用，无须重新获取数据。
- 实现Fragment之间、Activity与Fragment之间的通信以及数据共享。
- ViewModel不能持有View层的引用。
- ViewModel的生命周期跟Activity、Fragment无关。

图 15-5 显示，ViewModel 可能会在 Activity 各种生命周期的状态进行工作。同样，ViewModel 也可能会在 Fragment 各种生命周期的状态进行工作。

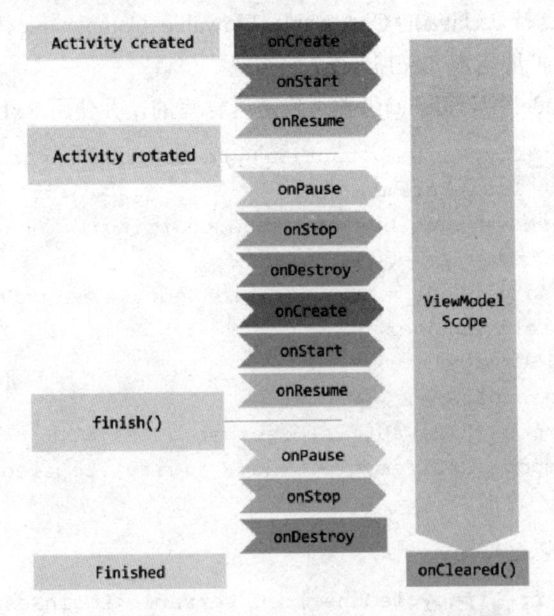

图 15-5 ViewModel 在 Activity 各种生命周期的状态进行工作

只有当 Activity、Fragment 真正结束的时候，ViewModel 才会调用 onCleared 方法。此时，我们需要在 onCleared()中清除不再使用的资源。

15.3.2 ViewModel 的使用

通常，我们会使用 ViewModelProviders 来为 Activity、Fragment 创建 ViewModel，例如：

```
class AboutusActivity : BaseActivity() {
    private lateinit var viewModel: VersionViewModel
    ...
    override fun onCreate(savedInstanceState: Bundle?) {
        super.onCreate(savedInstanceState)
        setContentView(R.layout.activity_about_us)

        initView()
        initData()
    }
    @SuppressLint("SetTextI18n")
    private fun initView() {
        viewModel = ViewModelProviders.of(this).get(VersionViewModel::
class.java)
        viewModel.getVersion()
                .bindToLifecycle(this)
                .subscribe({
                    ...
                }, {
                    ...
                })

        ...
    }

    ...
}
```

如果 App 没有采用 Repository 模式，一般会在 ViewModel 中直接完成网络请求的操作。

```
class AboutUsViewModel : BaseViewModel() {
    fun getVersion(owner: LifecycleOwner): Maybe<HttpResponse
<VersionResponse>> =
            apiService.getVersion()
                    .compose(RxJavaUtils.maybeToMain())
                    .bindLifecycle(owner)
    ...
}
```

其中，BaseViewModel 继承自 ViewModel，在我们的项目中它还包含 apiService 对象，方便 ViewModel 的子类使用 apiService。

```
open class BaseViewModel : ViewModel() {
    var apiService: APIService = App.coreComponent.apiService()
}
```

15.3.3 使用 Kotlin 委托属性创建 ViewModel

如果不想为每一个 Activity、Fragment 都按照上面的方式来创建 ViewModel 的话，首先会想到使用 Dagger2 对 ViewModel 进行依赖注入。

当然，还有一种更简洁的方式是通过委托来创建 ViewModel。最初，笔者也使用过 Dagger2 来创建 ViewModel，后来还是觉得委托的方式更简洁。

在第 5 章曾经详细介绍过 Kotlin 的委托机制。

创建一个 ViewModelDelegate 以及两个扩展函数：

```
class ViewModelDelegate<out T : BaseViewModel>(private val clazz: KClass<T>,
private val fromActivity: Boolean) {

    private var viewModel: T? = null
    operator fun getValue(thisRef: BaseActivity, property: KProperty<*>) =
buildViewModel(activity = thisRef)

    operator fun getValue(thisRef: BaseFragment, property: KProperty<*>) = if
(fromActivity)
        buildViewModel(activity = thisRef.activity as? BaseActivity
                ?: throw IllegalStateException("Activity must be as
BaseActivity"))
    else buildViewModel(fragment = thisRef)

    private fun buildViewModel(activity: BaseActivity? = null, fragment:
BaseFragment? = null): T {
        if (viewModel != null) return viewModel!!
        activity?.let {
            viewModel = ViewModelProviders.of(it).get(clazz.java)
        } ?: fragment?.let {
            viewModel = ViewModelProviders.of(it).get(clazz.java)
        } ?: throw IllegalStateException("Activity or Fragment is null! ")
        return viewModel!!
    }
}

fun <T : BaseViewModel> BaseActivity.viewModelDelegate(clazz: KClass<T>) =
ViewModelDelegate(clazz, true)
//fromActivity默认为true,viewModel生命周期默认跟activity相同,by aaron 2018/7/24
fun <T : BaseViewModel> BaseFragment.viewModelDelegate(clazz: KClass<T>,
fromActivity: Boolean = true) = ViewModelDelegate(clazz, fromActivity)
```

其中，BaseActivity、BaseFragment 是项目中使用的类，读者也可以替换成自己项目对应的类。BaseActivity、BaseFragment 的扩展函数 viewModelDelegate()支持在 Activity、Fragment 中生成对应的 ViewModel。

使用委托代理的方式来创建之前例子的 ViewModel：

```
class AboutusActivity : BaseActivity() {

    private val viewModel by viewModelDelegate(AboutUsViewModel::class)
```

```
    ...

    override fun onCreate(savedInstanceState: Bundle?) {
        super.onCreate(savedInstanceState)
        setContentView(R.layout.activity_about_us)

        initView()
        initData()
    }

    @SuppressLint("SetTextI18n")
    private fun initView() {

        viewModel.getVersion()
                .bindToLifecycle(this)
                .subscribe({
                    ...
                }, {
                    ...
                })

        ...
    }

    ...
}
```

15.3.4 AndroidViewModel

前面曾介绍过，ViewModel 不能持有 View 层的引用。例如当 Activity 重新创建时，如果 ViewModel 并没有被销毁，就会导致内存泄漏。

但是凡事都有例外，如果需要在 ViewModel 中使用 Context，则可以使用 AndroidViewModel，因为 AndroidViewModel 包含 Application Context。否则使用 ViewModel，并且 AndroidViewModel 是 ViewModel 的子类。

15.3.5 ViewModel 源码简单分析

在 ViewModel 组件中，一些重要的类如下：

- ViewModel：这是一个抽象类，只有一个onCleared()方法，该方法在ViewModel结束生命周期时被调用。
- ViewModelProviders：ViewModel 的工具类，该类提供了 4 个 of() 方法用于创建 ViewModelProvider对象。
- ViewModelProvider：是真正创建ViewModel的类。ViewModelProvider包含两个重要的对象：Factory 和 ViewModelStore。通过 Factory 来创建 ViewModel 和 AndroidViewModel。通过 ViewModelStore存储ViewModel。
- ViewModelStore：ViewModel的存储类，将ViewModel保存到HashMap。

- ViewModelStores：ViewModelStore的工厂类，用于创建ViewModelStore。在创建ViewModelStore时，Activity、Fragment如果没有实现ViewModelStoreOwner接口，会分别创建一个holderFragment并添加到Activity、Fragment上。

下面以Activity创建ViewModel为例，简单地对ViewModel组件进行源码分析。

首先调用ViewModelProviders的of()来创建ViewModelProvider。

```
@NonNull
@MainThread
public static ViewModelProvider of(@NonNull FragmentActivity activity) {
    return of(activity, null);
}

@NonNull
@MainThread
public static ViewModelProvider of(@NonNull FragmentActivity activity,
        @Nullable Factory factory) {
    Application application = checkApplication(activity);
    if (factory == null) {
        factory = ViewModelProvider.AndroidViewModelFactory.
getInstance(application);
    }
    return new ViewModelProvider(ViewModelStores.of(activity), factory);
}
```

在创建ViewModelProvider时：

```
new ViewModelProvider(ViewModelStores.of(activity), factory);
```

ViewModelStores.of(activity)用于生成ViewModelStore：

```
@NonNull
@MainThread
public static ViewModelStore of(@NonNull FragmentActivity activity) {
    if (activity instanceof ViewModelStoreOwner) {
        return ((ViewModelStoreOwner) activity).getViewModelStore();
    }
    return holderFragmentFor(activity).getViewModelStore();
}
```

如果传入的Activity并没有实现ViewModelStoreOwner接口，就会调用HolderFragment的holderFragmentFor()创建一个无界面的HolderFragment，该Fragment实现了ViewModelStoreOwner接口。

```
public static HolderFragment holderFragmentFor(FragmentActivity activity) {
    return sHolderFragmentManager.holderFragmentFor(activity);
}
```

sHolderFragmentManager是HolderFragment的静态内部类HolderFragmentManager对象。

```
    private static HolderFragment createHolderFragment(FragmentManager
fragmentManager) {
```

```
            HolderFragment holder = new HolderFragment();
            fragmentManager.beginTransaction().add(holder,
HOLDER_TAG).commitAllowingStateLoss();
            return holder;
        }

        HolderFragment holderFragmentFor(FragmentActivity activity) {
            FragmentManager fm = activity.getSupportFragmentManager();
            HolderFragment holder = findHolderFragment(fm);
            if (holder != null) {
                return holder;
            }
            holder = mNotCommittedActivityHolders.get(activity);
            if (holder != null) {
                return holder;
            }

            if (!mActivityCallbacksIsAdded) {
                mActivityCallbacksIsAdded = true;
                activity.getApplication().registerActivityLifecycleCallbacks
(mActivityCallbacks);
            }
            holder = createHolderFragment(fm);
            mNotCommittedActivityHolders.put(activity, holder);
            return holder;
        }
```

在createHolderFragment()中，我们会发现HolderFragment()构造函数调用了setRetainInstance(true)。该方法表明，当设备旋转时，HolderFragment所在的Activity会被重建，但HolderFragment不会被重建，并且在需要时原封不动地传递给新的Activity。

在生成完ViewModelProvider之后，通过get()返回ViewModel对象，因为ViewModelProvider包含ViewModelStore，ViewModelStore内部维护着一个存储ViewModel的hashmap。如果ViewModelStore获取不到ViewModel的话，会通过Factory来创建ViewModel。

```
    @NonNull
    @MainThread
    public <T extends ViewModel> T get(@NonNull Class<T> modelClass) {
        String canonicalName = modelClass.getCanonicalName();
        if (canonicalName == null) {
            throw new IllegalArgumentException("Local and anonymous classes can
not be ViewModels");
        }
        return get(DEFAULT_KEY + ":" + canonicalName, modelClass);
    }

    @NonNull
    @MainThread
```

```
    public <T extends ViewModel> T get(@NonNull String key, @NonNull Class<T>
modelClass) {
        ViewModel viewModel = mViewModelStore.get(key);

        if (modelClass.isInstance(viewModel)) {
            //noinspection unchecked
            return (T) viewModel;
        } else {
            //noinspection StatementWithEmptyBody
            if (viewModel != null) {
                //TODO: log a warning.
            }
        }
        viewModel = mFactory.create(modelClass);
        mViewModelStore.put(key, viewModel);
        //noinspection unchecked
        return (T) viewModel;
    }
```

ViewModelProvider 的 NewInstanceFactory、AndroidViewModelFactory 是通过反射来创建 ViewModel、AndroidViewModel 的。

```
    public static class NewInstanceFactory implements Factory {
        @SuppressWarnings("ClassNewInstance")
        @NonNull
        @Override
        public <T extends ViewModel> T create(@NonNull Class<T> modelClass) {
            //noinspection TryWithIdenticalCatches
            try {
                return modelClass.newInstance();
            } catch (InstantiationException e) {
                throw new RuntimeException("Cannot create an instance of " +
modelClass, e);
            } catch (IllegalAccessException e) {
                throw new RuntimeException("Cannot create an instance of " +
modelClass, e);
            }
        }
    }
    public static class AndroidViewModelFactory extends
ViewModelProvider.NewInstanceFactory {
        ...
        @NonNull
        @Override
        public <T extends ViewModel> T create(@NonNull Class<T> modelClass) {
            if (AndroidViewModel.class.isAssignableFrom(modelClass)) {
                //noinspection TryWithIdenticalCatches
                try {
```

```
                return modelClass.getConstructor(Application.class).
newInstance(mApplication);
            } catch (NoSuchMethodException e) {
                throw new RuntimeException("Cannot create an instance of " +
modelClass, e);
            } catch (IllegalAccessException e) {
                throw new RuntimeException("Cannot create an instance of " +
modelClass, e);
            } catch (InstantiationException e) {
                throw new RuntimeException("Cannot create an instance of " +
modelClass, e);
            } catch (InvocationTargetException e) {
                throw new RuntimeException("Cannot create an instance of " +
modelClass, e);
            }
        }
        return super.create(modelClass);
    }
}
```

到这里，完成了一个 ViewModel 的创建。对于 ViewModel 如何能够实现 Fragment 之间、Activity 与 Fragment 之间的通信，会在下一节讲到。

15.4 LiveData

15.4.1 LiveData 介绍

1. LiveData

LiveData 是一个可被观察的数据持有类，具有生命周期的感知。

使用 LiveData 时，观察者（Observer）与被观察者（LifecycleOwner）成对出现。当 LiveData 持有的包装过的数据有变化时，它的感知能力确保只有处于 STARTED 或 RESUMED 状态的组件才能收到 LiveData 的更新。

LiveData 的优点如下：

- 确保UI和数据的状态保持一致。
- 没有内存泄漏。
- 在Activities停止时不会产生Crash。
- 无须手动管理生命周期。
- 当Activity从后台回到前台、屏幕旋转或者语言等配置改变时，确保数据是最新的。
- 共享资源。

2. MutableLiveData

MutableLiveData 是 LiveData 的子类，MultableLiveData 通过 setValue(T)和 postValue(T)方法来更新 LiveData 中的数据。

setValue()用于在主线程中更新值，postValue()则用于在工作线程中更新值。

3. MediatorLiveData

MediatorLiveData 是 MutableLiveData 的子类，可观察多个 LiveData 对象，响应来自所观察 LiveData 对象的 onChanged 事件。

MediatorLiveData 有点类似于 RxJava 中的 merge 操作符。

15.4.2 LiveData 的使用

举一个自定义 LiveData 的例子，它对外暴露的主要方法是 updateValue()，用于更新数据。

```
class MyLiveData : LiveData<AtomicInteger>() {
    var atomicInteger:AtomicInteger = AtomicInteger(0)
    override fun onActive() {
        super.onActive()
        Log.d(TAG, "onActive")
    }

    override fun onInactive() {
        super.onInactive()
        Log.d(TAG, "onInactive")
    }
    override fun setValue(value: AtomicInteger?) {
        super.setValue(value)
        Log.d(TAG, "$value")
    }
    fun updateValue(value: AtomicInteger?) {
        value?.let {
            it.incrementAndGet()
            setValue(value)
        }
    }
    companion object {
        private val TAG = MyLiveData::class.java.simpleName
    }
}
```

每次单击 text 文本，MyLiveData 都会更新它自身 atomicInteger 属性的值，并显示每次的点击次数到 text 文本。

```
class Activity3: AppCompatActivity() {
    var data = MyLiveData()
    override fun onCreate(savedInstanceState: Bundle?) {
```

```
        super.onCreate(savedInstanceState)
        setContentView(R.layout.activity_3)
        text.setOnClickListener {
            data.updateValue(data.atomicInteger)
        }
        data.observe(this, Observer<AtomicInteger> { t ->
            text.text = "点击次数: $t" //更新控件中的数据
            Log.d(TAG, "数据改变...$t")
        })
    }
    companion object {
        private val TAG = Activity3::class.java.simpleName
    }
}
```

这是因为，data 通过 observe()方法添加观察者，当 data 数据变化时，会通过回调方法通知观察者来更新 text 文本的内容。

15.4.3 在 ViewModel 中使用 LiveData

LiveData 一般会跟 ViewModel 配合使用。ViewModel 跟 View 层解耦，通常将 LiveData 对象作为 ViewModel 的属性。

下面的 FruitViewModel 通过模拟网络请求获取数据，并包装成 LiveData 对象。

```
class FruitViewModel: ViewModel() {
    private var fruitList: MutableLiveData<List<String>>? = null
    private val handler:Handler = Handler()

    override fun onCleared() {
        super.onCleared()
        Log.d(TAG, "onCleared");
    }
    fun getFruitList(): LiveData<List<String>> {

        if (fruitList == null) {
            fruitList = MutableLiveData<List<String>>()
            loadFruits()
        }
        return fruitList as LiveData<List<String>>
    }

    /**
     * 模拟网络请求，延迟 2.5s
     */
    private fun loadFruits(){
        handler.postDelayed({
            val list = ArrayList<String>()
            list.add("Apple")
            list.add("Banana")
```

```
            list.add("Orange")
            list.add("Pear")
            list.add("Watermelon")

            fruitList?.let {

                it.value = list
            }
        }, 2500)
    }
    companion object {
        private val TAG = FruitViewModel::class.java.simpleName
    }
}
```

在 Activity 中，给通过 ViewModel 获取的 LiveData 对象添加观察者。当 getFruitList()数据更新时，观察者也会更新 listView。

```
        val viewModel: FruitViewModel = ViewModelProviders.of(this).
get(FruitViewModel::class.java)
        viewModel.getFruitList().observe(this, Observer {
            var adapter: ArrayAdapter<String> = ArrayAdapter(this, android.R.
layout.simple_list_item_1,it)
            this.listView.adapter = adapter
            ...
        })
```

15.4.4 LiveData 实现 Fragment 之间的通信

Fragment 之间的通信有很多方式，例如通过接口回调的方式、使用 EventBus 等。

下面介绍通过 LiveData 实现 Fragment 之间的通信。

定义一个 ViewModel：

```
class SharedViewModel : ViewModel() {
    private val text : MutableLiveData<CharSequence> = MutableLiveData()
    fun setText(input: CharSequence) {
        text.value = input
    }

    fun getText() = text
}
```

再定义一个 Fragment，使用 viewModelDelegate 来生成对应的 ViewModel：

```
class Fragment1 : Fragment() {
    private val viewModel by viewModelDelegate(SharedViewModel::class)
    override fun onCreateView(
            inflater: LayoutInflater, container: ViewGroup?,
            savedInstanceState: Bundle?
    ): View? {
```

```
        val v = inflater.inflate(R.layout.fragment_1, container, false)

        v.button.setOnClickListener {
            viewModel.setText(edit.text.toString())
        }

        return v
    }

    override fun onActivityCreated(savedInstanceState: Bundle?) {
        super.onActivityCreated(savedInstanceState)

        viewModel.getText().observe(viewLifecycleOwner, Observer {
            text -> edit.setText(text)
        })
    }
}
```

viewModelDelegate 在 15.3 节已经介绍过。注意 Fragment 的扩展函数 viewModelDelegate()，fromActivity 的默认参数为 true。

```
    fun <T : ViewModel> Fragment.viewModelDelegate(clazz: KClass<T>, fromActivity:
Boolean = true) = ViewModelDelegate(clazz, fromActivity)
```

创建 viewModel 使用的 ViewModelProviders.of(it).get(clazz.java)中，of()方法共有 4 个重载，它可以接受 FragmentActivity、Fragment 对象。

若 fromActivity 的参数为 true，则 of()函数使用的是 FragmentActivity 对象。这样 Activity 所属的 Fragment 就可以通过 ViewModel 持有的 LiveData 来实现通信，从而达到数据共享。

若 fromActivity 的参数为 false，则 Activity 所属的 Fragment 不能达到数据共享的目的。

15.4.5 LiveData 源码简单分析

LiveData 是一个抽象类，它可以持有任何对象。它的主要方法包括：

- observe()：把Observer添加到LiveData对象。Observer只会在被观察者 LifecycleOwner 处于STARTED和RESUMED（活动状态）时才会收到。
- observeForever()：跟observe()方法类似。但是，Observer会一直收到数据变化的回调通知，并且需要手动删除Observer。
- onActive()：当LiveData对象处于活动状态的时候回调此方法。
- onInactive()：当LiveData对象没有活动的观察者的时候回调此方法，以便做一些清除操作。
- setValue(T)：用于更新 LiveData实例的值，并通知其他处于活动状态的观察者改变。
- postValue(T)：用于非UI线程更新持有数据。

其中，observe()方法传入的是被观察者和观察者。如果被观察者 LifecycleOwner 当前生命周期处于销毁状态，就直接返回。

```
    @MainThread
    public void observe(@NonNull LifecycleOwner owner, @NonNull Observer<? super
T> observer) {
```

```
        assertMainThread("observe");
        if (owner.getLifecycle().getCurrentState() == DESTROYED) {
            //ignore
            return;
        }
        LifecycleBoundObserver wrapper = new LifecycleBoundObserver(owner,
observer);
        ObserverWrapper existing = mObservers.putIfAbsent(observer, wrapper);
        if (existing != null && !existing.isAttachedTo(owner)) {
            throw new IllegalArgumentException("Cannot add the same observer"
                    + " with different lifecycles");
        }
        if (existing != null) {
            return;
        }
        owner.getLifecycle().addObserver(wrapper);
    }
```

接着，把被观察者和观察者包装成一个 LifecycleBoundObserver 对象。

LifecycleBoundObserver 继承自抽象类 ObserverWrapper，并实现了 LifecycleEventObserver 接口。LifecycleEventObserver 只有一个 onStateChanged()。当生命周期组件的生命周期发生变化的时候，就调用这个 onStateChanged()方法。

LifecycleBoundObserver 的 onStateChanged()也会判断 owner 当前的生命周期是否处于销毁状态。如果处于销毁状态，就移除当前观察者并返回。由于它移除了观察者，因此开发者就不用手动移除观察者了。

```
        @Override
        public void onStateChanged(LifecycleOwner source, Lifecycle.Event event) {
            if (mOwner.getLifecycle().getCurrentState() == DESTROYED) {
                removeObserver(mObserver);
                return;
            }
            activeStateChanged(shouldBeActive());
        }
```

对于 activeStateChanged()，它调用的是 ObserverWrapper 的 activeStateChanged()方法。

```
        void activeStateChanged(boolean newActive) {
            if (newActive == mActive) {
                return;
            }
            //immediately set active state, so we'd never dispatch anything to
inactive
            //owner
            mActive = newActive;
            boolean wasInactive = LiveData.this.mActiveCount == 0;
            LiveData.this.mActiveCount += mActive ? 1 : -1;
```

```
        if (wasInactive && mActive) {
            onActive();
        }
        if (LiveData.this.mActiveCount == 0 && !mActive) {
            onInactive();
        }
        if (mActive) {
            dispatchingValue(this);
        }
    }
```

在 activeStateChanged()中，onActive()、onInactive()是空方法。之前自定义的 MyLiveData 实现过这两个方法。

最后只有 Activity、Fragment 处于活动状态，才会调用 dispatchingValue()方法分发事件，并传入当前 ObserverWrapper 对象。如果它们在后台运行，就不会调用 dispatchingValue()。

当它们切换回前台生命周期发生改变，则依然会调用 LifecycleBoundObserver 中的 onStateChange()，并再次进入 activeStateChanged()中。此时 Activity、Fragment 处于活动状态，可以调用 dispatchingValue()。

15.5　Room 的用法

15.5.1　Room 的基本了解

Room 作为 Jetpack 的核心组件之一，其目的是通过对 SQLite 进行封装，从而更为便捷地操作数据库，如图 15-6 所示。

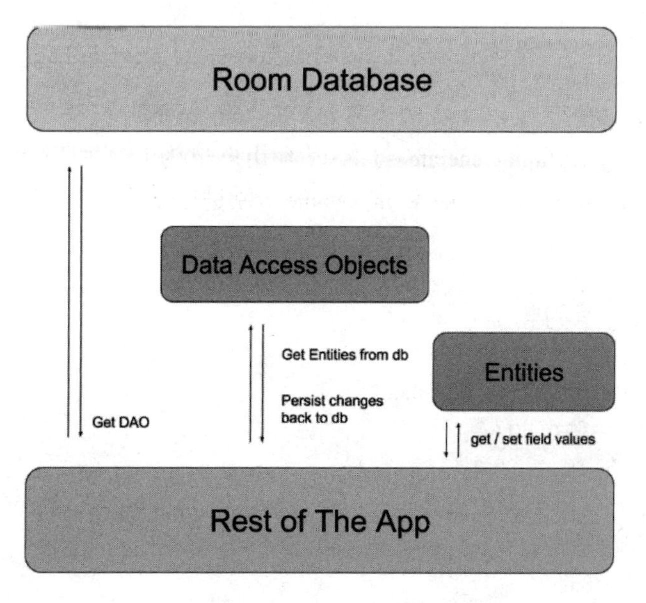

图 15-6　Room 的使用

注意，Room 是一个关系映射（ORM）库。Room 对 SQLite 进行抽象使用，在充分使用 SQLite 的同时，保持流畅的速度。

15.5.2 Room 的配置与使用

1. Room的配置

首先通过以下配置语句远程依赖使用 Room:

```
implementation 'androidx.room:room-runtime:2.2.4'
kapt 'androidx.room:room-compiler:2.2.5'
```

在讲解 Room 的使用之前，先简单介绍 Room 的一些注解，如表 15-1 所示。

表15-1 Room相关的注解

注 解	含 义
Entity	数据表名
ColumnInfo	作用于 Entity，对某些字段进行命名，若不使用，则 Entity 对象中的成员变量将会以其自身的命名作为数据表中的字段名
PrimaryKey	主键，设置 autoGenerate 是否为自增
Dao	数据库操作接口
Query	作用于 Dao 内可用于查询，也可用于条件删除
Insert	作用于 Dao 内用于插入数据
OnConflictStrategy	Insert 的配置选项
Delete	作用于 Dao 内用于删除数据
Database	数据库的注解，用以表明数据库，并且返回业务所需的 Dao 对象
Entities	作用于 Database 注解，表示业务需要多少张数据表

2. Room的基本使用

（1）Entity 的构建

首先，利用 Entity 注解表明示例数据表表名为 kille_tom_user。

其次，利用@PrimaryKey(autoGenerate = false)表明用户 id 为主键并且不可递增。

再次，利用 ColumnInfo 对 realName 和 nickName 分别进行数据字段命名。

```
@Entity(tableName = "kille_tom_user")
class UserEntity(
    @PrimaryKey(autoGenerate = false)
    val id: String,
    @ColumnInfo(name = "real_name")
    val realName: String?,
    @ColumnInfo(name = "nick_name")
    val nickName: String,
    val sex: String
)
```

（2）Dao的构建

Dao 的使用是声明好需要注解的接口，然后利用相关的注解对接口内的方法进行注解，最后Room会根据其内部的规则将相应的操作转化为实际的SQL操作。

```
@Dao
interface UserDao {

    @Query("select * from kille_tom_user where real_name is not null")
    fun getRealUsers():List<UserEntity>

    @Query("select max(age) from kille_tom_user")
    fun getMaxAge():Int?

    @Insert(onConflict = OnConflictStrategy.REPLACE)
    fun insertUpdate(userEntities:List<UserEntity>)

}
```

（3）Database的构建

Database需要声明一个抽象的类并且继承RoomDataBase，利用相关的注解将实际需要的数据表与它关联起来，并且通过使用的抽象方法返回操作的Dao对象，其余的实际操作会由Room在其内部实现实际需要返回的数据库对象让开发者操作。

```
@Database(
    entities = [
        (UserEntity::class)], version = 1, exportSchema = true
)
abstract class AppDB : RoomDatabase(){

    abstract fun getUserDao(): UserDao
}
```

3. 数据库的初始化以及全局单列

前面的示例代码演示了如何声明数据库的关键部件，接下来利用Room.databaseBuilde对声明的数据库对象进行构建。

注意，为了避免内存泄漏，最好使用Application中的context进行初始化，并且使用单列的方式创建数据库，以避免不必要的初始化。

例如可采用类似的方式构建初始化数据库。

```
object AppDBManager {
    private var db: AppDB? = null
    fun initDB(context: Application, uuid: String) {
        if (db == null){
            synchronized(AppDB::class.java){
                if (db == null){
                    db = Room.databaseBuilder(context.applicationContext,
AppDB::class.java, "${uuid}_${context::class.java.simpleName}_app_db")
```

```
                    .allowMainThreadQueries()
                    .build()
            }
        }
    }


    }

    @Throws
    fun getDB(): AppDB {
        return db ?: throw RuntimeException("LandRomDB Null")
    }

    fun clear() {
        db = null
    }
}
```

15.5.3 常用的 SQL 操作

前面我们学习了如何构建并初始化 Room，在这一小节中，我们将学习常用的 SQL 操作，例如简单的增删改查、模糊搜索、min()、max()等操作。

1. 查询操作

在 SQL 中，我们常常需要做一些查询操作，例如查询某一列、查求指定的最小值和最大值、模糊搜寻匹配等。

接下来针对 15.5.2 小节中的 UserEnitity 进行演示讲解。

（1）指定条件的查询

在 UserEntity 中，当 realName 不为空时，代表用户已经实名了。那么如何从 user 表中检索出已经实名的用户呢？可以通过以下方式实现：

```
@Query("select * from kille_tom_user where real_name is not null")
fun getRealUsers():List<UserEntity>
```

（2）模糊搜索查询

在 UserEntity 中，birthday 代表用户设置的生日，那么我们如何实现查询指定年份出生的用户呢？例如 1993 年出生的用户，可以使用 like 左匹配去建立查询。

- 在Room中使用like进行匹配搜索，“%”符号是不能写在SQL语句中的。
- 在Room中传递的参数必须用作SQL语句中的调用，否则编译时就会报错，引用时通过“:”符号与参数进行调用，示例如下：

```
@Query("select * from kille_tom_user where birthday like :year")
fun getBirthYearUser(year:String):List<UserEntity>

AppDBManager.getDB().getUserDao().getBirthYearUser("1993%")
```

（3）组合条件查询

针对（1）、（2）示例，我们可以实现类似的需求，查询已经实名的用户，并且指定固定年份出生的用户，例如1993年出生的用户并且已实名：

```
@Query("select * from kille_tom_user where real_name is not null and birthday like :year")
fun getRealInBirthYearUsers(year:String):List<UserEntity>
```

（4）求某列的最大值和最小值

在 UserEntity 中，age 代表用户设置的年龄。我们要求出年龄的最大值或者最小值，则需要使用 max 和 min 函数去求，例如：

```
@Query("select max(age) from kille_tom_user")
fun getMaxAge():Int?

@Query("select min(age) from kille_tom_user")
fun getMinAge():Int?
```

2. 插入操作

在插入数据时，往往会存在一些已有的数据，当需要覆盖插入的时候，需要利用 OnConflictStrategy.REPLACE 这一配置，默认配置为 OnConflictStrategy.ABORT。

一般在客户端中对数据进行缓存保存时，服务器的数据都是唯一最新的时候一般都会这样使用，例如统一更新用户信息，并且替换已有的用户信息来保证数据的唯一性：

```
@Insert(onConflict = OnConflictStrategy.REPLACE)
fun insertUpdate(userEntities:List<UserEntity>)
```

15.5.4 Room 的兼容与升级

在 Room 中，数据库是存在版本号的，目的在于区分版本数据，并将低版本转为高版本，但是需要开发者配置数据库进行兼容升级。

还记得 AppDB 吗？不记得没关系，我们温习一下：

```
@Database(
    entities = [
        (UserEntity::class)], version = 1, exportSchema = true
)
abstract class AppDB : RoomDatabase(){

    abstract fun getUserDao(): UserDao
}
```

在上述代码中，entities 代表这个数据库中有多少张数据表，version 代表数据库的版本号。

还记得 UserEntity 吗？在 UserEntity 中，realName 代表用户是否实名了。相应的用户实名信息应该如何存储呢？有两种方式：

- 新增一张实名数据表，通过操作数据表对用户执行相应的操作。
- 直接在用户数据表中扩展数据字段存储响应数据。

针对以上两种方式，我们可以分别探讨。

在探讨前，先抽离出我们所需要的通用数据，例如用户所在的国家、详细地址、用户的真实姓名，以及用户唯一的证件 id，如身份证号码。

现在开始通过这两种方式探讨 Room 的兼容与升级。

1. 新增表方式的实现

基于用户所在的国家、详细地址、用户唯一的证件 id，我们可以设计一张数据表，代码如下：

```
@Entity(tableName = "real_name_infor")
class RealNameInforEntity(

    @PrimaryKey
    var id: String = "",
    val userId: String,

    val country: String,
    val address: String,
    val cardID: String,
    val userRealName:String
)
```

对应 Dao 可以这样声明：

```
@Dao
interface RealNameInforDao {

    @Query("select * from real_name_infor ")
    fun getAllRealData():List<RealNameInforEntity>

    @Query("select * from real_name_infor where userId=:id")
    fun getRealDataForUserId(id:String):RealNameInforEntity?

    @Insert(onConflict = OnConflictStrategy.REPLACE)
    fun insertUpdate(entities:List<RealNameInforEntity>)

    @Insert(onConflict = OnConflictStrategy.REPLACE)
    fun insertUpdate(entity: RealNameInforEntity)

}
```

对应的 Dao 和 Entity 有了，我们的 DB 版本也必须进行修改，避免程序升级安装后，可能因为数据不兼容出现的一系列问题。

首先，进行简单的配置：

```
@Database(
    entities = [
        (UserEntity::class),
        (RealNameInforEntity::class)],
    version = 2, exportSchema = true
)
```

```
abstract class AppDB : RoomDatabase(){
    abstract fun getUserDao(): UserDao
    abstract fun getRealNameDao():RealNameInforDao
}
```

然后，利用对 Migration 的实现对 Room 进行兼容升级。

例如，这样针对新增表的例子去实现：

```
 private val DB_MARGIN_1_to_2 =
//这里描述版本 1 到 2 的升级
object :Migration(1,2){
        override fun migrate(database: SupportSQLiteDatabase) {
            //利用 database 执行 SQL 语句对数据库进行兼容升级
            database.execSQL("create table real_name_infor (id BLOB primary key autoincrement not null,userId text not null,country text not null,address text not null,cardID text not null,userRealName text not null)")
        }
    }
```

最后，这样调用实现数据库的兼容升级：

```
object AppDBManager {
    private var db: AppDB? = null
    fun initDB(context: Application, uuid: String) {
        if (db == null){
            synchronized(AppDB::class.java){
                if (db == null){

                    db = Room.databaseBuilder(context.applicationContext, AppDB::class.java, "${uuid}_${context::class.java.simpleName}_app_db")
                        .allowMainThreadQueries()
                        .addMigrations(DB_MARGIN_1_to_2)
                        .build()
                }
            }
        }
    }

    private val DB_MARGIN_1_to_2 = object :Migration(1,2){
        override fun migrate(database: SupportSQLiteDatabase) {
            database.execSQL("create table real_name_infor (id BLOB primary key autoincrement not null,userId text not null,country text not null,address text not null,cardID text not null,userRealName text not null)")
        }
    }
}
```

2. 新增字段方式的实现

之前 userEntity 中已经存在了 realName，因此我们这样对 UserEntity 进行拓展升级：

```
@Entity(tableName = "kille_tom_user")
class UserEntity(
    @PrimaryKey(autoGenerate = false)
    val id: String,
    @ColumnInfo(name = "real_name")
    val realName: String?,
    @ColumnInfo(name = "nick_name")
    val nickName: String,
    val sex: String,
    var birthday:String?,
    var age:Int,
    @ColumnInfo(name = "real_country")
    val realCountry: String,
    @ColumnInfo(name = "real_address")
    val realAddress: String,
    @ColumnInfo(name = "card_id")
    val cardID: String
)
```

对于字段拓展，我们需要使用 alter 语句对 UserEntity 进行拓展。还记得 Migration 吗？

只要是对数据进行兼容升级，都需要创建对应版本的 Migration。有同学肯定会问，那怎么保证兼容的时序呢？在 Room 中，只要设置好版本升级对应的方式，就会自动执行相应的方式，所以我们不需要担心兼容升级不成功。下面我们回到正题。

```
//先修改数据库配置
@Database(
    entities = [
        (UserEntity::class),(RealNameInforEntity::class)], version = 3,
exportSchema = true
)
abstract class AppDB : RoomDatabase(){
    abstract fun getUserDao(): UserDao
    abstract fun getRealNameDao():RealNameInforDao
}
//其次实现兼容
object AppDBManager {
    private var db: AppDB? = null
    fun initDB(context: Application, uuid: String) {
        if (db == null){
            synchronized(AppDB::class.java){
                if (db == null){
```

```
                    db = Room.databaseBuilder(context.applicationContext,
AppDB::class.java, "${uuid}_${context::class.java.simpleName}_app_db")
                        .allowMainThreadQueries()
                        .addMigrations(DB_MARGIN_1_to_2,DB_MARGIN_2_to_3)
                        .build()
                }
            }
        }
    }

    private val DB_MARGIN_2_to_3 = object :Migration(2,3){
        override fun migrate(database: SupportSQLiteDatabase) {
            database.execSQL("alter table kille_tom_user add column real_country
text default null")
            database.execSQL("alter table kille_tom_user add column real_address
text default null")
            database.execSQL("alter table kille_tom_user add column card_id text
default null")
        }
    }
```

15.5.5　小结

切记使用 Room 的基本注释及其概念，针对模糊索引 like 需要补上“%”的使用，以及针对数据库兼容升级时，对 Migration 的实现以及调用。

前面针对 Room 所讲的 Entity、Dao、Database、Migration，可通过图 15-7 简单地掌握它们之间的关系。

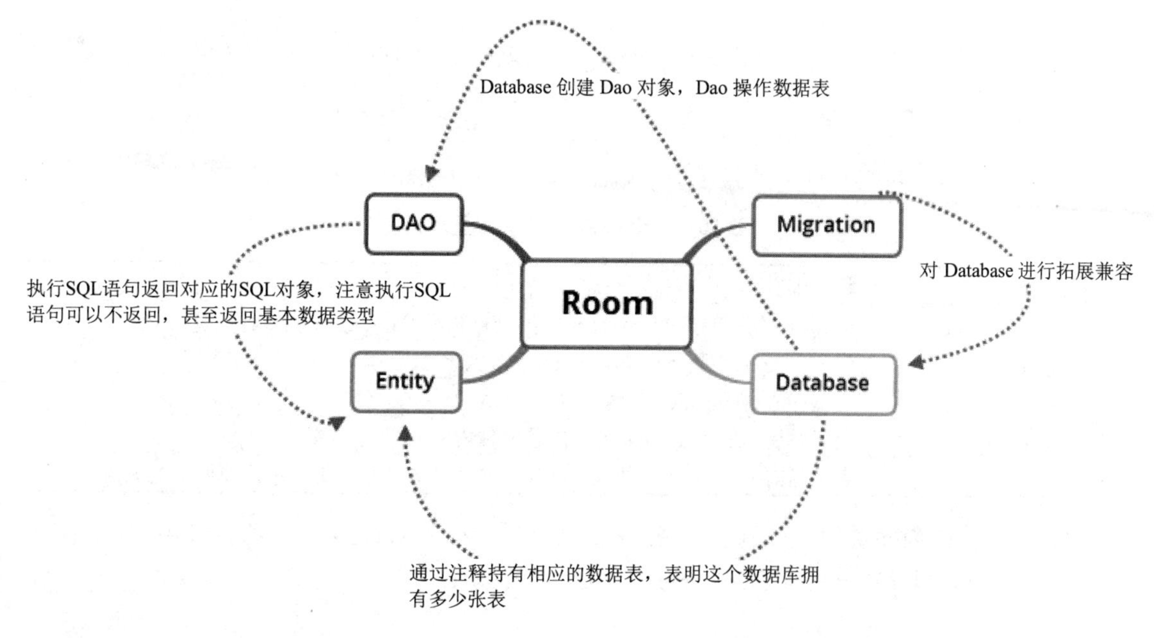

图 15-7　Room 各个模块的关系

15.6 Navigation 用法详解

Navigation 主要用于管理 Fragment 之间的跳转，通过可视化的操作使得开发者能够更好地操作 Fragment 之间的跳转关系。使用 Navigation 的好处在于：

- 处理Fragment之间的转场动画。
- 让一系列有序的Fragment的顺序变得更加可靠。
- 让一系列有序的Fragment产生相同的堆栈。

15.6.1 Navigation 的配置

1. 项目构建配置

```
//Java language implementation
implementation "androidx.navigation:navigation-fragment:2.3.0"
implementation "androidx.navigation:navigation-ui:2.3.0"

//Kotlin
implementation "androidx.navigation:navigation-fragment-ktx:2.3.0"
implementation "androidx.navigation:navigation-ui-ktx:2.3.0"

//Feature module Support
implementation
"androidx.navigation:navigation-dynamic-features-fragment:2.3.0"

//Testing Navigation
androidTestImplementation "androidx.navigation:navigation-testing:2.3.0"
```

2. 相关配置解析

Navigation 相关配置解析如表 15-2 所示。

表15-2 Navigation相关配置解析

关键攻略	解　析
NavHostFragment	Jetpack 实现的导航 Fragment 内部已封装好 Navigation 跳转处理逻辑
navGraph	代表需要引用哪一个 Navigation 文件
navigation 文件夹	负责存放 Navigation 配置文件
startDestination	最开始展示的 Fragment 通过配置文件内的 id 进行索引
Action	表示当前 Fragment 一些操作动作，例如转场动画、下一个需要展示的 Fragment

Navigation最为关键的一步在于，在Android项目工程的Navigation文件目录中创建相应的Navigation文件，以设置一系列有序的Fragment相互间的关系。

15.6.2 Navigation 的基本使用

下面将简单介绍 Navigation 的使用。

1. 以示例代码演示如何构建导航文件

下面以 lib_navigation_demo_nav 为例演示如何配置一个简单的导航文件。

```
<?xml version="1.0" encoding="utf-8"?>
<navigation xmlns:android="http://schemas.android.com/apk/res/android"
 xmlns:app="http://schemas.android.com/apk/res-auto"
 xmlns:tools="http://schemas.android.com/tools"
 android:id="@+id/lib_navigation_demo_nav"
 app:startDestination="@id/fragmentA"
 tools:ignore="UnusedNavigation">

 <fragment
     android:id="@+id/fragmentA"
     android:name="com.killeTom.navigation.fragment.NavDemoFragmentA"
     android:label="fragmentA"
     tools:layout="@layout/nav_demo_fragment_a">

     <action
         android:id="@+id/action_fragmentA_to_fragmentB"
         app:destination="@id/fragmentB"
         app:exitAnim="@android:anim/slide_out_right" />
</fragment>

<fragment
    android:id="@+id/fragmentB"
    android:name="com.killeTom.navigation.fragment.NavDemoFragmentB"
    android:label="fragmentB"
    tools:layout="@layout/nav_demo_fragment_b">

    <action
        android:id="@+id/action_fragmentB_to_fragmentC"
        app:destination="@id/fragmentC"
        app:exitAnim="@android:anim/slide_out_right" />
</fragment>

<fragment
    android:id="@+id/fragmentC"
    android:name="com.killeTom.navigation.fragment.NavDemoFragmentC"
    android:label="fragmentC"
    tools:layout="@layout/nav_demo_fragment_c">
    <action
        android:id="@+id/action_fragmentC_to_fragmentA"
        app:destination="@id/fragmentA"
        app:exitAnim="@android:anim/slide_out_right" />
```

```
    </fragment>
</navigation>
```

其视图预览如图 15-8 所示。

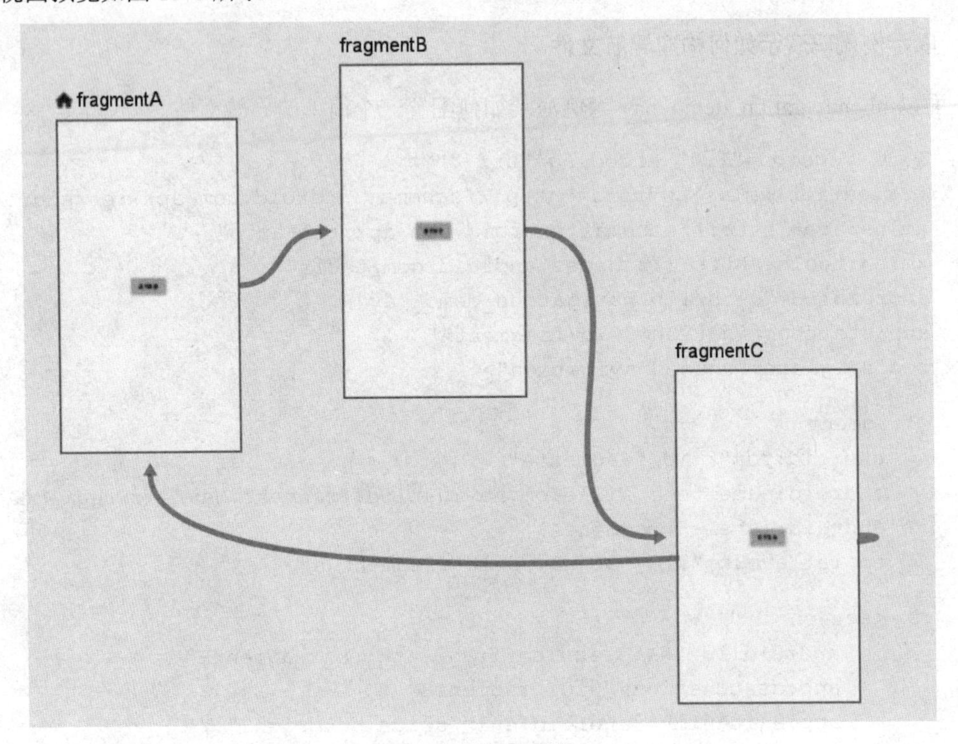

图 15-8 视图预览

2. 如何引用导航文件

在 Activity 对应的 XML 文件中引用 Navigation，示例代码如下：

```
<?xml version="1.0" encoding="utf-8"?>
<androidx.constraintlayout.widget.ConstraintLayout xmlns:android=
"http://schemas.android.com/apk/res/android"
    xmlns:app="http://schemas.android.com/apk/res-auto"
    xmlns:tools="http://schemas.android.com/tools"
    android:layout_width="match_parent"
    android:layout_height="match_parent"
    tools:context=".NavigationDemoActivity">

    <fragment
        android:id="@+id/nav_demo"
        android:name="androidx.navigation.fragment.NavHostFragment"
        android:layout_width="0dp"
        android:layout_height="0dp"
        app:navGraph="@navigation/lib_navigation_demo_nav"
        app:defaultNavHost="true"
        app:layout_constraintStart_toStartOf="parent"
```

```
        app:layout_constraintEnd_toEndOf="parent"
        app:layout_constraintTop_toTopOf="parent"
        app:layout_constraintBottom_toBottomOf="parent"/>

</androidx.constraintlayout.widget.ConstraintLayout>
```

通过这样的引用就可以实现 A→B→C→A 这样一个 Fragment 的切换显示顺序。

3. 利用Navigation对Fragment进行跳转

下面将以 NavDemoFragmentA 跳转到 NavDemoFragmentB 为例进行演示。

```
class NavDemoFragmentA : Fragment(){

    override fun onCreateView(
        inflater: LayoutInflater,
        container: ViewGroup?,
        savedInstanceState: Bundle?
    ): View? {
        val view = inflater.inflate(R.layout.nav_demo_fragment_a, container,
false)

        view.nav_action.setOnClickListener {
            //通过利用 findNavController 获取导航控制器，然后指向配置文件中的 actionId
控制跳转
            findNavController().navigate(R.id.action_fragmentA_to_fragmentB)
        }

        return view
    }
}
```

4. 利用Navigation对Fragment进行值传递跳转

Navigation 值传递分为 Bundle、safeargs 两种，下面针对这两种方式分别进行讲解。

（1）利用 Bundle 进行值传递

Bundle 传值在于构建出一个 Bundle 对象，在其中存放数据，然后通过调用 Navigate 将 Bundle 传入。

譬如，NavDemoFragmentA 跳转到 NavDemoFragmentB 时传递一个 hello 字符串。

```
class NavDemoFragmentA : Fragment() {

    override fun onCreateView(
        inflater: LayoutInflater,
        container: ViewGroup?,
        savedInstanceState: Bundle?
    ): View? {
        val view = inflater.inflate(R.layout.nav_demo_fragment_a, container,
false)
```

```
        view.nav_action.setOnClickListener {

            var bundle: Bundle = bundleOf("value" to "hello")

            findNavController()
            .navigate(R.id.action_fragmentA_to_fragmentB,bundle)

        }
        return view
    }
}

class NavDemoFragmentB :Fragment() {

    override fun onCreateView(
        inflater: LayoutInflater,
        container: ViewGroup?,
        savedInstanceState: Bundle?
    ): View? {
        val view =  inflater.inflate(R.layout.nav_demo_fragment_b, container,
false)
        //取值
        var message = arguments?.getString("value")?: view.nav_action.text

        view.nav_action.text = message

        return view
    }
}
```

（2）利用 safeargs 进行类型安全值传递

利用 safeargs 首先得在 gralde 文件中配置：

```
buildscript {
    repositories {
        google()
    }
    dependencies {
        def nav_version = "2.3.0"
        classpath "androidx.navigation:navigation-safe-args-gradle-plugin:
$nav_version"
    }
}
```

然后在需要使用 navigation 模块的 gradle 文件中进行配置。注意，当项目完全为 Java 时使用这一配置：

```
apply plugin: "androidx.navigation.safeargs"
```

如果支持 Kotlin，使用这一配置：

```
apply plugin: "androidx.navigation.safeargs.kotlin"
```

至此，safeargs 环境配置已经完成。紧接着我们以 NavDemoFragmentC 到 NavDemoFragmentA 为例演示如何使用 safeargs 进行安全值传递。首先将 lib_navigation_demo_nav C 到 A 的配置代码修改为：

```
<?xml version="1.0" encoding="utf-8"?>
<navigation xmlns:android="http://schemas.android.com/apk/res/android"
    xmlns:app="http://schemas.android.com/apk/res-auto"
    xmlns:tools="http://schemas.android.com/tools"
    android:id="@+id/lib_navigation_demo_nav"
    app:startDestination="@id/fragmentA"
    tools:ignore="UnusedNavigation">

    <--!-->...</--!-->

    <--!-->...</--!-->

    <fragment
        android:id="@+id/fragmentC"
        android:name="com.killeTom.navigation.fragment.NavDemoFragmentC"
        android:label="fragmentC"
        tools:layout="@layout/nav_demo_fragment_c">

        <action
            android:id="@+id/action_fragmentC_to_fragmentA"
            app:destination="@id/fragmentA"
            app:exitAnim="@android:anim/slide_out_right" />

        <argument android:name="message"
            android:defaultValue=""
            app:argType="string"/>

        <argument android:name="result"
            app:argType="boolean"
            android:defaultValue="false"/>

    </fragment>
</navigation>
```

然后查看是否能够动态生成相应的 Args 代码，譬如这里的示例代码对应为 NavDemoFragmentCArgs 文件。注意，如果没有及时动态生成，重新构建当前模块，尝试生成即可。

```
data class NavDemoFragmentCArgs(
  val message: String = "",
  val result: Boolean = false
) : NavArgs {
  fun toBundle(): Bundle {
    val result = Bundle()
    result.putString("message", this.message)
```

```
    result.putBoolean("result", this.result)
    return result
  }
  companion object {
    @JvmStatic
    fun fromBundle(bundle: Bundle): NavDemoFragmentCArgs {
      bundle.setClassLoader(NavDemoFragmentCArgs::class.java.classLoader)
      val __message : String?
      if (bundle.containsKey("message")) {
        __message = bundle.getString("message")
        if (__message == null) {
          throw IllegalArgumentException("Argument \"message\" is marked as
non-null but was passed a null value.")
        }
      } else {
        __message = ""
      }
      val __result : Boolean
      if (bundle.containsKey("result")) {
        __result = bundle.getBoolean("result")
      } else {
        __result = false
      }
      return NavDemoFragmentCArgs(__message, __result)
    }
  }
}
```

当对应的文件生成后，我们可以这样使用达到值类型安全传递的效果：

```
class NavDemoFragmentC :Fragment() {
    override fun onCreateView(
        inflater: LayoutInflater,
        container: ViewGroup?,
        savedInstanceState: Bundle?
    ): View? {
        //省略部分不相干代码
        //构建 NavArgs
        val args = NavDemoFragmentCArgs("ok",true)
        //利用 args 获取结果 bundle 并作为值传递过去
            NavHostFragment.findNavController(this)
              .navigate(R.id.action_fragmentC_to_fragmentA,args.toBundle())
        //省略部分不相干代码
    }
}
class NavDemoFragmentA : Fragment() {
```

```
        override fun onResume() {
            super.onResume()
            resultAction()
        }

        //取值
        private fun resultAction(){
            val bundle = arguments?:return
            val args = NavDemoFragmentCArgs.fromBundle(bundle)
            Log.i(this::class.java.simpleName,args.toString())

        }
    }
```

5. 常见的一些错误信息

针对一些场景操作导致的常见错误，下面将会进行讲解分析。

（1）当前 Activity 静态配置，但是启动当前 Activity 出现了 android.view.InflateException，可能存在以下几个因素：

- Navigation配置文件没有设置startDestination，因为静态配置必须配置startDestination属性，否则将无法感知到默认显示的Fragment是哪一个。
- 当前Activity对应的布局中，<fragment>并没有使用name属性，导致无法正常引用布局文件。

（2）静态配置中无法正常导航，出现了 does not have a NavController 相关提示错误信息，其错误代码示例如下：

```
    <?xml version="1.0" encoding="utf-8"?>
    <androidx.constraintlayout.widget.ConstraintLayout xmlns:android=
"http://schemas.android.com/apk/res/android"
        xmlns:app="http://schemas.android.com/apk/res-auto"
        xmlns:tools="http://schemas.android.com/tools"
        android:layout_width="match_parent"
        android:layout_height="match_parent"
        tools:context=".NavigationDemoActivity">

        <fragment
              android:id="@+id/nav_demo"
              android:name="com.killeTom.navigation.fragment. NavDemoFragmentA"
              android:layout_width="0dp"
              android:layout_height="0dp"
              app:navGraph="@navigation/lib_navigation_demo_nav"
              app:defaultNavHost="true"
              app:layout_constraintStart_toStartOf="parent"
              app:layout_constraintEnd_toEndOf="parent"
              app:layout_constraintTop_toTopOf="parent"
              app:layout_constraintBottom_toBottomOf="parent"/>

    </androidx.constraintlayout.widget.ConstraintLayout>
```

针对上述代码，第一次启动往往能够正常启动，并且能够显示首个 Fragment。但是首个 Fragment 可能与配置文件中的默认显示不一样，具体第一次显示 Fragment 取 name 属性对应的 Fragment。

为什么会出现 does not have a NavController 错误提示呢？原因在于 name 属性对应的 Fragment 并没有实现对应的 NavController 逻辑，导致无法找到这个对象，无法实现导航逻辑。

因此，没有特殊需求，其实我们直接将 name 属性对应 androidx.navigation.fragment.NavHostFragment 即可。

15.6.3 Navigation 原理解析

针对前面介绍的基本使用，下面将会讲解一些对应的原理分析：NavHostFragment 基于 Fragment 以及 NavHost 接口的实现。

1. 通过静态配置启动默认的Fragment

在 NavHostFragment 部分源码中，通过这样的方式启动默认的 Fragment：

```
@CallSuper
@Override
public void onCreate(@Nullable Bundle savedInstanceState) {
    super.onCreate(savedInstanceState);
    final Context context = requireContext();

    mNavController = new NavHostController(context);

    Bundle navState = null;
    //通过判断设置相关的导航配置文件
    if (mGraphId != 0) {
        //Set from onInflate()
        mNavController.setGraph(mGraphId);
    } else {
        //See if it was set by NavHostFragment.create()
        final Bundle args = getArguments();
        final int graphId = args != null ? args.getInt(KEY_GRAPH_ID) : 0;
        //当设别到存在默认的 Fragment 的时候，通过 navController 显示默认的 Fragment
        final Bundle startDestinationArgs = args != null
                ? args.getBundle(KEY_START_DESTINATION_ARGS)
                : null;
        if (graphId != 0) {
            mNavController.setGraph(graphId, startDestinationArgs);
        }
    }
}
```

2. NavController的作用

NavController 负责管理 App 的 Navigation，其内部实现了对 Fragment 的堆栈以及生命周期的感知管理，并且监听手机后退键的事件触发等一系列操作。

Navigation 实现导航的核心原理在于对 NavController 的实现，而 findNavController()是 NavHostFragment 提供的方法，目的在于获取 NavController。

navigate 核心方法解析：

```
    public void navigate(@IdRes int resId, @Nullable Bundle args, @Nullable
NavOptions navOptions,
            @Nullable Navigator.Extras navigatorExtras) {
        //获取 Fragment 的堆栈节点管理
        NavDestination currentNode = mBackStack.isEmpty()
                ? mGraph
                : mBackStack.getLast().getDestination();
        if (currentNode == null) {
            throw new IllegalStateException("no current navigation node");
        }
        @IdRes int destId = resId;
        //解析静态的配置文件，获取当前相关的导航动作
        final NavAction navAction = currentNode.getAction(resId);
        //利用 Bundle 构建传参
        Bundle combinedArgs = null;
        if (navAction != null) {
            if (navOptions == null) {
                navOptions = navAction.getNavOptions();
            }
            destId = navAction.getDestinationId();
            Bundle navActionArgs = navAction.getDefaultArguments();
            if (navActionArgs != null) {
                combinedArgs = new Bundle();
                combinedArgs.putAll(navActionArgs);
            }
        }

        if (args != null) {
            if (combinedArgs == null) {
                combinedArgs = new Bundle();
            }
            combinedArgs.putAll(args);
        }

        if (destId == 0 && navOptions != null && navOptions.getPopUpTo() != -1) {
            popBackStack(navOptions.getPopUpTo(),
navOptions.isPopUpToInclusive());
            return;
        }

        if (destId == 0) {
            throw new IllegalArgumentException("Destination id == 0 can only be used"
                    + " in conjunction with a valid navOptions.popUpTo");
        }
```

```
//解析配置文件，生成一个新的导航节点，利用该节点进出 Fragment 堆栈
    NavDestination node = findDestination(destId);
    if (node == null) {
        final String dest = NavDestination.getDisplayName(mContext, destId);
        if (navAction != null) {
            throw new IllegalArgumentException("Navigation destination " + dest
                    + " referenced from action "
                    + NavDestination.getDisplayName(mContext, resId)
                    + " cannot be found from the current destination " +
currentNode);
        } else {
            throw new IllegalArgumentException("Navigation action/destination "
+ dest
                    + " cannot be found from the current destination " +
currentNode);
        }
    }
    navigate(node, combinedArgs, navOptions, navigatorExtras);
}
```

实现生命周期的感知以及后退键的事件派发管理在于其内部对 LifecycleOwner、mLifecycleObserver 的运用。

```
//设置生命观察者，观测感知生命周期
void setLifecycleOwner(@NonNull LifecycleOwner owner) {
    mLifecycleOwner = owner;
    mLifecycleOwner.getLifecycle().addObserver(mLifecycleObserver);
}
//设置后退事件的分发管理
void setOnBackPressedDispatcher(@NonNull OnBackPressedDispatcher dispatcher) {
    if (mLifecycleOwner == null) {
        throw new IllegalStateException("You must call setLifecycleOwner()
before calling "
                + "setOnBackPressedDispatcher()");
    }
    //Remove the callback from any previous dispatcher
    mOnBackPressedCallback.remove();
    //Then add it to the new dispatcher
    dispatcher.addCallback(mLifecycleOwner, mOnBackPressedCallback);
}
//是否启用后退事件
void enableOnBackPressed(boolean enabled) {
    mEnableOnBackPressedCallback = enabled;
    updateOnBackPressedCallbackEnabled();
}
//用来更新后退事件
```

```
    private void updateOnBackPressedCallbackEnabled() {
        mOnBackPressedCallback.setEnabled(mEnableOnBackPressedCallback
                && getDestinationCountOnBackStack() > 1);
    }
```

15.6.4 小结

Navigation 静态配置在使用时需要注意，name 属性应该指向哪个 Fragment，以及 Navigation 配置文件中的 startDestination 是否漏写。

理解为什么 NavHostFragment 能够实现导航功能，因为其内部持有 NavController 和 NavController，实现了对生命周期的感知以及监测一些事件等操作。

Navigation 可以通过 Bundle、safeargs 这两种方式传值。其中 safeargs 方式还需要对项目进行额外的配置。

大致思路如图 15-9 所示。

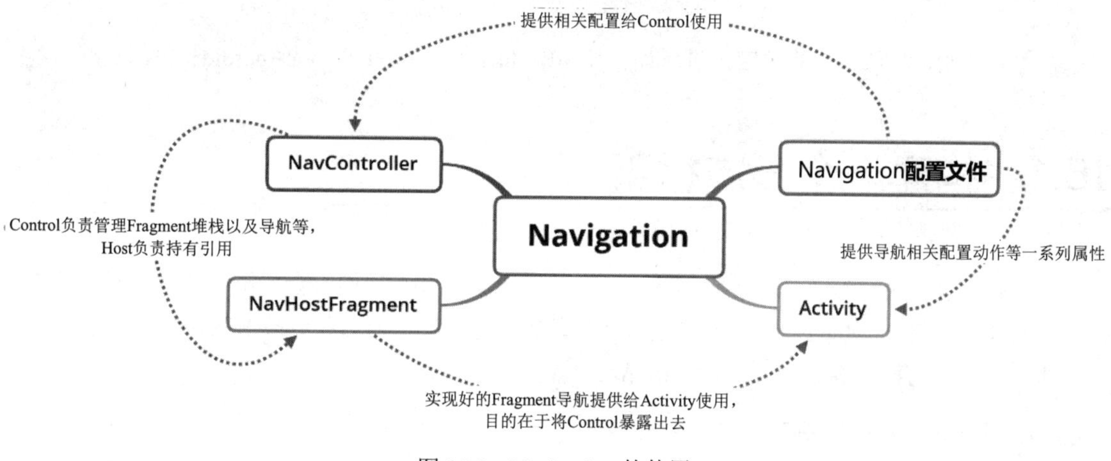

图 15-9 Navigation 的使用

15.7 总结

本章从介绍客户端架构的历史发展开始讲到 AAC、Jetpack。Jetpack 已经成为 Android 开发的主流架构。

本章讲述了 Jetpack 部分功能模块，例如 Lifecycle、ViewModel、LiveData、Room、Navigation。本章不单单介绍了如何使用它们，还从源码角度介绍了其原理。

第16章 Android 实战

从本章开始，将从实战的角度来讲解如何使用Kotlin。本章准备了一些Android相关的实战内容。

16.1 构建一个日志框架

无论是开发 Java 的服务端程序，还是开发 Android 的 App，我们都会采用成熟的第三方日志库或者自己进行封装。良好的日志格式能够帮助开发者快速地进行调试和查找 Bug。

本节介绍如何使用 Kotlin 打造漂亮的 Android 日志框架。

16.1.1 Android 日志框架 L

GitHub 地址：https://github.com/fengzhizi715/SAF-Kotlin-log。

```
implementation 'com.safframework.log:saf-log-core:2.5.1'
```

L 是笔者开发的 Android 日志框架，提供极简的 API，不仅能够打印出漂亮的日志格式，还支持定制各种日志格式。

以打印 Bundle 为例：

```
User u = new User();
u.userName = "tony";
u.password = "123456";

Bundle bundle = new Bundle();
bundle.putString("key1","this is key1");
bundle.putInt("key2",100);
bundle.putBoolean("key3",true);
bundle.putSerializable("key4",u);
L.json(bundle);
```

日志显示的效果如图 16-1 所示。

```
I/BundleHandler:
  ┌────────────────────────────────────────────────────────────
  │ Thread: main
  ├────────────────────────────────────────────────────────────
  │ com.safframework.log.handler.BundleHandler.handle (BundleHandler.kt:25)
  ├────────────────────────────────────────────────────────────
  │ class android.os.Bundle
  │ {
  │   "key1": "this is key1",
  │   "key2": 100,
  │   "key3": true,
  │   "key4": {
  │     "password": "123456",
  │     "userName": "tony"
  │   }
  │ }
  └────────────────────────────────────────────────────────────
```

图 16-1　日志显示的效果

其他的使用方法可以访问项目的 GitHub 主页，其中有详细的使用说明。

16.1.2　如何开发一款类似 L 的日志框架

本节一步一步地解析 L 的源码，让读者也能够开发出一款类似的 Android 日志框架。

L 是完全基于 Kotlin 开发的，它的代码结构并不复杂，图 16-2 和图 16-3 分别是其代码结构和 UML 类图。

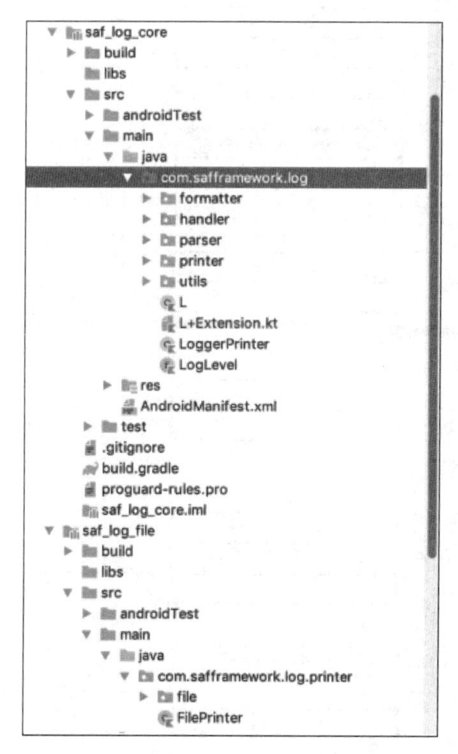

图 16-2　L 的代码结构

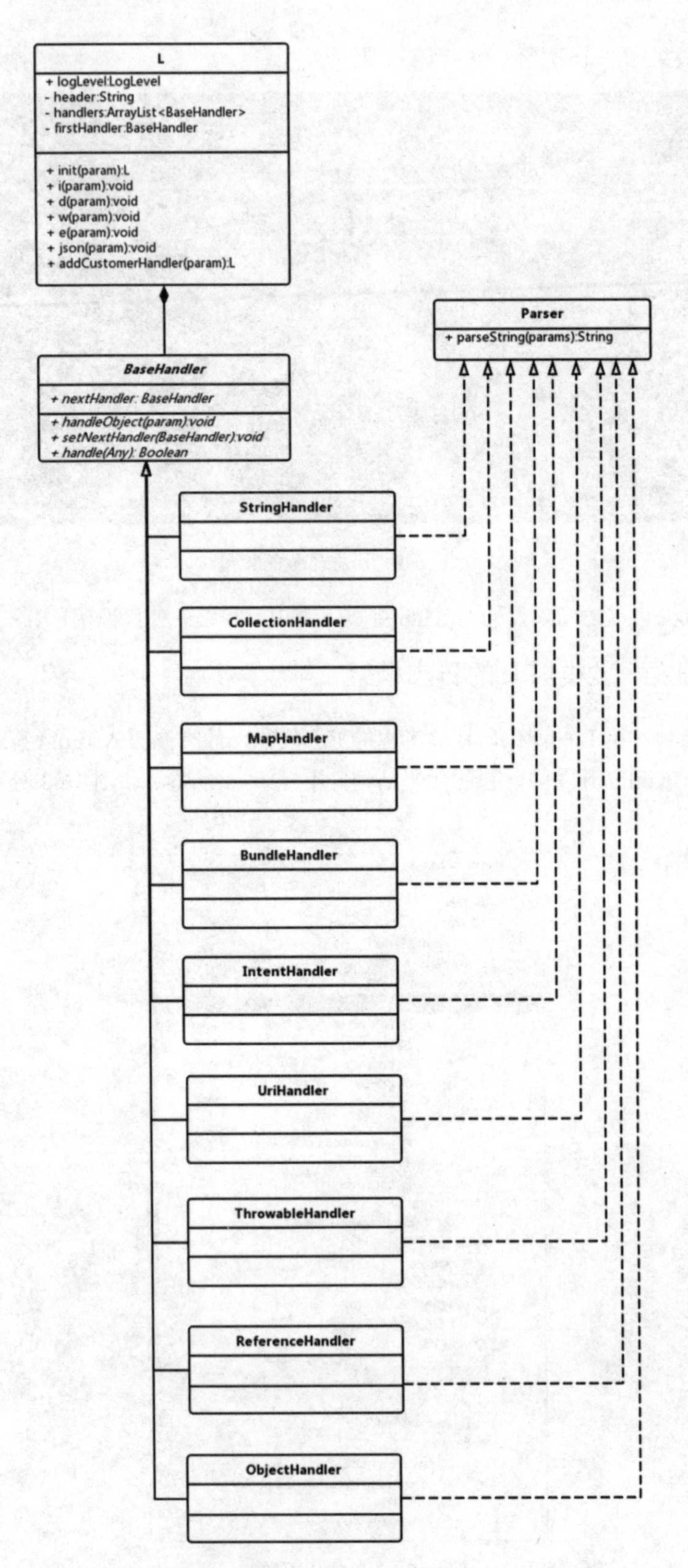

图 16-3　L 的 UML 类图

- L：负责初始化日志框架、日志的配置、打印日志的方法、使用的日志级别、添加Printer等。
- L+Extension：是L的扩展函数，稍后会说明。
- LoggerPrinter：存放日志打印需要的一些常量。
- Parser：是一个接口，用于将特定的对象进行格式化。
- Printer：是一个接口，用于打印日志，支持打印日志输出到Console、File等。
- Formatter：是一个接口，用于格式化日志，便于Printer进行打印。每一个Printer包含一个自身的Formatter。
- BaseHandler：是一个抽象类，用于封装责任链中每个处理者具体的处理方式。

换言之，Parser 用于将对象解析成字符串。Printer 用于打印、输出日志。Formatter 用于格式化日志，便于 Printer 使用。

而各个 Handler 继承了 BaseHandler，并实现了 Parser 接口。Handler 的职责是格式化某一种类型的对象，以便于利用 L 的 Printer 进行打印。

1. L中的责任链模式

责任链模式在面向对象程序设计中是一种软件设计模式，它包含一些命令对象和一系列的处理对象。每一个处理对象决定它能处理哪些命令对象，它也知道如何将其不能处理的命令对象传递给该链中的下一个处理对象。该模式还描述了往该处理链的末尾添加新的处理对象的方法。

2. 为何使用责任链模式

L 除了能打印字符串之外，它的一大特点是其 json()方法可以用于将任何对象转换成 JSON 字符串进行打印。在使用责任链模式之前，json()方法需要使用 when 表达式来判断某个类应该对应哪个方法来打印对象。

```
/**
 * 将任何对象转换成 JSON 字符串进行打印
 */
@JvmStatic
fun json(obj: Any?) {

    if (obj == null) {
        d("object is null")
        return
    }

    when(obj) {

        is String -> string2JSONString(obj)

        is Map<*, *> -> map2JSONString(obj)

        is Collection<*> -> collection2JSONString(obj)

        is Bundle -> bundle2JSONString(obj)

        is Reference<*> -> reference2JSON(obj)
```

```
            is Intent -> intent2JSON(obj)

            is Uri -> uri2JSON(obj)

            is Throwable -> throwable2JSONString(obj)

            else -> {

                try {
                    val s = getMethodNames()

                    var msg = obj.javaClass.toString() + LoggerPrinter.BR + "║ "
                    val objStr = JSON.toJSONString(obj)
                    val jsonObject = JSONObject(objStr)
                    var message = jsonObject.toString(LoggerPrinter.JSON_INDENT)
                    message = message.replace("\n".toRegex(), "\n║ ")

                    println(String.format(s, msg+ message))
                } catch (e: JSONException) {
                    e("Invalid Json")
                }
            }
        }
    }
```

此时的 L 只能打印有限的几种对象类型，或者是默认地将对象打印成 JSON 的风格。

如果对某一种类进行特别的格式化并打印出来，需要修改 json()方法的 when 表达式。这不符合面向对象的“开闭原则”，也就是对扩展开放，对修改关闭。于是，笔者考虑使用责任链模式来替代 when 表达式。这样做的好处是未来有新的需求，只需增加一个对应的 Handler，无须再更改 L 的 json()方法。

3. 如何使用责任链模式

首先，定义一个基类的 BaseHandler，每一个处理日志的 Handler 都会继承它。每一个 Handler 都需要先决定是否需要在当前 Handler 进行处理，如果当前 Handler 不能胜任，则传递至责任链的下一个节点。

```
package com.safframework.log.handler

/**
 * Created by tony on 2017/11/27.
 */
abstract class BaseHandler {
    //责任链的下一个节点，即处理者
    private var nextHandler: BaseHandler? = null
    //捕获具体请求并进行处理，或者将请求传递到责任链的下一级别
    fun handleObject(obj: Any) {
        if (obj == null) {
            return
        }
```

```
        if (!handle(obj)) {
            //当前处理者不能胜任，则传递至责任链的下一个节点
            this.nextHandler?.handleObject(obj)
        }
    }
    //设置责任链中的下一个处理者
    fun setNextHandler(nextHandler: BaseHandler) {
        this.nextHandler = nextHandler
    }
    //定义链中每个处理者具体的处理方式
    protected abstract fun handle(obj: Any): Boolean
}
```

例如刚才的例子，打印Bundle类型。采用下面的BundleHandler，BundleHandler会专门格式化Bundle类型，并使用L的各个Printer将其打印出来。

```
class BundleHandler:BaseHandler(), Parser<Bundle> {
    override fun handle(obj: Any): Boolean {
        if (obj is Bundle) {
            L.printers().map {
                val s = L.getMethodNames(it.formatter)
                it.println(LogLevel.INFO, this.logTag(), String.format(s,
parseString(obj,it.formatter)))
            }
            return true
        }
        return false
    }
    override fun parseString(bundle: Bundle,formatter:Formatter): String {
        var msg = bundle.toJavaClass() + LoggerPrinter.BR + formatter.spliter()
        return msg + JSONObject().parseBundle(bundle)
                .formatJSON()
                .let {
                    it.replace("\n", "\n${formatter.spliter()}")
                }
    }
}
```

在传递到BundleHandler时，handle()函数会先判断需要打印的类是否是Bundle类型。

如果是的话，则调用L的各个Printer进行打印。parseString()方法会将需要打印的对象进行格式化。打印完毕之后，最后返回true。如果需要打印的类不是Bundle类型，则返回false，进入下一个Handler。

在BundleHandler中，parseBundle()、formatJSON()是JSONObject的扩展函数。

```
fun JSONObject.formatJSON() = this.toString(LoggerPrinter.JSON_INDENT)

/**
 * 解析 bundle ，并存储到 JSONObject
```

```
 */
fun JSONObject.parseBundle(bundle: Bundle):JSONObject {
    bundle.keySet().map {
        val isPrimitiveType = isPrimitiveType(bundle.get(it))
        try {
            if (isPrimitiveType) {
                this.put(it, bundle.get(it))
            } else {
                this.put(it, JSONObject(JSON.toJSONString(bundle.get(it))))
            }
        } catch (e: JSONException) {
            L.e("Invalid Json")
        }
    }

    return this
}
```

之所以使用扩展函数，是为了便于链式调用。其他 Handler 的源码就不再展示了，感兴趣的读者可以自行阅读框架中的源码。由于 L 使用责任链模式，需要在 L 初始化时加载各个 Handler，并且它们之间是有顺序的。如果要自定义 Handler 的话，也要考虑它在责任链中的顺序。

```
private val handlers = LinkedList<BaseHandler>()
private var firstHandler: BaseHandler
private val printers = mutableSetOf<Printer>()

init {
    printers.add(ConsolePrinter()) //默认添加 ConsolePrinter

    handlers.apply {

        add(StringHandler())
        add(CollectionHandler())
        add(MapHandler())
        add(BundleHandler())
        add(IntentHandler())
        add(UriHandler())
        add(ThrowableHandler())
        add(ReferenceHandler())
        add(ObjectHandler())
    }
    val len = handlers.size
    for (i in 0 until len) {
        if (i > 0) {
            handlers[i - 1].setNextHandler(handlers[i])
        }
    }
    firstHandler = handlers[0]
}
```

最后，真正需要打印对象的时候，调用 L 的 json()方法。此时会触发责任链模式。如果有特定的对象类型，例如 JSON 字符串、集合、Map、Bundle、Intent、Reference、Throwable、Uri 等类型，就会触发对应类型的 Handler，进行特别的格式化处理，否则会使用 ObjectHandler 将对象打印成 JSON 格式。

```
/**
 * 将任何对象转换成 JSON 字符串进行打印
 */
@JvmStatic
fun json(obj: Any?) {

    if (obj == null) {
        d("object is null")
        return
    }

    firstHandler.handleObject(obj)
}
```

此时的 json()方法比起最早的版本已经精简了很多。

4. 打印自定义的对象

L 支持自定义 Handler 来格式化对象，并把它打印出来。

在使用 L 时需要添加自定义的 Handler。下面介绍 L 添加自定义 Handler 的两个方法。注意，第二个方法可以指定 Handler 在责任链中的顺序。

```
/**
 * 自定义 Handler 来解析 Object
 */
@JvmStatic
fun addCustomerHandler(handler: BaseHandler): L {
    val size = handlers.size
    return addCustomerHandler(handler, size - 1) //插入 ObjectHandler 之前
}

/**
 * 自定义 Handler 来解析 Object，并指定 Handler 的位置
 */
@JvmStatic
fun addCustomerHandler(handler: BaseHandler, index: Int): L {
    handlers.add(index, handler)
    val len = handlers.size
    for (i in 0 until len) {
        if (i > 0) {
            handlers[i - 1].setNextHandler(handlers[i])
        }
    }
    return this
}
```

5. 打印自定义的格式

L 除了能打印自定义的对象之外，还支持打印自定义的格式。

之前介绍过，Formatter 接口用于格式化日志，便于 Printer 进行打印。

```
interface Formatter {
    fun top():String
    fun middle():String
    fun bottom():String
    fun spliter():String
}
```

L 在 Printer 接口中定义了一个 Formatter 类型：

```
interface Printer {
    val formatter: Formatter
    fun println(logLevel: LogLevel, tag: String, msg: String)
}
```

以 L 默认使用的 ConsolePrinter 为例：

```
class ConsolePrinter(override val formatter: Formatter = BorderFormatter()):
Printer {
    override fun println(logLevel: LogLevel, tag: String, msg: String) {
        when(logLevel) {
            LogLevel.ERROR -> Log.e(tag, msg)
            LogLevel.WARN -> Log.w(tag, msg)
            LogLevel.INFO -> Log.i(tag, msg)
            LogLevel.DEBUG -> Log.d(tag, msg)
        }
    }
}
```

ConsolePrinter 默认使用 BorderFormatter。BorderFormatter 能够展示带边框的日志格式，此格式就是上述例子中打印 Bundle 类型的日志格式。

```
class BorderFormatter:Formatter {
    override fun top()    = LoggerPrinter.BR + LoggerPrinter.TOP_BORDER +
LoggerPrinter.BR + LoggerPrinter.HORIZONTAL_DOUBLE_LINE
    override fun middle() = LoggerPrinter.BR + LoggerPrinter.MIDDLE_BORDER +
LoggerPrinter.BR
    override fun bottom() = LoggerPrinter.BR + LoggerPrinter.BOTTOM_BORDER +
LoggerPrinter.BR
    override fun spliter()= LoggerPrinter.HORIZONTAL_DOUBLE_LINE
}
```

6. 基于L的扩展函数

L 是一款 Android 日志框架，可以在 Java 和 Kotlin 项目中使用，基于 L 的扩展函数可以让任何对象都可以使用 json()打印出其自身。

```
fun String?.e() = L.e(this)
fun String?.w() = L.w(this)
fun String?.i() = L.i(this)
fun String?.d() = L.d(this)
fun Any?.json()  = L.json(this)
```

也支持形如：

```
L.i {
   "hi $message"
}
L.i("customerTag") {
   "hi $message"
}
```

只需要增加如下扩展函数：

```
typealias msgFunction = () -> String
fun L.i(msg: msgFunction) = i(msg.invoke())
fun L.i(tag: String?, msg: msgFunction) = i(tag, msg.invoke())
```

其中，msgFunction 是一个类型别名，它不是一个新增的类型，依然是函数类型()->String。之所以采用函数类型，是为了获得更好的可扩展性。

16.1.3　记录 Android 日志更好的方式

记录 Android 日志还有更好的方式吗？

当然有，可以使用 mmap（内核地址空间映射到用户进程）的方式。目前，美团点评的日志库 Logan、微信的日志库 xlog 都采用了这种方式。

mmap 将一个文件或者其他对象映射进内存。文件被映射到多个页上，如果文件的大小不是所有页的大小之和，最后一个页不被使用的空间将会清零。mmap 在用户空间映射调用系统中的作用很大。

mmap 系统调用是将一个打开的文件映射到进程的用户空间，mmap 系统调用使得进程之间通过映射同一个普通文件实现共享内存。普通文件被映射到进程地址空间后，进程可以像访问普通内存一样对文件进行访问，不必再调用 read()、write()等操作。

它的优点是即使 App Crash 被 Kill 掉也不会丢数据，它的写入速度几乎和内存访问速度一样。

缺点是需要使用 NDK 编程，门槛略高。

16.2　网络诊断工具

本节介绍的例子是一款简单的网络诊断 App，如图 16-4 所示，采用 Kotlin 编写，基于 LiveData+ MVVM + Coroutines 实现。

这个例子的用途是判断 Android 系统是否网络通顺，提供 TCP、WebSocket 的客户端，便于在开发中进行通信调试，如图 16-5 所示。

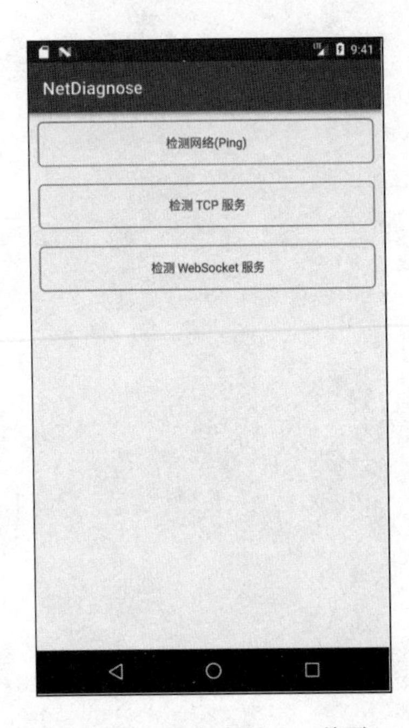

图 16-4 网络诊断 App 首页

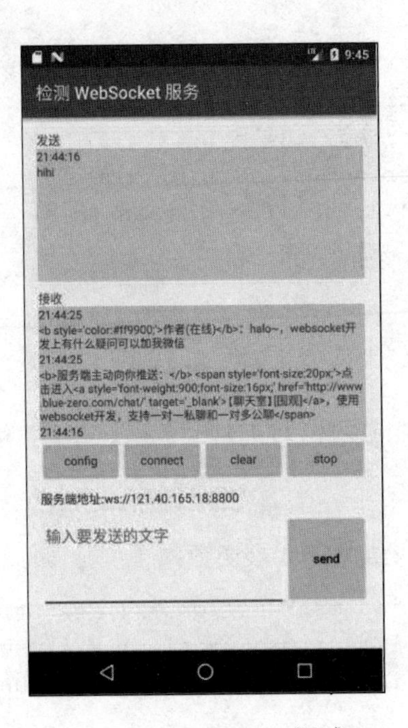

图 16-5 WebSocket 调试

下面介绍 App 的实现。

1. 首页

整个 App 的逻辑很简单，页面也很少，我们先从首页开始介绍。

（1）MainActivity 的代码

```
class MainActivity : BaseActivity() {
    private val mainViewModel by viewModelDelegate(MainViewModel::class)
    override fun layoutId(): Int = R.layout.activity_main
    override fun initView() {
        val permissionCheck = ContextCompat.checkSelfPermission(this,
Manifest.permission.WRITE_EXTERNAL_STORAGE)
        if (permissionCheck != PackageManager.PERMISSION_GRANTED) {
            ActivityCompat.requestPermissions(this,
arrayOf(Manifest.permission.WRITE_EXTERNAL_STORAGE), 0)
        }
        text1.clickWithTrigger {
            mainViewModel.getPingResult().observe(this, Observer {
                L.i("result = ${it.get()}")
                Toast.makeText(this@MainActivity,"result = ${it.get()}",
Toast.LENGTH_LONG).show()
            })
        }
        text2.clickWithTrigger {
            startActivity(Intent(this@MainActivity,TCPClientActivity::
class.java))
```

```
        }
        text3.clickWithTrigger {
            startActivity(Intent(this@MainActivity,WebSocketClientActivity::
class.java))
        }
    }
    override fun onRequestPermissionsResult(requestCode: Int, permissions:
Array<out String>, grantResults: IntArray) {
    }
}
```

在首页代码中，我们发现 MainViewModel 是使用 Kotlin 委托属性创建的，它替代了传统使用 ViewModelProviders 来创建 ViewModel。当然，也可以使用 Dagger2 或者其他 DI 框架通过依赖注入生成 ViewModel，笔者觉得委托的方式更简洁。

创建一个 ViewModelDelegate，以及 BaseActivity 的扩展函数：

```
class ViewModelDelegate<out T : BaseViewModel>(private val clazz: KClass<T>,
private val fromActivity: Boolean) {
    private var viewModel: T?=null
    operator fun getValue(thisRef: BaseActivity, property: KProperty<*>) =
buildViewModel(activity = thisRef)
    operator fun getValue(thisRef: Fragment, property: KProperty<*>) = if
(fromActivity)
        buildViewModel(activity = thisRef.activity as? BaseActivity
            ?: throw IllegalStateException("Activity must be as BaseActivity"))
    else buildViewModel(fragment = thisRef)
    private fun buildViewModel(activity: BaseActivity? = null, fragment:
Fragment? = null): T {
        if (viewModel != null) return viewModel!!
        activity?.let {
            viewModel = ViewModelProviders.of(it).get(clazz.java)
        } ?: fragment?.let {
            viewModel = ViewModelProviders.of(it).get(clazz.java)
        } ?: throw IllegalStateException("Activity or Fragment is null! ")
        return viewModel!!
    }
}
fun <T : BaseViewModel> BaseActivity.viewModelDelegate(clazz: KClass<T>) =
ViewModelDelegate(clazz, true)
```

其中，BaseActivity 是笔者项目中使用的类，读者也可以替换成自己项目对应的类。BaseActivity 的扩展函数 viewModelDelegate()支持在 Activity 中生成对应的 BaseViewModel。

当然，在 Fragment 中生成 ViewModel 也是可以的，创建一个 Fragment 的扩展函数即可，形如：

```
fun <T : BaseViewModel> BaseFragment.viewModelDelegate(clazz: KClass<T>,
fromActivity: Boolean = true) = ViewModelDelegate(clazz, fromActivity)
```

（2）MainViewModel 的代码

```
class MainViewModel : BaseViewModel() {
    private var liveData = MutableLiveData<Result<Boolean,Exception>>()
    fun getPingResult(): LiveData<Result<Boolean,Exception>> {
        val result = resultFrom {
            NetHelper.ping()
        }
        liveData.postValue(result)
        return liveData
    }
}
```

MainViewModel 继承自 BaseViewModel，否则无法通过委托属性生成 MainViewModel。MainViewModel 中的 LiveData 是一个可被观察的数据持有类，具有生命周期的感知。

LiveData 通过 setValue()和 postValue()来更新 LiveData 中的数据。其中，setValue()用于在主线程中更新值，postValue()则用于在工作线程中更新值。

resultFrom 是一个高阶函数，来自基于函数式包装的 Result.kt：

```
sealed class Result<out T, out E>
data class Success<out T>(val value: T) : Result<T, Nothing>()
data class Failure<out E>(val reason: E) : Result<Nothing, E>()
inline fun <T> resultFrom(block: () -> T): Result<T, Exception> =
    try {
        Success(block())
    } catch (x: Exception) {
        Failure(x)
    }
inline fun <T, T', E> Result<T, E>.map(f: (T) -> T'): Result<T', E> = flatMap
{ value -> Success(f(value)) }
inline fun <T, T', E> Result<T, E>.flatMap(f: (T) -> Result<T', E>): Result<T',
E> =
    when (this) {
        is Success<T> -> f(value)
        is Failure<E> -> this
    }
fun <T> Result<T, T>.get() = when (this) {
    is Success<T> -> value
    is Failure<T> -> reason
}
```

Kotlin 不对异常进行类型检查，通过这个 Result 可以对代码进行类型检查，以报告错误并从错误中恢复。Result <T,E>表示可能因 E 类型错误而失败的 T 值的计算结果。

作为开发者，可以使用 when 表达式来确定 Result 是成功还是失败。Kotlin 不支持 Monad 的语言支持，纯粹的单子方法变得冗长而笨拙，因此这个 Result 允许使用早期返回来避免传播错误时的深度嵌套。

（3）MainViewModel 在 Activity 中的使用

MainViewModel 的 getPingResult()返回的是一个 LiveData 对象。使用 LiveData 时，观察者（Observer）与被观察者（LifecycleOwner）需要成对出现。在 Activity 中，给通过 ViewModel 获取的 LiveData 对象添加观察者。当 ping 的结果更新时，观察者也会更新 Toast。

```
text1.clickWithTrigger {
    mainViewModel.getPingResult().observe(this, Observer {
        L.i("result = ${it.get()}")
        Toast.makeText(this@MainActivity,"result = ${it.get()}",
Toast.LENGTH_LONG).show()
    })
}
```

（4）View 的扩展

text1 使用的 clickWithTrigger 是一个扩展函数，它的作用是对 View 控件增加延迟过滤的点击功能。

```
fun <T : View> T.clickWithTrigger(time: Long = 600, block: (T) -> Unit){
    triggerDelay = time
    setOnClickListener {
        if (clickEnable()) {
            block(it as T)
        }
    }
}

private var <T : View> T.triggerLastTime: Long
    get() = if (getTag(1123460103) != null) getTag(1123460103) as Long else 0
    set(value) {
        setTag(1123460103, value)
    }

private var <T : View> T.triggerDelay: Long
    get() = if (getTag(1123461123) != null) getTag(1123461123) as Long else 600
    set(value) {
        setTag(1123461123, value)
    }

private fun <T : View> T.clickEnable(): Boolean {
    var flag = false
    val currentClickTime = System.currentTimeMillis()
    if (currentClickTime - triggerLastTime >= triggerDelay) {
        flag = true
    }
    triggerLastTime = currentClickTime
    return flag
}
```

2. TCPClientActivity

检测 TCP 服务的页面重点讲述 connect、send 两个按钮的作用及实现。

connect 按钮的作用是判断 TCP 是否建立成功，即判断 TCP 的服务端是否存在。

```
connect.clickWithTrigger {
    if (host.isNotEmpty() && port>0) {
        var socket:Socket?=null
        connect.autoDisposeScope.launch {
            runInBackground {
                try {
                    socket = Socket(host, port)
                    withUI {
                        Toast.makeText(this@TCPClientActivity, "TCP 建立连接成功",
Toast.LENGTH_SHORT).show()
                    }
                } catch (e: Exception) {
                    e.printStackTrace()
                    withUI {
                        Toast.makeText(this@TCPClientActivity, "TCP 建立连接失败",
Toast.LENGTH_SHORT).show()
                    }
                } finally {
                    closeQuietly(socket)
                }
            }
        }
    } else {
        Toast.makeText(this@TCPClientActivity, "请先配置服务端地址，再尝试连接",
Toast.LENGTH_SHORT).show()
    }
}
```

其中，connect 通过扩展属性 autoDisposeScope 来创建协程。

autoDisposeScope 在 11.5 节曾介绍过，能够创建在 View 的生命周期内自动 Disposable 的协程。

```
//运行在后台线程，支持异常处理，无返回结果
fun runInBackground(block: suspend CoroutineScope.() -> Unit) = ioScope().
launch(block = block)
```

withUI 表示切换回主线程，在主线程中显示 Toast，并没有创建新的协程。

```
suspend fun <T> withUI(block: action<T>): T = withContext(UI) {
    block()
}
```

send 按钮的作用是给 TCP 的服务端发送消息，并展示到 UI 控件上。

```
send.clickWithTrigger {
    val msg = send_et.text.toString()
```

```
        if (TextUtils.isEmpty(msg.trim { it <= ' ' })) {
            Toast.makeText(this@TCPClientActivity, "请输入发送的消息",
Toast.LENGTH_SHORT).show()
            return@clickWithTrigger
        }
        if (host.isNotEmpty() && port>0) {
            tcpClientViewModel.getResult(msg,host,port,flag).observe(this,
Observer {
                L.i("result = ${it.get()}")
                if (it.get() !is Exception) {
                    val messageBean = MessageBean(System.currentTimeMillis(), msg)
                    mSendMessageAdapter.dataList.add(0, messageBean)
                    runOnUiThread {
                        send_et.setText("")
                        mSendMessageAdapter.notifyDataSetChanged()
                    }
                    handlerMsg(it.get().toString())
                }
            })
        } else {
            Toast.makeText(this@TCPClientActivity, "请先配置服务端地址，再发送消息",
Toast.LENGTH_SHORT).show()
        }
    }
```

真正发送消息并返回结果是通过tcpClientViewModel的getResult()方法实现的，一旦返回结果，就会更新到Activity的UI控件上。

```
    class TCPClientViewModel : BaseViewModel() {
        private val liveData = MutableLiveData<Result<String,Exception>>()
        private val handler = UncaughtCoroutineExceptionHandler {
            L.e(it.localizedMessage)
        }
        fun getResult(cmd:String, host:String, port:Int, flag:Boolean):
LiveData<Result<String,Exception>> {
            viewModelScope.launch(IO + handler) {
                val job = runInBackground {
                    val value = resultFrom {
                        TCPUtils.sendMsgBySocket(cmd, host, port, flag)
                    }
                    liveData.postValue(value)
                }
                job.join()
            }
            return liveData
        }
    }
```

viewModelScope 是 ViewModel 类的扩展属性。取消不再需要的协程是一件容易被遗漏的事情，既枯燥，又会引入大量模板代码。使用 viewModelScope 可以在 ViewModel 销毁时自动取消其创建的协程。

使用 viewModelScope 需要引入 AndroidX 的 lifecycle-viewmodel-ktx 库。

整个工程的源码地址：https://github.com/fengzhizi715/NetDiagnose。

16.3 使用 Netty 构建一个在 Android 上运行的 Web 服务器

16.3.1 开发背景

2019 年下半年，笔者一直开发自助手机回收机项目。该项目有点类似于 IoT 项目，通过 Android 系统来操作回收机中的各种传感器，以此来控制回收机中的各种硬件。这涉及各种通信协议，例如串口的通信，还有 TCP、HTTP 协议等。

在我们的回收机中，Android 上使用的 HTTP 服务来自一个第三方库，从监控方面看，最近该库报错有一点多。

我们的回收机本身提供的 TCP、WebSocket 服务均由 Netty 开发，而 HTTP 服务运行在 TCP 上，因此也可以使用 Netty 来提供 HTTP 服务，从而减少对第三方库的依赖。

16.3.2 AndroidServer 的特性

基于上面的开发背景，笔者抽空开发了一个 AndroidServer。

GitHub 地址：https://github.com/fengzhizi715/AndroidServer。

其特性包括：

- 支持HTTP、TCP、WebSocket服务。
- 支持Rest格的API、文件上传和下载。
- 支持加载静态网页。
- HTTP的路由表、全局的HttpFilter均采用字典树（Tried Tree）实现。
- 日志隔离，开发者可以使用自己的日志库。
- core模块只依赖 netty-all，不依赖其他第三方库。

16.3.3 AndroidServer 的设计原理

1. HTTP服务之Request和Response

一个完整的 HTTP 服务一定需要 Request 和 Response。

```
interface Request {
    fun method(): HttpMethod
    fun url(): String
    fun headers(): MutableMap<String, String>
    fun header(name: String): String?
    fun cookies(): Set<HttpCookie>
```

```
    fun params(): MutableMap<String, String>
    fun param(name: String): String?
    fun content(): String
    fun file(name:String): UploadFile
}

interface Response {
    fun setStatus(status: HttpResponseStatus): Response
    fun setBodyJson(any: Any): Response
    fun setBodyHtml(html: String): Response
    fun setBodyData(contentType: String, data: ByteArray): Response
    fun setBodyText(text: String): Response
    fun sendFile(bytes: ByteArray , fileName: String , contentType: String):
Response
    fun addHeader(key: CharSequence, value: CharSequence): Response
    fun addHeader(key: AsciiString, value: AsciiString): Response
    fun addCookie(cookie: HttpCookie): Response
    fun html(context:Context, view: String): Response
}
```

在 AndroidServer 中，它们的实现者分别是 HttpRequest 和 HttpResponse。

其中，HttpRequest 包含 Netty 的 FullHttpRequest，HttpResponse 包含 Netty 的 Channel、DefaultFullHttpResponse。

FullHttpRequest 包含 HttpRequest 和 FullHttpMessage，是一个 HTTP 请求的完全体。

通过 FullHttpRequest 可以从中提取 HTTP 请求方法、请求头、请求体的具体信息，包括 cookie、parameter 等。

Channel 是 Netty 网络操作抽象类，包括网络的读、写、发起连接、链路关闭等，它是 Netty 网络通信的主体。

Channel 代表了一个 Socket 链接，通过 DefaultFullHttpResponse 来构造完整的 HttpResponse。

```
fun buildFullH1Response(): FullHttpResponse {
    var status = this.status
    val response = DefaultFullHttpResponse(HttpVersion.HTTP_1_1,
status?:HttpResponseStatus.OK, buildBodyData())
    response.headers().set(HttpHeaderNames.SERVER, SERVER_VALUE)
    headers.forEach { (key, value) -> response.headers().set(key, value) }
    response.headers().set(HttpHeaderNames.CONTENT_LENGTH,
buildBodyData().readableBytes())
    return response
}
```

因此，最终通过如下配置完成简单的 HTTP 1.1 服务：

```
pipeline
    .addLast("http-codec", HttpServerCodec())
    .addLast("aggregator", HttpObjectAggregator(builder. maxContentLength))
    .addLast("request-handler", H1BrokerHandler(routeRegistry))
```

HttpServerCodec 是 Netty 针对 HTTP 编解码的处理类，但是这些只能处理像 http get 的请求。HttpObjectAggregator 把 HttpMessage 和 HttpContent 聚合成为一个 FullHttpRquest 或者 FullHttpRsponse。

上述两个是 Netty 自带的 Handler，H1BrokerHandler 是由我们编写的。在 H1BrokerHandler 中，request 请求通过查找路由表找到对应的 RequestHandler，并构造相应的 response。

```
    class H1BrokerHandler(private val routeRegistry: RouteTable):
ChannelInboundHandlerAdapter() {

        @Throws(Exception::class)
        override fun channelRead(ctx: ChannelHandlerContext, msg: Any) {
            if (msg is FullHttpRequest) {

                val request = HttpRequest(msg)
                val response = routeRegistry.getHandler(request)?.let {
                    val impl = it.invoke(request, HttpResponse(ctx.channel())) as
HttpResponse
                    impl.buildFullH1Response()
                }

ctx.channel().writeAndFlush(response).addListener(ChannelFutureListener.CLOSE)
            } else {
                LogManager.w("H1BrokerHandler","unknown message type ${msg}")
            }
            ctx.fireChannelRead(msg)
        }
    }
```

2. 字典树

RequestHandler 是一个别名：

```
typealias RequestHandler = (Request, Response) -> Response
```

路由表中定义了多个字典树：

```
object RouteTable {
    private val getTrie: PathTrie<RequestHandler> = PathTrie()
    private val postTrie: PathTrie<RequestHandler> = PathTrie()
    private val putTrie: PathTrie<RequestHandler> = PathTrie()
    private val deleteTrie: PathTrie<RequestHandler> = PathTrie()
    private val headTrie: PathTrie<RequestHandler> = PathTrie()
    private val traceTrie: PathTrie<RequestHandler> = PathTrie()
    private val connectTrie: PathTrie<RequestHandler> = PathTrie()
    private val optionsTrie: PathTrie<RequestHandler> = PathTrie()
    private val patchTrie: PathTrie<RequestHandler> = PathTrie()
    private var errorController: RequestHandler?=null

    fun registHandler(method: HttpMethod, url: String, handler: RequestHandler) {
        getTable(method).insert(url, handler)
    }
```

```
    private fun getTable(method: HttpMethod): PathTrie<RequestHandler> =
        when (method) {
            HttpMethod.GET     -> getTrie
            HttpMethod.POST    -> postTrie
            HttpMethod.PUT     -> putTrie
            HttpMethod.DELETE  -> deleteTrie
            HttpMethod.HEAD    -> headTrie
            HttpMethod.TRACE   -> traceTrie
            HttpMethod.CONNECT -> connectTrie
            HttpMethod.OPTIONS -> optionsTrie
            HttpMethod.PATCH   -> patchTrie
        }

    /**
     * 支持自定义错误的
     */
    fun errorController(errorController: RequestHandler) {
        this.errorController = errorController
    }

    fun getHandler(request: Request): RequestHandler = getTable
(request.method()).fetch(request.url(),request.params())
        ?: errorController
        ?: NotFound()

    fun isNotEmpty():Boolean = !isEmpty()

    fun isEmpty():Boolean = getTrie.getRoot().getChildren().isEmpty()
            && postTrie.getRoot().getChildren().isEmpty()
            && putTrie.getRoot().getChildren().isEmpty()
            && deleteTrie.getRoot().getChildren().isEmpty()
            && headTrie.getRoot().getChildren().isEmpty()
            && traceTrie.getRoot().getChildren().isEmpty()
            && connectTrie.getRoot().getChildren().isEmpty()
            && optionsTrie.getRoot().getChildren().isEmpty()
            && patchTrie.getRoot().getChildren().isEmpty()
}
```

在计算机科学中，Trie 又称前缀树或字典树，是一种有序树，用于保存关联数组，其中的键通常是字符串。与二叉查找树不同，键不是直接保存在节点中，而是由节点在树中的位置决定的。一个节点的所有子孙都有相同的前缀，也就是这个节点对应的字符串，而根节点对应空字符串。一般情况下，不是所有的节点都有对应的值，只有叶子节点和部分内部节点所对应的键才有相关的值。

字典树的核心思想是空间换时间，它在搜索字符串时是非常高效的，适合构建文本搜索和词频统计等应用。

在 AndroidServer 中，使用字典树这种数据结构来存储 HTTP 服务的路径和对应的 RequestHandler，主要是因为其查找的速度快于正则表达式。

3. Socket服务

AndroidServer 的 Socket 服务支持一个端口能够同时监听 TCP/Web Socket 协议。下面主要介绍 AndroidServer 所需要的 childHandler。

NettyServerInitializer 是服务端跟客户端连接之后使用的 childHandler：

```
class NettySocketServerInitializer(private val webSocketPath:String,private
val mListener: SocketListener<String>) : ChannelInitializer<SocketChannel>() {
    @Throws(Exception::class)
    public override fun initChannel(ch: SocketChannel) {
        val pipeline = ch.pipeline()
        pipeline.addLast("active", ChannelActiveHandler(mListener))
        pipeline.addLast("socketChoose", SocketChooseHandler(webSocketPath))

        pipeline.addLast("string_encoder", StringEncoder(CharsetUtil.UTF_8))
        pipeline.addLast("linebased", LineBasedFrameDecoder(1024))
        pipeline.addLast("string_decoder", StringDecoder(CharsetUtil.UTF_8))
        pipeline.addLast("common_handler", CustomerServerHandler(mListener))
    }
}
```

NettyServerInitializer 包含多个 Handler：连接使用的 ChannelActiveHandler，协议选择使用的 SocketChooseHandler，TCP 消息使用的 StringEncoder、LineBasedFrameDecoder、StringDecoder，以及最终处理消息的 CustomerServerHandler。

ChannelActivityHandler 示例代码如下：

```
@ChannelHandler.Sharable
class ChannelActiveHandler(private val mListener: SocketListener<String>) :
ChannelInboundHandlerAdapter() {
    @Throws(Exception::class)
    override fun channelActive(ctx: ChannelHandlerContext) {

        val insocket = ctx.channel().remoteAddress() as InetSocketAddress
        val clientIP = insocket.address.hostAddress
        val clientPort = insocket.port
        LogManager.i("ChannelActiveHandler","新的连接：$clientIP : $clientPort")
        mListener.onChannelConnect(ctx.channel())
    }
}
```

SocketChooseHandler 通过读取消息来区分是 WebSocket 还是 Socket。如果是 WebSocket 的话，去掉 Socket 使用的相关 Handler。

```
class SocketChooseHandler(val webSocketPath:String) : ByteToMessageDecoder() {
    @Throws(Exception::class)
    override fun decode(ctx: ChannelHandlerContext, `in`: ByteBuf, out:
List<Any>) {
        val protocol = getBufStart(`in`)
```

```
        if (protocol.startsWith(WEBSOCKET_PREFIX)) {
            PipelineAdd.websocketAdd(ctx,webSocketPath)
            ctx.pipeline().remove("string_encoder")
            ctx.pipeline().remove("linebased")
            ctx.pipeline().remove("string_decoder")
        }
        `in`.resetReaderIndex()
        ctx.pipeline().remove(this.javaClass)
    }
    private fun getBufStart(`in`: ByteBuf): String {
        var length = `in`.readableBytes()
        if (length > MAX_LENGTH) {
            length = MAX_LENGTH
        }
        //标记读位置
        `in`.markReaderIndex()
        val content = ByteArray(length)
        `in`.readBytes(content)
        return String(content)
    }
    companion object {
        /** 默认暗号长度为23 */
        private val MAX_LENGTH = 23
        /** WebSocket握手的协议前缀 */
        private val WEBSOCKET_PREFIX = "GET /"
    }
}
```

StringEncoder、LineBasedFrameDecoder、StringDecoder都是Netty内置的编、解码器。其中，LineBasedFrameDecoder用于解决 TCP粘包/拆包的问题。

CustomerServerHandler示例代码如下：

```
@ChannelHandler.Sharable
class CustomerServerHandler(private val mListener: SocketListener<String>) :
SimpleChannelInboundHandler<Any>() {
    @Throws(Exception::class)
    override fun channelReadComplete(ctx: ChannelHandlerContext) {
    }
    override fun exceptionCaught(ctx: ChannelHandlerContext, cause: Throwable) {
        cause.printStackTrace()
        ctx.close()
    }

    @Throws(Exception::class)
    override fun channelRead0(ctx: ChannelHandlerContext, msg: Any) {

        val buff = msg as ByteBuf
        val info = buff.toString(CharsetUtil.UTF_8)
```

```
            LogManager.d(TAG,"收到消息内容：$info")
        }

        @Throws(Exception::class)
        override fun channelRead(ctx: ChannelHandlerContext, msg: Any) {
            if (msg is WebSocketFrame) {  //WebSocket消息处理
                val webSocketInfo = (msg as TextWebSocketFrame).text().trim { it <=
' ' }
                LogManager.d(TAG, "收到WebSocketSocket消息：$webSocketInfo")
                mListener.onMessageResponseServer(webSocketInfo , ctx.channel().
id().asShortText())
            } else if (msg is String){   //Socket消息处理
                LogManager.d(TAG, "收到socket消息：$msg")
                mListener.onMessageResponseServer(msg, ctx.channel().id().
asShortText())
            }
        }
        //断开连接
        @Throws(Exception::class)
        override fun channelInactive(ctx: ChannelHandlerContext) {
            super.channelInactive(ctx)
            LogManager.d(TAG, "channelInactive")
            val reAddr = ctx.channel().remoteAddress() as InetSocketAddress
            val clientIP = reAddr.address.hostAddress
            val clientPort = reAddr.port
            LogManager.d(TAG,"连接断开：$clientIP : $clientPort")
            mListener.onChannelDisConnect(ctx.channel())
        }
        companion object {
            private val TAG = "CustomerServerHandler"
        }
    }
```

16.3.4 AndroidServer 的使用

1. HTTP服务

通过使用 Service 来提供一个 HTTP 服务，它的 HTTP 服务本身支持 Rest 风格、跨域、Cookies 等。

```
class HttpService : Service() {
    private lateinit var androidServer: AndroidServer
    override fun onCreate() {
        super.onCreate()
        startServer()
    }
    //启动 HTTP 服务端
    private fun startServer() {
        androidServer = AndroidServer.Builder().converter(GsonConverter()).
build()
```

```
        androidServer
            .get("/hello") { _, response: Response ->
                response.setBodyText("hello world")
            }
            .get("/sayHi/{name}") { request,response: Response ->
                val name = request.param("name")
                response.setBodyText("hi $name!")
            }
            .post("/uploadLog") { request,response: Response ->
                val requestBody = request.content()
                response.setBodyText(requestBody)
            }
            .start()
    }
    override fun onStartCommand(intent: Intent?, flags: Int, startId: Int): Int {
        return super.onStartCommand(intent, flags, startId)
    }
    override fun onDestroy() {
        androidServer.close()
        super.onDestroy()
    }
    override fun onBind(intent: Intent): IBinder? {
        return null
    }
}
```

测试：

```
curl -v 127.0.0.1:8080/hello
*   Trying 127.0.0.1...
* Connected to 127.0.0.1 (127.0.0.1) port 8080 (#0)
> GET /hello HTTP/1.1
> Host: 127.0.0.1:8080
> User-Agent: curl/7.50.1-DEV
> Accept: */*
>
< HTTP/1.1 200 OK
< server: monica
< content-type: text/plain
< content-length: 11
<
* Connection #0 to host 127.0.0.1 left intact
hello world
...
...
curl -v -d 测试 127.0.0.1:8080/uploadLog
*   Trying 127.0.0.1...
```

```
* Connected to 127.0.0.1 (127.0.0.1) port 8080 (#0)
> POST /uploadLog HTTP/1.1
> Host: 127.0.0.1:8080
> User-Agent: curl/7.50.1-DEV
> Accept: */*
> Content-Length: 6
> Content-Type: application/x-www-form-urlencoded
>
* upload completely sent off: 6 out of 6 bytes
< HTTP/1.1 200 OK
< server: monica
< content-type: text/plain
< content-length: 6
<
* Connection #0 to host 127.0.0.1 left intact
测试
```

2. Socket服务

对于 Socket 服务，AndroidServer 支持同一个端口同时提供 TCP/WebSocket 服务。

```
class SocketService : Service() {
    private lateinit var androidServer: AndroidServer
    override fun onCreate() {
        super.onCreate()
        startServer()
    }

    //启动 Socket 服务端
    private fun startServer() {
        androidServer = AndroidServer.Builder().converter(GsonConverter()).
port(8888).logProxy(LogProxy).build()

        androidServer
            .socket("/ws", object: SocketListener<String> {
                override fun onMessageResponseServer(msg: String, ChannelId:
String) {
                    LogManager.d("SocketService","msg = $msg")
                }
                override fun onChannelConnect(channel: Channel) {
                    val insocket = channel.remoteAddress() as InetSocketAddress
                    val clientIP = insocket.address.hostAddress
                    LogManager.d("SocketService","connect client: $clientIP")

                }
                override fun onChannelDisConnect(channel: Channel) {
                    val ip = channel.remoteAddress().toString()
                    LogManager.d("SocketService","disconnect client: $ip")
                }
```

```
            })
            .start()
    }

    override fun onStartCommand(intent: Intent?, flags: Int, startId: Int): Int {
        return super.onStartCommand(intent, flags, startId)
    }
    override fun onDestroy() {

        androidServer.close()
        super.onDestroy()
    }
    override fun onBind(intent: Intent): IBinder? {
        return null
    }
}
```

Socket 服务可以使用 16.2 节的项目进行测试。

16.4 实现协程版本的 EventBus

16.4.1 RxJava 版本的 EventBus

2017 年，笔者在写《RxJava 2.x 实战》的时候，写过一个 RxJava 2 版本的 EventBus，并且在实际的项目中验证过。

它还需要一个第三方库 RxRelay。RxRelay 中的各个 Relay 既是 Observable，又是 Consumer 的 RxJava 类型，它们是没有 onComplete 和 onError 的 Subject。所以没必要担心下游触发的终止状态（onComplete 或 onError）。

RxRelay 的 GitHub 地址：https://github.com/JakeWharton/RxRelay。

RxBus 的源码如下：

```
package com.safframework.study.rxbus4;
import com.jakewharton.rxrelay2.PublishRelay;
import com.jakewharton.rxrelay2.Relay;
import java.util.Map;
import java.util.concurrent.ConcurrentHashMap;
import io.reactivex.Observable;
import io.reactivex.ObservableEmitter;
import io.reactivex.ObservableOnSubscribe;
import io.reactivex.Scheduler;
import io.reactivex.android.schedulers.AndroidSchedulers;
import io.reactivex.annotations.NonNull;
import io.reactivex.disposables.Disposable;
import io.reactivex.functions.Action;
import io.reactivex.functions.Consumer;
```

```
/**
 * Created by Tony Shen on 2017/6/14.
 */
public class RxBus {
    private Relay<Object> bus = null;
    private static RxBus instance;
    private final Map<Class<?>, Object> mStickyEventMap;
    //禁用构造方法
    private RxBus() {
        bus = PublishRelay.create().toSerialized();
        mStickyEventMap = new ConcurrentHashMap<>();
    }

    public static RxBus get() {
        return Holder.BUS;
    }

    public void post(Object event) {
        bus.accept(event);
    }

    public void postSticky(Object event) {
        synchronized (mStickyEventMap) {
            mStickyEventMap.put(event.getClass(), event);
        }
        bus.accept(event);
    }

    public <T> Observable<T> toObservable(Class<T> eventType) {
        return bus.ofType(eventType);
    }

    /**
     * 根据传递的 eventType 类型返回特定类型(eventType)的被观察者
     */
    public <T> Observable<T> toObservableSticky(final Class<T> eventType) {
        synchronized (mStickyEventMap) {
            Observable<T> observable = bus.ofType(eventType);
            final Object event = mStickyEventMap.get(eventType);
            if (event != null) {
                return observable.mergeWith(Observable.create(new
ObservableOnSubscribe<T>() {
                    @Override
                    public void subscribe(@NonNull ObservableEmitter<T> e) throws
Exception {
                        e.onNext(eventType.cast(event));
                    }
                }));
            } else {
                return observable;
```

```
            }
        }
    }
    public boolean hasObservers() {
        return bus.hasObservers();
    }

    public <T> Disposable register(Class<T> eventType, Scheduler scheduler,
Consumer<T> onNext) {
        return toObservable(eventType).observeOn(scheduler).
subscribe(onNext);
    }

    public <T> Disposable register(Class<T> eventType, Scheduler scheduler,
                Consumer<T> onNext, Consumer onError,Action onComplete,
                Consumer onSubscribe) {
        return toObservable(eventType).observeOn(scheduler).subscribe(onNext,
onError, onComplete, onSubscribe);
    }

    public <T> Disposable register(Class<T> eventType, Scheduler scheduler,
                Consumer<T> onNext, Consumer onError,Action onComplete) {
        return toObservable(eventType).observeOn(scheduler).subscribe(onNext,
onError, onComplete);
    }

    public <T> Disposable register(Class<T> eventType, Scheduler scheduler,
Consumer<T> onNext, Consumer onError) {
        return toObservable(eventType).observeOn(scheduler).subscribe(onNext,
onError);
    }

    public <T> Disposable register(Class<T> eventType, Consumer<T> onNext) {
        return toObservable(eventType).observeOn(AndroidSchedulers.
mainThread()).subscribe(onNext);
    }

    public <T> Disposable register(Class<T> eventType, Consumer<T> onNext,
                Consumer onError,Action onComplete, Consumer onSubscribe) {

        return toObservable(eventType).observeOn(AndroidSchedulers.
                mainThread()).subscribe(onNext, onError, onComplete,
                onSubscribe);
    }

    public <T> Disposable register(Class<T> eventType, Consumer<T> onNext,
                Consumer onError, Action onComplete) {
        return toObservable(eventType).observeOn(AndroidSchedulers.
mainThread()).subscribe(onNext, onError, onComplete);
    }

    public <T> Disposable register(Class<T> eventType, Consumer<T> onNext,
Consumer onError) {
```

```
        return toObservable(eventType).observeOn(AndroidSchedulers.
mainThread()).subscribe(onNext, onError);
    }

    public <T> Disposable registerSticky(Class<T> eventType, Scheduler scheduler,
Consumer<T> onNext) {
        return toObservableSticky(eventType).observeOn(scheduler).subscribe
(onNext);
    }

    public <T> Disposable registerSticky(Class<T> eventType, Consumer<T> onNext) {
        return toObservableSticky(eventType).observeOn(AndroidSchedulers.
mainThread()).subscribe(onNext);
    }

    public <T> Disposable registerSticky(Class<T> eventType, Consumer<T> onNext,
Consumer onError) {
        return toObservableSticky(eventType).observeOn(AndroidSchedulers.
mainThread()).subscribe(onNext,onError);
    }

    /**
     * 移除指定 eventType 的 Sticky 事件
     */
    public <T> T removeStickyEvent(Class<T> eventType) {
        synchronized (mStickyEventMap) {
            return eventType.cast(mStickyEventMap.remove(eventType));
        }
    }

    /**
     * 移除所有的 Sticky 事件
     */
    public void removeAllStickyEvents() {
        synchronized (mStickyEventMap) {
            mStickyEventMap.clear();
        }
    }

    public void unregister(Disposable disposable) {
        if (disposable != null && !disposable.isDisposed()) {
            disposable.dispose();
        }
    }

    private static class Holder {
        private static final RxBus BUS = new RxBus();
    }
}
```

该版本的 RxBus 支持异常处理和 Sticky 事件，唯一的缺点是不支持 Backpressure。

16.4.2　Kotlin Coroutine 版本的 EventBus

既然有了之前的 RxBus，为何要重新写一个呢？因为笔者当时（2019 年下半年）接手了一个比较紧急的项目，是一个运行在某开发板上的 Android 项目。该项目采用的架构比较旧，例如 RxJava 还在使用 1.x 版本。

首先，那个项目并没有采用 EventBus。笔者写的某一个 Service 需要跟 Activities 通信。笔者想省事，当然采用 EventBus 会比较简单。但是，我们的 RxJava 版本还在用 1.x。

幸好，我们新的功能使用 Kotlin 进行开发，部分代码还用了 Coroutine，于是笔者想到了使用 Coroutine 的 Channel 来实现 EventBus。

Channel 可以实现协程之间的数据通信。Kotlin 的 Channel 与 Java 的 BlockingQueue 类似。BlockingQueue 的 put 和 take 操作相当于 Channel 的 send 和 receive 操作，但是 BlockingQueue 是阻塞操作，而 Channel 是挂起操作。

EventBus 用于注册普通事件、Sticky 事件以及事件的发布等。

```
package com.safframework.eventbus
import android.util.Log
import kotlinx.coroutines.*
import java.util.concurrent.ConcurrentHashMap
import kotlin.coroutines.CoroutineContext

/**
 *
 * @FileName:
 *         com.safframework.eventbus.EventBus
 * @author: Tony Shen
 * @date: 2019-08 24 23:28
 * @version: V1.0 <描述当前版本功能>
 */
val UI: CoroutineDispatcher = Dispatchers.Main
object EventBus: CoroutineScope {
   private val TAG = "EventBus"
   private val job = SupervisorJob()
   override val coroutineContext: CoroutineContext = Dispatchers.Default + job
   private val contextMap = ConcurrentHashMap<String, MutableMap<Class<*>,
EventData<*>>>()
   private val mStickyEventMap = ConcurrentHashMap<Class<*>, Any>()

   @JvmStatic
   fun <T> register(
      contextName: String,
      eventDispatcher: CoroutineDispatcher = UI,
      eventClass: Class<T>,
      eventCallback: (T) -> Unit
   ) {
```

```
            val eventDataMap = if (contextMap.containsKey(contextName)) {
                contextMap[contextName]!!
            } else {
                val eventDataMap = mutableMapOf<Class<*>, EventData<*>>()
                contextMap[contextName] = eventDataMap
                eventDataMap
            }
            eventDataMap[eventClass] = EventData(this, eventDispatcher,
eventCallback)
        }

        @JvmStatic
        fun <T> register(
            contextName: String,
            eventDispatcher: CoroutineDispatcher = UI,
            eventClass: Class<T>,
            eventCallback: (T) -> Unit,
            eventFail:(Throwable)->Unit
        ) {
            val eventDataMap = if (contextMap.containsKey(contextName)) {
                contextMap[contextName]!!
            } else {
                val eventDataMap = mutableMapOf<Class<*>, EventData<*>>()
                contextMap[contextName] = eventDataMap
                eventDataMap
            }
            eventDataMap[eventClass] = EventData(this, eventDispatcher,
eventCallback, eventFail)
        }

        @JvmStatic
        fun <T> registerSticky(
            contextName: String,
            eventDispatcher: CoroutineDispatcher = UI,
            eventClass: Class<T>,
            eventCallback: (T) -> Unit
        ) {
            val eventDataMap = if (contextMap.containsKey(contextName)) {
                contextMap[contextName]!!
            } else {
                val eventDataMap = mutableMapOf<Class<*>, EventData<*>>()
                contextMap[contextName] = eventDataMap
                eventDataMap
            }
            eventDataMap[eventClass] = EventData(this, eventDispatcher,
eventCallback)
            val event = mStickyEventMap[eventClass]
            event?.let {
```

```
                postEvent(it)
            }
        }

        @JvmStatic
        fun <T> registerSticky(
            contextName: String,
            eventDispatcher: CoroutineDispatcher = UI,
            eventClass: Class<T>,
            eventCallback: (T) -> Unit,
            eventFail:(Throwable)->Unit
        ) {
            val eventDataMap = if (contextMap.containsKey(contextName)) {
                contextMap[contextName]!!
            } else {
                val eventDataMap = mutableMapOf<Class<*>, EventData<*>>()
                contextMap[contextName] = eventDataMap
                eventDataMap
            }
            eventDataMap[eventClass] = EventData(this, eventDispatcher,
eventCallback, eventFail)
            val event = mStickyEventMap[eventClass]
            event?.let {
                postEvent(it)
            }
        }

        @JvmStatic
        fun post(event: Any, delayTime: Long = 0) {
            if (delayTime > 0) {
                launch {
                    delay(delayTime)
                    postEvent(event)
                }
            } else {
                postEvent(event)
            }
        }

        @JvmStatic
        fun postSticky(event: Any) {

            mStickyEventMap[event.javaClass] = event
        }
        @JvmStatic
        fun unregisterAllEvents() {
            Log.i(TAG,"unregisterAllEvents()")
            coroutineContext.cancelChildren()
            for ((_, eventDataMap) in contextMap) {
```

```
            eventDataMap.values.forEach {
                it.cancel()
            }
            eventDataMap.clear()
        }
        contextMap.clear()
    }

    @JvmStatic
    fun unregister(contextName: String) {

        Log.i(TAG,"$contextName")

        val cloneContexMap = ConcurrentHashMap<String, MutableMap<Class<*>,
EventData<*>>>()
        cloneContexMap.putAll(contextMap)
        val map = cloneContexMap.filter { it.key == contextName }
        for ((_, eventDataMap) in map) {
            eventDataMap.values.forEach {
                it.cancel()
            }
            eventDataMap.clear()
        }
        contextMap.remove(contextName)
    }

    @JvmStatic
    fun <T> removeStickyEvent(eventType: Class<T>) {
        mStickyEventMap.remove(eventType)
    }
    private fun postEvent(event: Any) {
        val cloneContexMap = ConcurrentHashMap<String, MutableMap<Class<*>,
EventData<*>>>()
        cloneContexMap.putAll(contextMap)
        for ((_, eventDataMap) in cloneContexMap) {
            eventDataMap.keys
                .firstOrNull { it == event.javaClass || it ==
event.javaClass.superclass }
                ?.let { key -> eventDataMap[key]?.postEvent(event) }
        }
    }
}
```

EventData 通过 Channel 实现真正的发送、消费事件。

```
package com.safframework.eventbus
import kotlinx.coroutines.CoroutineDispatcher
import kotlinx.coroutines.CoroutineScope
import kotlinx.coroutines.channels.Channel
import kotlinx.coroutines.channels.consumeEach
```

```
import kotlinx.coroutines.launch
import java.lang.Exception

/**
 *
 * @FileName:
 *       com.safframework.eventbus.EventData
 * @author: Tony Shen
 * @date: 2019-08-25 00:20
 * @version: V1.0 <描述当前版本功能>
 */
data class EventData<T>(
    val coroutineScope: CoroutineScope,
    val eventDispatcher: CoroutineDispatcher,
    val onEvent: (T) -> Unit,
    val exception: ((Throwable)->Unit)? = null
) {

    private val channel = Channel<T>()
    init {
        coroutineScope.launch {
            channel.consumeEach { //消费者循环地消费消息
                launch(eventDispatcher) {
                    if (exception!=null) {
                        try{
                            onEvent(it)
                        } catch (e:Exception) {

                            exception.invoke(e)
                        }
                    } else {

                        onEvent(it)
                    }
                }
            }
        }
    }

    fun postEvent(event: Any) {
        if (!channel.isClosedForSend) {

            coroutineScope.launch {
                channel.send(event as T)
            }
        } else {
            println("Channel is closed for send")
        }
    }
```

```
    fun cancel() {
        channel.cancel()
    }
}
```

EventBus GitHub 地址：https://github.com/fengzhizi715/EventBus。

该版本的EventBus跟RxBus的功能基本一致。上述GitHub地址中，包含DEMO，介绍了EventBus的具体使用，其实跟RxBus的使用一致。

16.4.3 小结

该版本的EventBus只是给不使用RxBus或者其他版本的EventBus提供了另一种选择。当然，Kotlin的Channel机制确实很便利。

16.5 总结

本章介绍了在实际应用中使用Kotlin在Android领域的一些实际案例。这些案例更偏重一些基础设施的建设，这方面的内容需要更多地使用设计模式、计算机理论知识等。再结合Kotlin进行开发会有事半功倍的效果。

第17章 响应式开发实战

本章介绍响应式开发的一些技巧、案例，以及 Kotlin 如何结合 RxJava 进行开发的一些案例。

17.1 封装一个基于 RxJava 的任务框架 RxTask

RxTask GitHub 地址：https://github.com/KilleTom/RxTask。

在开始构建我们的 RxTask 之前，先试想一下这句话："万物皆对象"。利用这样一个思维，我们可将大部分需要进行异步处理的业务逻辑看成一个抽象运算逻辑，而成功、失败只是运算结果的输出。结合 RxJava，我们可以这样封装一个异步线程库，如图 17-1 所示。

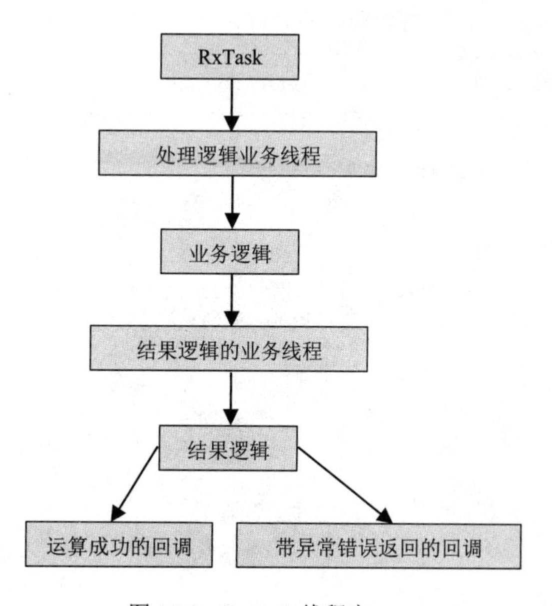

图 17-1 RxTask 线程库

17.1.1 RxTask 奠基石的实现

在自定义 Task 之前，我们先将这个 Task 动作以及一些事件拆解一下。俗话说得好，“要想轮子玩得转，齿轮得通用”。

首先一个 Task 最起码的动作要有，如图 17-2 所示。

有了 Task 启动和取消这两个基本操作，想想还缺了什么？有的人就说了：“Task 的目标结果呢？、Task 是否处于启动状态？”

基于 ITask，我们可以这样做，如图 17-3 所示。

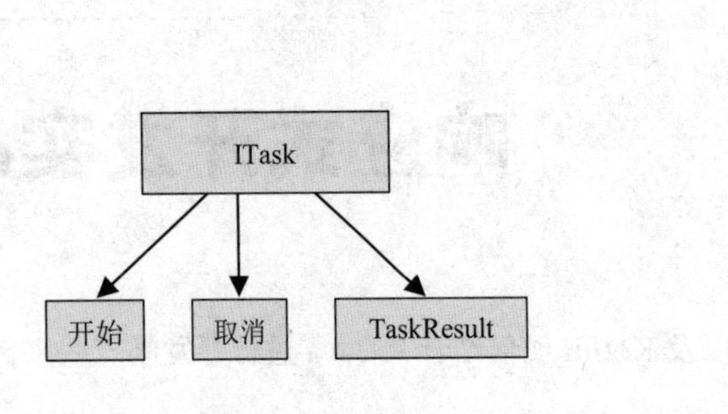

图 17-2 Task 的作用

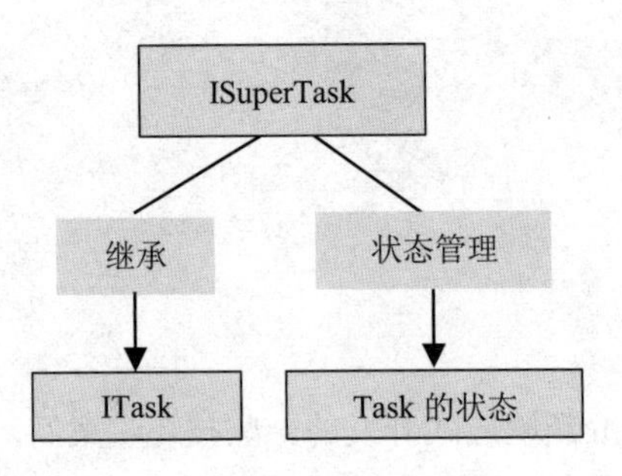

图 17-3 定义 ISuperTask

这个基本的抽象目标已经有了，我们可以这样实现：

```
//利用接口抽象 ITask
//利用泛型定义 Task 的目标
interface ITask<RESULT> {
    fun start()
    fun cancel()
}
```

我们有了ITask，那么，这个ITask专属的异常体系又该怎么实现呢？先别急，请看图17-4所示。

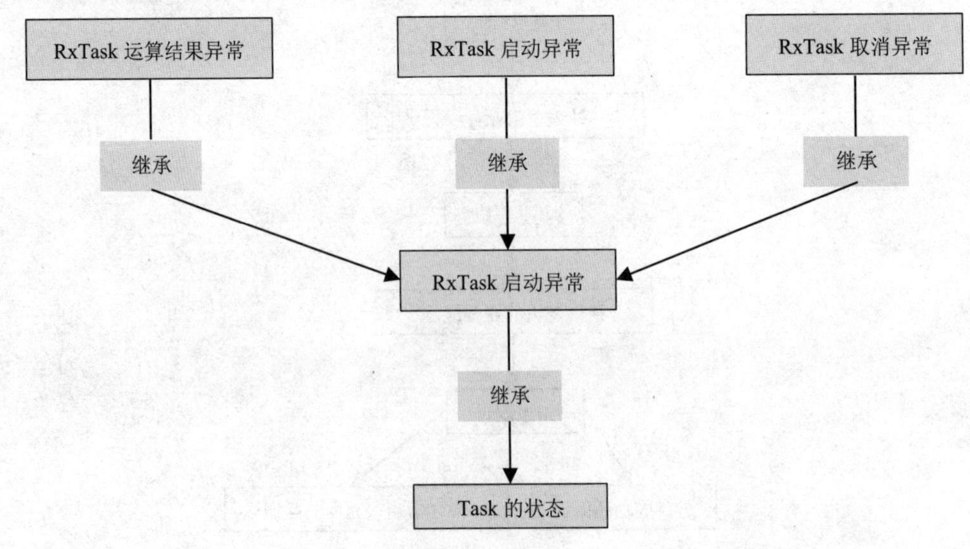

图 17-4 RxTask 异常体系

我们已经完成了一大步。基于这样的抽象概念和异常体系，其实我们可以这样实现 ISuperTask：

```
abstract class ISuperTask<RESULT> : ITask<RESULT>{
    //利用它针对 Task 当前进行判断
    protected var TASK_CURRENT_STATUS = NORMAL_STATUS
    override fun start() {
        if (TASK_CURRENT_STATUS == RUNNING_STATUS) {
            logD("TASK already start")
            return
        }
        TASK_CURRENT_STATUS = RUNNING_STATUS
    }
    override fun cancel() {
        TASK_CURRENT_STATUS = CANCEL_STATUS
    }
    protected open fun finalResetAction(){
    }
    //每一个 Task 的 runnning 状态判断存在着不一样的判断，故抽象成一个方法
    abstract fun running(): Boolean
    //use this can be judge task can be running, it was throw error when task
was stop
    fun judgeRunningError() {
        if (!running()) {
            TASK_CURRENT_STATUS = STOP_STATUS
            throw RxTaskRunningException(
                "task was stop"
            )
        }
    }
    @Throws
    fun throwCancelError() {
        throw RxTaskCancelException(
            "TASK Cancel"
        )
    }
    //定义 Task 状态码
    companion object {
        val NORMAL_STATUS = 0x00
        val RUNNING_STATUS = 0x100
        val CANCEL_STATUS = 0x200
        val ERROR_STATUS = 0x300
        val DONE_STATUS = 0x400
        val STOP_STATUS = 0x500
    }
    protected fun logD(message: String) {
        if (BuildConfig.DEBUG)
            Log.d(this::class.java.simpleName, message)
    }
}
```

介绍到这里，读者可能有一些疑问，“这个 ISuperTask 为什么这么奇怪，为什么没有产生结果的方法或者概念呢？有了泛型 RESULT，但是却没有实现它的抽象方法？”其实，有些 Task 针对的场景是不需要返回结果的，例如定时器 TimerTask 只针对做一些定时性的任务。为了更好地应对这一场场景，IEvaluation 凭空出世。IEvaluation 仅仅负责运算产生 RESULT。ISuperTask 则负责构建一些底层基类 Task 的奠基石。

我们的 IEvaluation 可以这样实现：

```
interface IEvaluation<RESULT> {
    fun evaluationResult(): RESULT
}
```

基于 IEvaluation、ISuperTask，我们可以构建一个 ISuperEvaluationTask，一个负责运算产生结果的 Task，如图 17-5 所示。

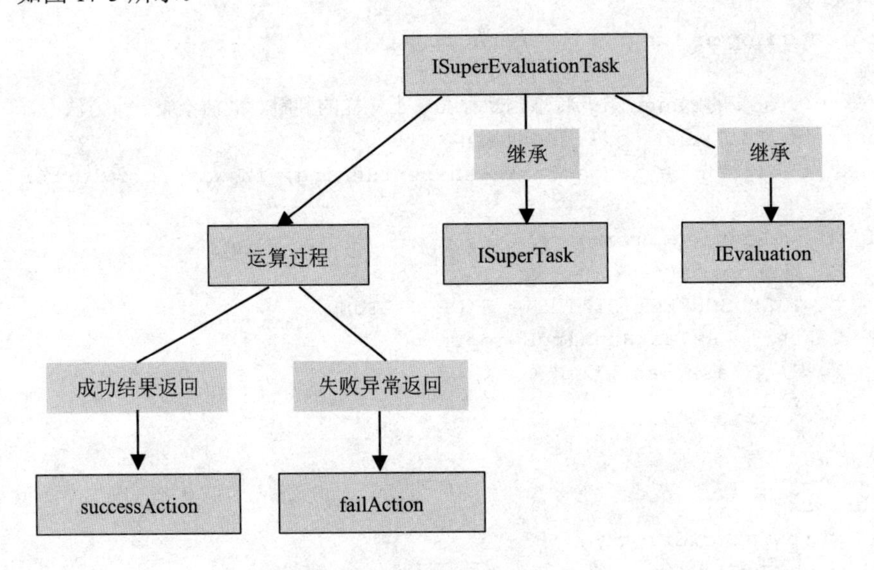

图 17-5 ISuperEvaluationTask

实现思路有了，那么基于这样的一个概念，我们可以这样做：

```
    abstract class ISuperEvaluationTask<RESULT> : IEvaluation<RESULT>,
ISuperTask<RESULT>() {
        override fun start() {
            if (TASK_CURRENT_STATUS == RUNNING_STATUS) {
                logD("TASK already start")
                return
            }
            TASK_CURRENT_STATUS = RUNNING_STATUS
        }
        override fun cancel() {
            TASK_CURRENT_STATUS = CANCEL_STATUS
        }
        //继续抽象最终运算结果的动作，用来给后面的子类实现产生自己专属的运算过程并返回对应结果
```

```
    //可以是成功的结果，也可以抛出运行异常
    @Throws
    abstract fun evaluationAction(): RESULT
    protected var resultAction: ((RESULT) -> Unit)? = null
    //Task 外部成功后最终执行的动作
    open fun successAction(resultAction: (RESULT) -> Unit)
    : ISuperEvaluationTask<RESULT> {
        this.resultAction = resultAction
        return this
    }

    protected var failAction: ((Throwable) -> Unit)? = null
    //Task 失败后最终执行的动作
    open fun failAction(failAction: (Throwable) -> Unit)
    : ISuperEvaluationTask<RESULT> {
        this.failAction = failAction
        return this
    }
    //计算生成 Result
    override fun evaluationResult(): RESULT {
        return evaluationAction()
    }
    //内部错误回调
    protected fun errorAction(t: Throwable) {
        if (t is RxTaskCancelException) {
            TASK_CURRENT_STATUS = CANCEL_STATUS
        } else {
            //用标记位判断当前 Task 是否真正处于运行状态
            if (TASK_CURRENT_STATUS == RUNNING_STATUS){
                failAction?.invoke(t)
            }
            TASK_CURRENT_STATUS = ERROR_STATUS
        }
        finalResetAction()
    }
    //结果回调
    protected fun resultAction(result: RESULT) {
        //用标记实现判断当前 Task 是否真正处于运行状态并标记位 DONE
        if (TASK_CURRENT_STATUS == RUNNING_STATUS) {
            resultAction?.invoke(result)
            TASK_CURRENT_STATUS = DONE_STATUS
        }
        finalResetAction()
    }
}
```

有了这些，我们的 RxTask 奠基石就构建完成了。到这里读者肯定会说：这是 RxTask，RxJava 呢？

别着急，还记得这句话吗？“要想轮子玩得转，齿轮得通用”。

万一哪天 RxJava 被替代了呢？哪天 Task 不需要 RxJava 了呢？为了避免这种尴尬情况，我们先封装一个具体抽象的奠基石，基于这个奠基石，再利用特定的技术去实现它，概念不变，但是技术方案可替代。

17.1.2 利用奠基石实现多种 Task

1. SingleTask

17.1.1 小节我们实现了奠基石，现在就要动手使用 RxJava 基于奠基石实现一个专注运算结果的 Task。

在实现这个 Task 之前，还记得笔者讲解过的 Scheduler 吗？这里我们就要使用 Scheduler，利用 Scheduler 实现线程的调度以及异步。

还记得五兄弟中的 Maybe 吗？这里我们也会用到 Maybe，Maybe 的好处在于：是 RxJava 2.x 中出现的一种新类型，近似地将它理解为 Single 与 Completable 的结合。利用这个特性，封装出只关注获取运算结果及运算过程中产生异常的 Task。

```
//利用私有的构造函数避免在其他地方不规范创建 Task
class RxSingleEvaluationTaskTask<RESULT>
private constructor(
    private val runnable: (RxSingleEvaluationTaskTask<RESULT>) -> RESULT
) : ISuperEvaluationTask<RESULT>() {
    private val resultTask: Maybe<RESULT>
    private var disposable: Disposable? = null
    init {
        //利用 Maybe 与 runnable 构建出一个运算的 Maybe
        resultTask = Maybe.create<RESULT> { emitter ->
            try {
                if (TASK_CURRENT_STATUS == CANCEL_STATUS) {
                    emitter.onError(RxTaskCancelException("Task cancel"))
                }
                val action = evaluationAction()
                if (TASK_CURRENT_STATUS == CANCEL_STATUS) {
                    emitter.onError(RxTaskCancelException("Task cancel"))
                }

                emitter.onSuccess(action)
            } catch (e: Exception) {
                emitter.onError(e)
            }
        }
    }
    //这里是负责运算的动作
    override fun evaluationAction(): RESULT {
        if (!running())
            throw RxTaskRunningException(
```

```
                "Task unRunning"
            )
        return runnable.invoke(this)
    }
    override fun start() {
        super.start()
        disposable = resultTask
            .subscribeOn(Schedulers.newThread())
            .observeOn(AndroidSchedulers.mainThread())
            .subscribe(
                { resultAction(it) },
                { errorAction(it) }
            )
    }
    override fun cancel() {
        TASK_CURRENT_STATUS = CANCEL_STATUS
        finalResetAction()
    }
    override fun running(): Boolean {
        val dis = disposable ?: return false
        if (TASK_CURRENT_STATUS == RUNNING_STATUS) {
            return !dis.isDisposed
        }
        return false
    }
    override fun finalResetAction() {
        disposable?.dispose()
        disposable = null
    }
    companion object {
        fun <RESULT> createTask(
            taskRunnable:
                (RxSingleEvaluationTaskTask<RESULT>) -> RESULT
        )
                : RxSingleEvaluationTaskTask<RESULT> {
            return RxSingleEvaluationTaskTask(taskRunnable)
        }
    }
}
```

我们已经把 RxSingleEvaluationTaskTask 实现了，那么怎么使用呢？接下来我们来看一段请求新闻的 API 业务逻辑的实现。

```
//创建一个 Task
val singleTask = RxSingleEvaluationTaskTask.createTask<JsonObject> {
        val result = okHttpClient.newCall(createRequest(createNewUrl
("top")))
```

```
            .execute()
        val body = result.body ?: throw RuntimeException("body null")
        return@createTask Gson().fromJson(body.string(), JsonObject::
class.java)
    }
//点击一个叫 single 的 button，触发这个 Task 真正的请求网络并回调
    single.setOnClickListener {

        singleTask.successAction {
            Log.i("KilleTom", "$it")
        }.failAction {
            it.printStackTrace()
        }.start()

    }
```

通过利用 RxJava 去实现我们的奠基石，一个简单易用的 RxTask 就这样被实现了。

2. ProgressTask

有没有这样的一个场景：需要专注于运算某一种事物并返回结果，且过程中需要将一些进度信息返回？

例如，解压超大型文件、上传文件、下载文件、升级硬件（如计算机的 BIOS 升级）等都符合上述场景。

利用 RxJava 怎么实现进度信息的返回呢？在 RxJava 中有这样一个 Subject：PublishSubject。

PublishSubject 与普通的 Subject 不同，在订阅时并不立即触发订阅事件，而是允许我们在任意时刻手动调用 onNext,onError(),onCompleted 来触发事件。

利用这样一个特性，我们可以实现进度推送功能。然后利用 Maybe 去做结果的运算。这样一个 ProgressTask 就会被实现出来。

部分核心代码如下：

```
class RxProgressEvaluationTaskTask<PROGRESS, RESULT> private constructor
    (createRunnable: (RxProgressEvaluationTaskTask<PROGRESS, RESULT>) ->
RESULT) :
    ISuperEvaluationTask<RESULT>() {
    private var createRunnable: ((RxProgressEvaluationTaskTask<PROGRESS,
RESULT>) -> RESULT)? =
        createRunnable
    private val resultTask: Maybe<RESULT>
    private var resultDisposable: Disposable? = null
    private val progressTask: PublishSubject<PROGRESS> =
PublishSubject.create<PROGRESS>()
    private var progressDisposable: Disposable? = null
    private var progressAction: ((PROGRESS) -> Unit)? = null
    init {
        resultTask = Maybe.create<RESULT> { emitter ->
            try {
```

```
            if (TASK_CURRENT_STATUS == CANCEL_STATUS) {
                emitter.onError(RxTaskCancelException("Task cancel"))
            }
            val action = evaluationAction()
            if (TASK_CURRENT_STATUS == CANCEL_STATUS) {
                emitter.onError(RxTaskCancelException("Task cancel"))
            }
            emitter.onSuccess(action)
        } catch (e: Exception) {
            emitter.onError(e)
        }
    }
}
override fun start() {
    super.start()
    resultDisposable = resultTask
        .subscribeOn(Schedulers.newThread())
        .observeOn(AndroidSchedulers.mainThread())
        .subscribe(
            { resultAction(it) },
            { errorAction(it) }
        )
    progressDisposable = progressTask
        .subscribeOn(Schedulers.newThread())
        .observeOn(AndroidSchedulers.mainThread())
        .subscribe(
            {
                progressAction?.invoke(it)
            },
            {
                //nothing to do by error
            }
        )
}
override fun evaluationAction(): RESULT {
    if (!running())
        throw RxTaskRunningException( "Task unRunning")
    val result = runnable.invoke(this)
    //throw RunningException when result by evaluation
    if (!running())
        throw RxTaskRunningException("Task unRunning")
    return result
}
override fun cancel() {
    super.cancel()
```

```
            finalResetAction()
        }
        fun progressAction(action: (PROGRESS) -> Unit):
RxProgressEvaluationTaskTask<PROGRESS, RESULT> {
            progressAction = action
            return this
        }
        fun publishProgressAction(progress: PROGRESS) {
            if (running())
                progressTask.onNext(progress)
        }
    }
```

同样，我们利用请求新闻接口去实现这样一个场景：有多种新闻类型需要循环请求，每请求成功一次就返回一个 JsonObject，循环请求只要发生异常或者失败，直接中断整个异步：

```
        val progressTask = RxProgressEvaluationTaskTask
            .createTask<JsonObject, Boolean> { task ->
                val types = arrayListOf<String>("top", "shehui", "guonei")
                types.forEach { value ->
                    val result = okHttpClient
                        .newCall(createRequest(createNewUrl(value)))
                        .execute()
                    val body = result.body ?: throw RuntimeException("body null")
                    val jsonObject = Gson().fromJson(body.string(),
JsonObject::class.java)
                    Log.d("KilleTom", "推送新闻类型$value")
                    task.publishProgressAction(jsonObject)
                }
                return@createTask true
            }
    //点击按钮触发网络请求
        progress.setOnClickListener {
            progressTask.progressAction {
                Log.i("KilleTom", "收到进度,message:$it")
            }.successAction {
                Log.i("KilleTom", "Done")
            }.failAction {
                Log.i("KilleTom", "error message:${it.message ?: "unknown"}")
            }.start()
        }
```

3. TimerTask

针对一些定时的异步任务场景，还记得 ISuperTask 吗？ISuperTask 就是这个 TimerTask 的基类，当然我们还需要用到 Ticker、interval。讲到这里，读者肯定心里大有疑问。

一个 TimerTask 循环了多少定时任务以及 Timer 的起始时间、当前的时间如何确定？这里就运用了 Ticker，利用一个 Ticker 将这个 TimerTask 的一些信息记录下来，并且每次都可以由 TimerTask 获取到，并针对它（Ticker）去做一些业务逻辑处理。

```
open class TimerTick {
        var startTime: Long = -1
        var currentTime: Long = -1
        var countTimes: Long = -1
        override fun toString(): String {
           return "TimerTick(startTime=$startTime, currentTime=$currentTime, 
currentTimes=$countTimes)"
        }
    }
```

有了 Ticker，那么怎么拓展 TimerTask 里面的 Ticker 呢？

```
open class RxTimerTask
private constructor(private val timerAction: (RxTimerTask) -> Unit)
: ISuperTask<Long>() {
     //通过使用 createTick 创建出相应的 Ticker
      protected val ticker = createTick()
      //可重写Ticker的创建，根据自己的需求继承RxTimerTask，再实现业务逻辑需要的Ticker
      open fun createTicker(): TimerTicker {
      return TimerTicker()
      }
      //把 Ticker 暴露在外，方便调用
      open fun getTimeTicker(): TimerTicker {
      return ticker
      }
}
```

Ticker 的拓展到这里已经完成了。那么 interval 可以这样实现：

```
open class RxTimerTask
private constructor(private val timerAction: (RxTimerTask) -> Unit)
: ISuperTask<Long>() {
   private var timerDisposable: Disposable? = null
   private var workDelayTime: Long = workDelayDefaultTime
   private var workIntervalTime: Long = workIntervalDefaultTime
   private var workTimeUnit = workDefaultUnit
   private var workScheduler = getDefaultWorkScheduler()
   //最终启动的时候，再利用 Flowable.interval 创建相应的定时器
   override fun start() {
      super.start()
      ticker.startTime = System.currentTimeMillis()
      timerDisposable =
      Flowable.interval(workDelayTime, workIntervalTime, workTimeUnit)
         .observeOn(workScheduler)
         .subscribe(
```

```
                { times ->
                    if (running()) {
                        ticker.countTimes = times
                        ticker.currentTime = System.currentTimeMillis()
                        timerAction.invoke(this)
                    }
                },
                { errorAction?.invoke(it) })
        }
    }
```

有了上一步的实现，是不是感觉还少了些什么？你的直觉是对的，一个 TimerTask 的间隔时间、启动是否延迟，还有工作线程难道就这样固定了吗？对于这样的代码，我们要说不，坚决拓展到底，为了简单复用，还可以这样写：

```
open class RxTimerTask
private constructor(private val timerAction: (RxTimerTask) -> Unit)
: ISuperTask<Long>() {
    fun setDelayTime(time: Long): RxTimerTask {
        if (!running()) {
            workDelayTime = time
        }
        return this
    }
    fun setIntervalTime(time: Long): RxTimerTask {
        if (!running()) {
            workIntervalTime = time
        }
        return this
    }
    fun setTimeUnit(unit: TimeUnit): RxTimerTask {
        if (!running()) {
            workTimeUnit = unit
        }
        return this
    }
    fun setTaskScheduler(scheduler: Scheduler): RxTimerTask {
        if (!running()) {
            workScheduler = scheduler
        }
        return this
    }
}
```

在未启动 TimerTask 之前，我们利用这些方法去链式调用，并且对延迟时间、间隔时间、工作线程进行一一配置，尽量贴合常用的业务场景。

到这里，TimerTask 基本就大功告成了。那么剩下的调用呢？

```
//获取 Android 的网络管理
 val manager = application
     .getSystemService(Context.CONNECTIVITY_SERVICE)
         as ConnectivityManager
 val timerTask = RxTimerTask.createTask {task->
     if (task.getTimeTicker().countTimes >=10){
         task.cancel()
     }
     //利用 TimerTask 监测一段时间的网络变换
     if (Build.VERSION.SDK_INT >= 23) {
         val network = manager.activeNetwork
         if (network == null){
             Log.d("KilleTom","network null connect false")
             return@createTask
         }
         val connectInfo = manager
             .getNetworkCapabilities(network)
         if (connectInfo == null){
             Log.d("KilleTom","connectInfo null connect false")
             return@createTask
         }
         val isInterNet =connectInfo
         .hasCapability(NetworkCapabilities.NET_CAPABILITY_INTERNET)
         Log.d("KilleTom", "$isInterNet")
     }
     return@createTask
 }.setDelayTime(0L)
     .setIntervalTime(1000)
     .setTaskScheduler(Schedulers.computation())
 //最后点击按钮调用
 timer.setOnClickListener {
     timerTask.start()
 }
```

17.1.3 RxTask 的改进，针对 Java、Android 平台进行适应

1. 线程的改进

使用以下这段代码将导致 RxTask 仅适用于 Android 平台：

```
disposable = resultTask
            .subscribeOn(Schedulers.newThread())
            .observeOn(AndroidSchedulers.mainThread())
            .subscribe(
                { resultAction(it) },
                { errorAction(it) }
            )
```

这就导致 RxTask 也必须依赖 rxandroid，当 RxTask 可以运行在 Java 后端上并且不需要额外依赖 rxandroid 的时候，可以这样改进：

首先构建一个概念：有一个抽象的对象中包含 RxTask 指定工作的两个线程，具体是哪个线程由开发者决定，最后传入 RxTask，由 RxTask 取出设置其内部线程。

```
//分别定义观察者模式的工作线程
interface RxTaskScheduler {
    fun getObserveScheduler(): Scheduler
    fun getSubscribeScheduler(): Scheduler
}
```

抽象的概念有了，此时又可能存在这样一个需求：在某些场景下可能需要一个全局的 Manager，它负责获取一个 RxTaskScheduler，用作全局性质的 RxTask 的线程管理。我们可以这样去实现它：

```
object RxTaskSchedulerManager {
    private var rxTaskScheduler: RxTaskScheduler = RxDefaultScheduler()
    //设置全局的线程
    fun setLocalScheduler(rxTaskScheduler: RxTaskScheduler) {
        RxTaskSchedulerManager.rxTaskScheduler = rxTaskScheduler
    }
    //获取全局线程
    fun getLocalScheduler():RxTaskScheduler{
        return rxTaskScheduler
    }
}
//默认针对 Java 平台实现一个 RxTaskScheduler
class RxDefaultScheduler : RxTaskScheduler {

    override fun getObserveScheduler(): Scheduler {
        return Schedulers.computation()
    }
    override fun getSubscribeScheduler(): Scheduler {
        return Schedulers.newThread()
    }

}
```

我们将 Scheduler 抽离出来后，就可以将 rxandroid 和 Scheduler 封装成一个针对 Android 平台的适用于 RxTask 的拓展库 libRxTaskAndroidExpand。

```
class RxAndroidDefaultScheduler : RxTaskScheduler {
    override fun getObserveScheduler(): Scheduler {
        return AndroidSchedulers.mainThread()
    }
    override fun getSubscribeScheduler(): Scheduler {
        return Schedulers.newThread()
    }

}
```

有了我们定义的 RxTaskScheduler，Single、Progress 就可以这样改进来实现：

```
class RxSingleEvaluationTask<RESULT>
internal constructor(
    private val runnable: (RxSingleEvaluationTask<RESULT>) -> RESULT,
    private val taskScheduler: RxTaskScheduler
) : ISuperEvaluationTask<RESULT>() {
        override fun start() {
        super.start()
//利用 rxScheduler 获取工作线程
        disposable = resultTask
            .subscribeOn(taskScheduler.getSubscribeScheduler())
            .observeOn(taskScheduler.getObserveScheduler())
            .subscribe(
                { resultAction(it) },
                { errorAction(it) }
            )
    }
}

class RxProgressEvaluationTask<PROGRESS, RESULT>
private constructor(
    private val createRunnable: (RxProgressEvaluationTask<PROGRESS, RESULT>) ->
RESULT,
    private val rxTaskScheduler: RxTaskScheduler) :
    ISuperEvaluationTask<RESULT>() {
        override fun start() {
        super.start()
        resultDisposable = resultTask
            .subscribeOn(rxTaskScheduler.getSubscribeScheduler())
            .observeOn(rxTaskScheduler.getObserveScheduler())
            .subscribe(
                { resultAction(it) },
                { errorAction(it) }
            )
        progressDisposable = progressTask
            .subscribeOn(rxTaskScheduler.getSubscribeScheduler())
            .observeOn(rxTaskScheduler.getObserveScheduler())
            .subscribe(
                {progressAction?.invoke(it)},
                {
                    //nothing to do by error
                })
    }
}
```

2. 日志输出的改进

还记得我们之前实现的 ISuperTask 吗？里面的日志输出使用了 Android 的方法，示例代码如下：

```
abstract class ISuperTask<RESULT> :  ITask<RESULT>{
    protected fun logD(message: String) {
        if (BuildConfig.DEBUG)
            Log.d(this::class.java.simpleName, message)
    }
}
```

为了抽离日志输出更好地适配两个平台，我们可以采用类似 RxTaskScheduler 的实现思路。

```
//定义一个全局的 LogManager，通过它获取并设置全局的 LogAction，以达到控制输出的具体实现
class RxTaskLogManager private constructor() {
    private var logAction: RxLogAction = object : RxLogAction {

    }
    fun logD(iSuperTask: ISuperTask<*>, message: String) {
        logAction.d(iSuperTask, message)
    }
    fun set(rxLogAction: RxLogAction) {
        this.logAction = rxLogAction
    }
    companion object {
        val instants by lazy { RxTaskLogManager() }
    }
}
//定义 logAction 负责日志输出
interface RxLogAction {
    fun d(objects: ISuperTask<*>, message: String) {
        System.out.println("${objects::class.java.simpleName}->
Message:$message")
    }
}
```

还记得 libRxTaskAndroidExpand 库吗？没错，在这里我们也需要对 RxLogAction 进行拓展适配。实现思路与 RxTaskSceduler 的拓展大体相同。

```
class RxAndroidDefaultLogAction private constructor(): RxLogAction {

    override fun d(objects: ISuperTask<*>, message: String) {
        if (BuildConfig.DEBUG) {
            Log.d(objects::class.java.simpleName, message)
        }
    }
    companion object{
        val instant by lazy { RxAndroidDefaultLogAction() }
    }
}
```

针对 Android 平台，我们如何能够快速地全局初始化一些 RxTask 的配置呢？

这里可以使用这样一种思路专门针对 Android 平台进行初始化的实现：

```
class RxTaskAndroidDefaultInit private constructor() {
    fun defaultInit() {
        RxTaskSchedulerManager.setLocalScheduler
(RxAndroidDefaultScheduler())
        RxTaskLogManager.instants.set(RxAndroidDefaultLogAction.instant)
    }
    companion object {
        val instant by lazy { RxTaskAndroidDefaultInit() }
    }
}
```

通过使用 RxTaskAndroidDefaultInit 的单例，快速针对 Android 进行初始化。

17.2 基于 Kotlin、RxJava 实现的有限状态机

17.2.1 状态机

状态机是古老的计算机理论，在游戏开发、嵌入式开发、网络协议等领域得到了广泛的使用。

状态机是一个有向图形，由一组节点和一组相应的转移函数组成。状态机通过响应一系列事件而“运行”。每个事件都在属于“当前”节点的转移函数的控制范围内，其中函数的范围是节点的一个子集。函数返回“下一个”（也许是同一个）节点。这些节点中至少有一个必须是终态。当到达终态时，状态机停止。

17.2.2 常用的状态机分类

1. FSM

有限状态机（Finite-State Machine，FSM）又称有限状态自动机，简称状态机，是表示有限个状态以及在这些状态之间的转移和动作等行为的数学模型。

以下是对状态机的抽象定义：

- State（状态）：构成状态机的基本单位。状态机在任何特定时间都可处于某一状态。从生命周期来看，有Initial State、End State、Suspend State（挂起状态）。
- Event（事件）：导致转换发生的事件活动。
- Transitions（转换器）：两个状态之间的定向转换关系，状态机对发生的特定类型事件响应后，当前状态由A转换到B。有标准转换、选择转换、子流程转换多种抽象实现。
- Actions（转换操作）：在执行某个转换时执行的具体操作。
- Guards（检测器）：检测器出现的原因是为了转换操作执行后，检测结果是否满足特定条件从一个状态切换到另一个状态。
- Interceptor（拦截器）：对当前状态改变前、后进行监听拦截。

表 17-1 反映了状态机中各个状态的迁移以及触发条件。

表17-1 状态机中各个状态的迁移以及触发条件

	stateA	stateB	stateC
stateA	触发条件：event1，执行动作：Action1	触发条件：event2，执行动作：Action2	触发条件：event3，执行动作：Action3
stateB	...	...	...
stateC	...	不存在	...

2. DFA

确定有限状态自动机或确定有限自动机（Deterministic Finite Automation，DFA）是一个能实现状态转移的自动机，对于一个给定的属于该自动机的状态和一个属于该自动机字母表的字符，它都能根据事先给定的转移函数转移到下一个状态（这个状态可以是先前那个状态）。

DFA 是 FSM 的一种，与 DFA 对应的还有 NFA（非确定性有限自动机）。

DFA 的特性：

- 没有冲突：一个状态对于同样的输入不能有多个规则，即同样的输入只能有一个转移规则。
- 没有遗漏：每个状态必须针对每个可能的输入字符至少有一个规则。

3. HSM

层次状态机（Hierarchical State Machine，HSM）是状态机理论中的一种层次结构的模型，各个状态按照树状层次结构组织起来，状态图是层次结构的，也就是说每个状态可以拥有子状态。

当 FSM 状态太多的时候，可以将状态分类，并抽离出来。同类型的状态作为一个状态机，然后再做一个大的状态机，来维护这些子状态机。

17.2.3 Kotlin 开发的 FSM

KStateMachine GitHub 地址：https://github.com/fengzhizi715/KStateMachine。

1. StateContext

用于保存管理 State 对象实例，表示 State 实例所处的环境。

```
interface StateContext {
    fun getEvent(): BaseEvent
    fun getSource(): BaseState
    fun getTarget(): BaseState
    fun getException(): Exception?
    fun setException(exception: Exception)
    fun getTransition(): Transition
}
```

2. State

构成状态机的基本单位，状态机在任何特定时间都可以处于某一种状态。

```
    open class State(val name: BaseState): IState {
        private val transitions = hashMapOf<BaseEvent, Transition>() //存储当前 State
相关的所有 Transition
        private var entry:StateEntry?=null
        private var exit:StateExit?=null
        var owner: StateMachine? = null
        /**
         * 向 State 添加 Transition
         * 当一个 Event 被状态机系统分发的时候，状态机用 Action 来进行响应
         * 状态转换可以使用 F(S, E) -> (A, S')表示
         *
         * @param event: 触发事件
         * @param targetState: 下一个状态
         * @param transitionType: Transition 类型
         * @param guard: 断言接口，为了转换操作执行后，检测结果是否满足特定条件从一个状态切换
到另一个状态
         * @param init
         */
        override fun transition(event: BaseEvent, targetState: BaseState,
transitionType: TransitionType, guard: Guard?, init: (Transition.() ->
Unit)?):State {
            val transition = Transition(
                event,
                this.name,
                targetState,
                transitionType,
                guard
            ).apply{
                init?.let { it() }
            }
            if (transitions.containsKey(event)) {     //同一个 Event 不能对应多个
Transition，即 State 只能通过一个 Event，然后 Transition 到另一个 State
                throw StateMachineException("Adding multiple transitions for the same
event is invalid")
            }

            transitions[event] = transition
            return this
        }

        /**
         * 进入 State 时，添加 Action
         */
        fun entry(block:StateEntry.() -> Unit):State {
            entry = entry?.apply {
                block()
            }?: run{
                StateEntry().apply(block)
```

```
    }

    return this
}

/**
 * 退出 State 时，添加 Action
 */
fun exit(block:StateExit.() -> Unit):State {
    exit = exit?.apply {
        block()
    }?: run{
        StateExit().apply(block)
    }

    return this
}

/**
 * 进入 State 并执行所有的 Action
 */
override fun enter() {
    entry?.let {
        it.getActions().forEach{ action -> action.invoke(this) }
    }
}

/**
 * 退出 State 并执行所有的 Action
 */
override fun exit() {
    exit?.let {
        it.getActions().forEach{ action -> action.invoke(this) }
    }
}

/**
 *通过 Event 查找 State 存储的 Transition
 */
private fun getTransitionForEvent(event: BaseEvent): Transition {

    return transitions[event]?:throw IllegalStateException("Event $event
isn't registered with state ${this.name} in statemachine:${owner?.name}")
}
internal open fun processEvent(event: BaseEvent): Boolean {
    getTransitionForEvent(event).takeIf { owner!=null }?.let {
        owner!!.executeTransition(it, event)
        return true
    }?:return false
}
```

```
    internal open fun addParent(parent: StateMachine) = Unit
    internal open fun getDescendantStates(): Set<State> = setOf()
    internal open fun getAllActiveStates(): Collection<State> = setOf()
    override fun toString(): String = "state: ${name.javaClass.simpleName},owner:
${owner?.name}"
}
```

3. Transition

从一个状态切换到另一个状态。

```
class Transition(private val event: BaseEvent, private val sourceState:
BaseState, private val targetState: BaseState, private val transitionType:
TransitionType, private var guard: Guard?= null) {

    private val actions = mutableListOf<TransitionAction>()
    /**
     *是否转换
     * @param context
     */
    fun transit(context: StateContext): Boolean {
        executeTransitionActions(context)
        return context.getException() == null
    }

    /**
     * 执行 Transition 的 Action
     */
    private fun executeTransitionActions(context: StateContext) {
        actions.forEach {
            try {
                it.invoke(this)
            } catch (e:Exception) {
                context.setException(e)
                return
            }
        }
    }

    /**
     * 添加一个 action，在状态转换时执行
     */
    fun action(action: TransitionAction):Transition {
        actions.add(action)
        return this
    }

    /**
     * 设置检测条件，判断是否满足状态转换的条件，满足则执行状态转换
     */
```

```
        fun guard(guard: Guard):Transition {
            this.guard = guard
            return this
        }

        fun getGuard(): Guard? = guard
        fun getSourceState(): BaseState = sourceState
        fun getTargetState(): BaseState = targetState
        fun getTransitionType(): TransitionType = transitionType
        fun getActions(): MutableList<TransitionAction> = actions
        override fun toString(): String = "${sourceState.javaClass.simpleName}
transition to ${targetState.javaClass.simpleName} on
${event.javaClass.simpleName}"
    }
```

4. 状态机的实现

```
    class StateMachine private constructor(var name: String?=null,private val
initialState: BaseState) {
        @Volatile
        private lateinit var currentState: State    //当前状态
        private val states = mutableListOf<State>() //状态的列表
        private val initialized = AtomicBoolean(false)  //是否初始化，保证状态机只初始
化一次
        private var globalInterceptor: GlobalInterceptor?=null   //全局的拦截器
        private val interceptors: MutableList<Interceptor> = mutableListOf() //拦
截器的列表
        private val path = mutableListOf<StateMachine>()
        internal val descendantStates: MutableSet<State> = mutableSetOf()
        lateinit var container:State

        /**
         * 设置状态机全局的拦截器，使用时必须要在 initialize()之前
         * @param event: 状态机全局的拦截器
         */
        fun globalInterceptor(globalInterceptor: GlobalInterceptor):StateMachine {
            this.globalInterceptor = globalInterceptor
            return this
        }

        /**
         * 初始化状态机，并进入初始化状态，保证只初始化一次，防止多次初始化
         */
        fun initialize() {
            if(initialized.compareAndSet(false, true)){
                currentState = getState(initialState)
                currentState.owner = this@StateMachine
                path.add(0, this)
                currentState.addParent(this)
```

```
                descendantStates.add(currentState)
                globalInterceptor?.stateEntered(currentState)
                currentState.enter()
            }
        }

        /**
         * 向状态机添加 State
         */
        fun state(stateName: BaseState, init: State.() -> Unit):StateMachine =
state(State(stateName).apply(init))
        /**
         * 向状态机添加 State
         */
        fun state(state:State):StateMachine {
            state.owner = this@StateMachine
            state.addParent(this@StateMachine)
            descendantStates.add(state)
            descendantStates.addAll(state.getDescendantStates())
            states.add(state)

            return this
        }
        /**
         *通过状态名称获取状态
         */
        private fun getState(stateType: BaseState): State =
            states.firstOrNull { stateType.javaClass == it.name.javaClass }
                ?: descendantStates.firstOrNull {stateType.javaClass ==
it.name.javaClass}
                ?: throw NoSuchElementException("$stateType is not in
statemachine:$name")

        @Synchronized
        fun getCurrentState(): State? = if (isCurrentStateInitialized())
this.currentState else null

        private fun isCurrentStateInitialized() = ::currentState.isInitialized

        /**
         * 发送消息，驱动状态的转换
         */
        @Synchronized
        fun sendEvent(event: BaseEvent): Boolean = if (isCurrentStateInitialized())
currentState.processEvent(event) else false

        internal fun executeTransition(transition: Transition, event: BaseEvent) {
            val stateContext: StateContext = DefaultStateContext(event, transition,
transition.getSourceState(), transition.getTargetState())
            when (transition.getTransitionType()) {
```

```
            TransitionType.External -> doExternalTransition(stateContext)
            TransitionType.Local    -> doLocalTransition(stateContext)
            TransitionType.Internal -> executeAction(stateContext)
        }
    }

    private fun doExternalTransition(stateContext: StateContext) {
        val targetState = getState(stateContext.getTarget())
        val lowestCommonAncestor: StateMachine =
findLowestCommonAncestor(targetState)
        lowestCommonAncestor.switchState(stateContext)
    }

    private fun doLocalTransition(stateContext: StateContext) {
        val previousState = getState(stateContext.getSource())
        val targetState = getState(stateContext.getTarget())

        when {
            previousState.getDescendantStates().contains(targetState) -> {
                val stateMachine = findNextStateMachineOnPathTo(targetState)
                stateMachine.switchState(stateContext)
            }

            targetState.getDescendantStates().contains(previousState) -> {
                val targetLevel = targetState.owner!!.path.size
                val stateMachine = path[targetLevel]
                stateMachine.switchState(stateContext)
            }

            previousState == targetState -> executeAction(stateContext)

            else -> doExternalTransition(stateContext)
        }
    }

    private fun findLowestCommonAncestor(targetState: State): StateMachine {
        checkNotNull(targetState.owner) { "$targetState is not contained in state
machine model." }
        val targetPath = targetState.owner!!.path
        (1..targetPath.size).forEach { index ->
            try {
                val targetAncestor = targetPath[index]
                val localAncestor = path[index]
                if (targetAncestor != localAncestor) {
                    return path[index - 1]
                }
            } catch (e: IndexOutOfBoundsException) {
                return path[index - 1]
            }
        }
```

```
            return this
        }

        /**
         * 状态切换
         */
        private fun switchState(stateContext: StateContext) {
            try {
                val guard = stateContext.getTransition().getGuard()?.invoke()?:true
                if (guard) {
                    globalInterceptor?.transitionStarted(stateContext.
getTransition())
                    exitState(stateContext)
                    executeAction(stateContext)
                    interceptors.forEach { interceptor -> interceptor.
enteringState(this, stateContext) }
                    enterState(stateContext)
                    interceptors.forEach { interceptor -> interceptor.
enteredState(this, stateContext) }
                } else {
                    println("${stateContext.getTransition()} 失败")
                    globalInterceptor?.stateMachineError(this,
StateMachineException("状态转换失败: guard [${guard}], 状态 [${currentState.name}],
事件 [${stateContext.getEvent().javaClass.simpleName}]"))
                }
            } catch (exception:Exception) {
                globalInterceptor?.stateMachineError(this, StateMachineException
("This state [${this.currentState.name}] doesn't support transition on
${stateContext.getEvent().javaClass.simpleName}"))
            }
        }
        private fun exitState(stateContext: StateContext) {
            currentState.exit()
            globalInterceptor?.apply {
                stateContext(stateContext)
                transition(stateContext.getTransition())
                stateExited(currentState)
            }
        }

        private fun executeAction(stateContext: StateContext) {
            val transition = stateContext.getTransition()
            transition.transit(stateContext)
        }

        private fun enterState(stateContext: StateContext) {
            val sourceState = getState(stateContext.getSource())
            val targetState = getState(stateContext.getTarget())
```

```
        val targetLevel = targetState.owner!!.path.size
        val localLevel = path.size

        val nextState: State = when {
            targetLevel < localLevel -> getState(initialState)
            targetLevel == localLevel -> targetState
            //targetLevel > localLevel
            else -> findNextStateOnPathTo(targetState)
        }
        currentState = if (states.contains(nextState)) {
            nextState
        } else {
            getState(nextState.name)
        }
        currentState.enter()
        globalInterceptor?.apply {
            stateEntered(currentState)
            stateChanged(sourceState,currentState)
            transitionEnded(stateContext.getTransition())
        }
    }

    private fun findNextStateOnPathTo(targetState: State): State =
findNextStateMachineOnPathTo(targetState).container

    private fun findNextStateMachineOnPathTo(targetState: State): StateMachine {
        val localLevel = path.size
        val targetOwner = targetState.owner!!
        return targetOwner.path[localLevel]
    }
    internal fun addParent(parent: StateMachine) {
        path.add(0, parent)
        states.forEach {
            it.addParent(parent)
        }
    }
    fun getAllActiveStates(): Set<State> {
        if (!isCurrentStateInitialized()) {
            return emptySet()
        }
        val activeStates: MutableSet<State> = mutableSetOf(currentState)
        activeStates.addAll(currentState.getAllActiveStates())
        return activeStates.toSet()
    }
    /**
     * 注册 Interceptor
     */
    fun registerInterceptor(interceptor: Interceptor) = interceptors.add
(interceptor)
```

```
        /**
         * 取消 Interceptor
         */
        fun unregisterInterceptor(interceptor: Interceptor) = interceptors.remove
(interceptor)
        companion object {
            /**
             * @param name 状态机的名称
             * @param initialStateName 状态机初始的 State 名称
             * @param init 初始化状态机的 block
             */
            fun buildStateMachine(name:String = "StateMachine", initialStateName:
BaseState, init: StateMachine.() -> Unit): StateMachine =
                StateMachine(name,initialStateName).apply(init)
        }
    }
```

在 StateMachine 中包含一个全局的 GlobalInterceptor 和一个 Interceptor 的列表。

5. GlobalInterceptor

能够监听 State、Transition、StateContext 以及异常。

```
interface GlobalInterceptor {
    /**
     * 进入某个 State
     */
    fun stateEntered(state: State)
    /**
     * 离开某个 State
     */
    fun stateExited(state: State)

    /**
     * State 发生改变
     * @param from: 当前状态
     * @param to:   下一个状态
     */
    fun stateChanged(from: State, to: State)
    /**
     * 触发 Transition
     */
    fun transition(transition: Transition)
    /**
     * 准备开始 Transition
     */
    fun transitionStarted(transition: Transition)
    /**
```

```
     * Transition 结束
     */
    fun transitionEnded(transition: Transition)
    /**
     * 状态机异常的回调
     */
    fun stateMachineError(stateMachine: StateMachine, exception: Exception)
    /**
     * 监听状态机上下文
     */
    fun stateContext(stateContext: StateContext)
}
```

6. Interceptor

只能监听 Transition 发生的变化，也就是进入 State、离开 State。

```
interface Interceptor {
    fun enteringState(stateMachine: StateMachine, stateContext: StateContext)
    fun enteredState(stateMachine: StateMachine, stateContext: StateContext)
}
```

7. TypeAliases

定义了状态内部执行的 action、Transition 执行的 action 以及是否执行 Transition 的断言。

```
typealias StateAction = (State) -> Unit
typealias TransitionAction = (Transition) -> Unit
typealias Guard = ()->Boolean
```

8. 支持RxJava 2、3

通过对 StateMachine 增加扩展属性 enterTransitionObservable、exitTransitionObservable 可以监听进入 State、离开 State 发生的变化。监听 State 的变化可以做一些埋点的工作，以便于分析。

```
val StateMachine.stateObservable: Observable<TransitionEvent>
    get() = Observable.create { emitter ->
        val rxInterceptor = RxInterceptor(emitter)
        registerInterceptor(rxInterceptor)
        emitter.setCancellable {
            unregisterInterceptor(rxInterceptor)
        }
    }
val StateMachine.enterTransitionObservable: Observable<TransitionEvent.
EnterTransition>
    get() = stateObservable
        .filter { event -> event is TransitionEvent.EnterTransition }
        .map { event -> event as TransitionEvent.EnterTransition }
val StateMachine.exitTransitionObservable: Observable<TransitionEvent.
ExitTransition>
```

```
        get() = stateObservable
            .filter { event -> event is TransitionEvent.ExitTransition }
            .map { event -> event as TransitionEvent.ExitTransition }

    private class RxInterceptor(
        private val emitter: ObservableEmitter<TransitionEvent>
    ) : Interceptor {
        override fun enteringState(stateMachine: StateMachine, stateContext:
StateContext) =
            emitter.onNext(TransitionEvent.EnterTransition(stateMachine,
stateContext))
        override fun enteredState(stateMachine: StateMachine, stateContext:
StateContext) =
            emitter.onNext(TransitionEvent.ExitTransition(stateMachine,
stateContext))
    }
```

17.2.4 应用

举一个简单的例子，图 17-6 用 FSM 来模拟用户从初始状态到吃饭的状态，最后到看电视的状态。

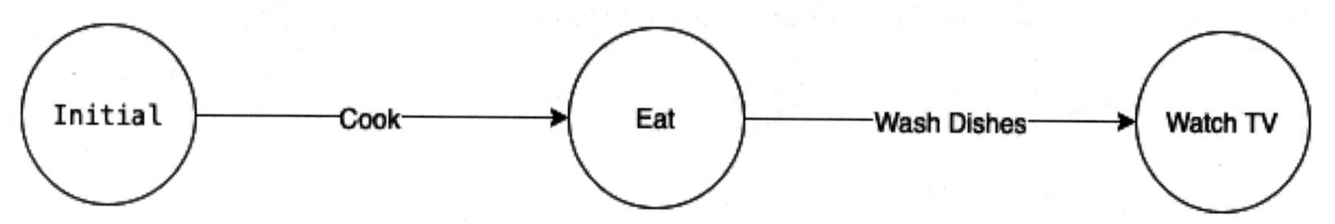

图 17-6　FSM 模拟的过程

```
class Cook : BaseEvent()              //烧菜
class WashDishes: BaseEvent()         //洗碗
class Initial : BaseState()           //初始化状态
class Eat : BaseState()               //吃饭状态
class WatchTV : BaseState()           //看电视状态

fun main() {
    val sm = StateMachine.buildStateMachine(initialStateName = Initial()) {

        state(Initial()) {
            entry {
                action {
                    println("Entered [${it.name}] State")
                }
            }
            transition(Cook(), Eat()) {
                action {
                    println("Action: Wash Vegetables")
                }
                action {
```

```
                println("Action: Cook")
            }
        }
        exit {
            action {
                println("Exited [${it.name}] State")
            }
        }
    }
    state(Eat()) {
        entry{
            action {
                println("Entered [${it.name}] State")
            }
        }
        transition(WashDishes(), WatchTV()) {
            action {
                println("Action: Wash Dishes")
            }
            action {
                println("Action: Turn on the TV")
            }
        }
    }
    state(WatchTV()) {
        entry{
            action {
                println("Entered [${it.name}] State")
            }
        }
    }
  }
  sm.initialize()
  sm.sendEvent(Cook())
  sm.sendEvent(WashDishes())
}
```

状态机在初始化之后，通过事件驱动状态机。执行结果如下：

```
Entered [Initial] State
Exited [Initial] State
Action: Wash Vegetables
Action: Cook
Entered [Eat] State
Action: Wash Dishes
Action: Turn on the TV
Entered [WatchTV] State
```

17.3 Kotlin、RxJava以及传统的机器学习在手机质检上的应用

17.3.1 业务背景

隐私清除是手机质检的重要一环，我们回收的手机在经过自动化质检/人工质检后，会对手机进行隐私清除。

在进行隐私清除之前，需要确保手机退出云服务的账号。例如，iPhone 手机需要退出 iCloud，华为、小米等手机都要退出对应的云服务。否则会有隐私数据泄漏的风险，也会让后续购买此手机的用户无法享受到云服务的功能。

因此，账号检测是一项很重要的功能。本节以 Android 手机的账号检测是否退出为例进行介绍，主要是针对华为、小米等有比较明显的特征的手机，通过图像预处理、OCR 进行识别。

我们的隐私清除工具是一个桌面端程序，运行在 Ubuntu 系统上。

对于 Android 手机，桌面工具通过 adb 命令将隐私清除 App 安装到手机上，然后二者通过 WebSocket 进行通信，桌面工具会让插上的手机进行隐私清除。

17.3.2 设计思路

在做账号检测这个功能之前，笔者尝试过很多办法来判断账号是否退出，例如找相关的 adb 命令，或者对应厂商的 API，都没有很好的效果。经过不断摸索后，采用如下方式进行账号检测（见图 17-7）：

- 使用adb命令修改手机的休眠时间，确保手机一段时间内不会熄屏。
- 使用adb命令跳转到系统设置页面（不同的手机使用的命令略有不同）。
- 使用adb命令对当前页面进行截图。
- 使用adb命令将图片传输到桌面端的机器。
- 通过程序对原图进行裁剪，保留原先的40%。
- 对裁剪的图片进行图像二值化处理（不同的手机采用不同的二值化算法）。
- 调用OCR进行特征字符串的识别。
- 比对字符串的相似度，最终确定账号是否退出。

这种方式在华为、小米手机上取得了很好的效果。

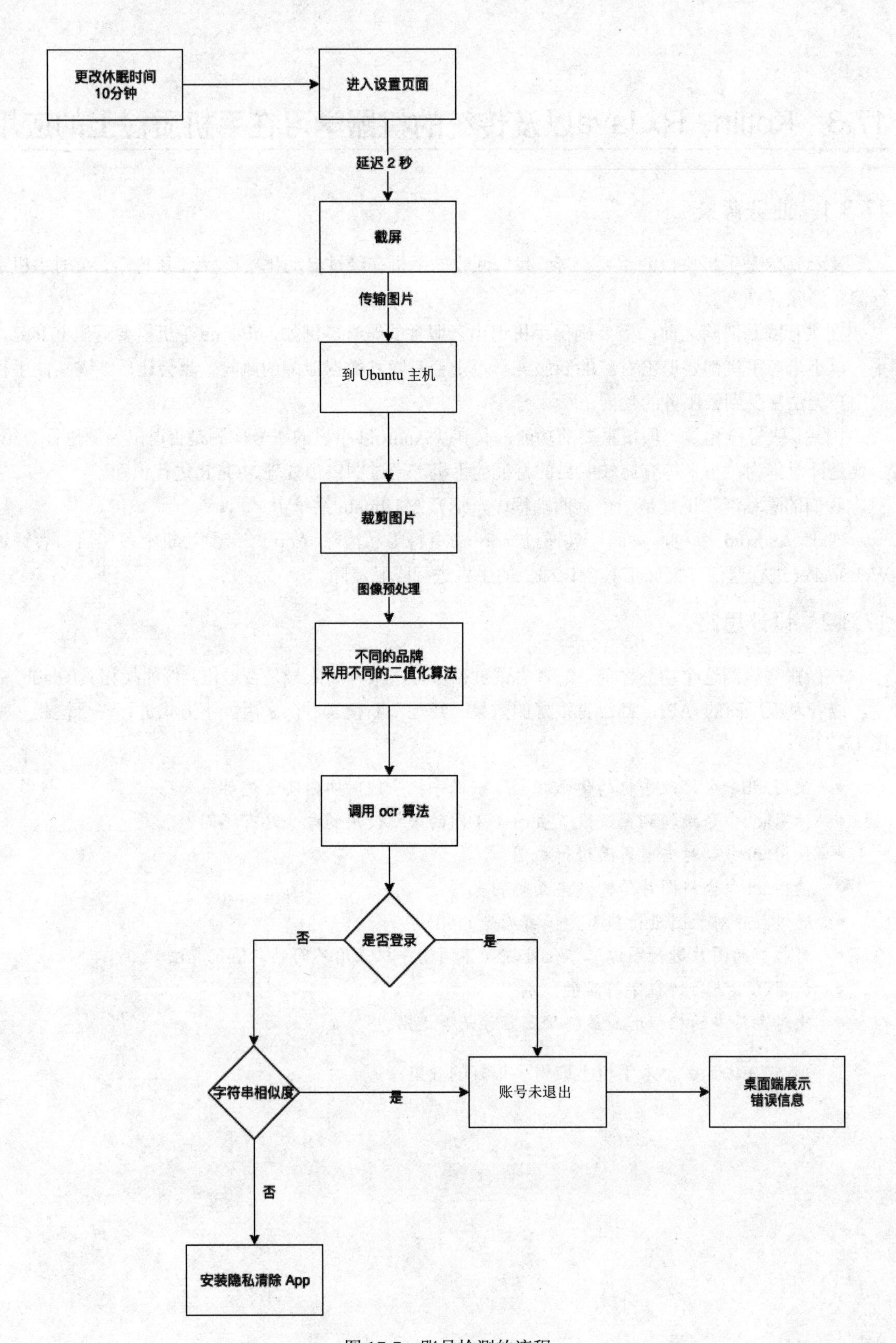

图 17-7　账号检测的流程

17.3.3 代码实现以及踩过的坑

1. 核心代码

核心代码使用 RxJava 将上述所有过程串联起来，每一个过程是一个 map 操作。下面展示检测华为手机的账号是否退出：

```
object HuaweiDetect : IDetect {
    val logger: Logger = LoggerFactory.getLogger(this.javaClass)
    val list by lazy {
        arrayOf("华为账号、云空间、应用市场等"
                ,"华为账号、付款与账单、云空间等"
                ,"华为账号、云空间"
                ,"华为账号、付款与账单")
    }
    override fun detectUserAccount(serialNumber:String,detail:String):
Observable<Boolean> {
        val file = File(detectAccountPath)
        if (!file.exists()) {
            file.mkdir()
        }
        val timeoutCmd = CommandBuilder.buildSudoCommand("aihuishou",
"$adbLocation -s $serialNumber shell settings put system screen_off_timeout 600000")
        CommandExecutor.executeSync(timeoutCmd,appender = object : Appender {
            override fun appendErrText(text: String) {
                println(text)
            }
            override fun appendStdText(text: String) {
                println(text)
            }
        }).getExecutionResult()
        val cmd = CommandBuilder.buildSudoCommand("aihuishou","$adbLocation -s
$serialNumber shell am start -S com.android.settings/.HWSettings")
        val fileName = "${serialNumber}-${detail}.png"
        return CommandExecutor.execute(cmd)
                .asObservable()
                .delay(2, TimeUnit.SECONDS)
                .map {
                    val screencapCmd = CommandBuilder.buildSudoCommand
("aihuishou","$adbLocation -s $serialNumber shell screencap -p /sdcard/$fileName")
                    CommandExecutor.executeSync(screencapCmd, appender = object :
Appender {
                        override fun appendErrText(text: String) {
                            println(text)
                        }
                        override fun appendStdText(text: String) {
                            println(text)
```

```
                }
            }).getExecutionResult()
        }
        .map {
            val pullCmd = CommandBuilder.buildSudoCommand("aihuishou",
"$adbLocation -s $serialNumber pull /sdcard/$fileName ${detectAccountPath}/
${fileName}")
            CommandExecutor.executeSync(pullCmd, appender = object :
Appender {
                override fun appendErrText(text: String) {
                    println(text)
                }
                override fun appendStdText(text: String) {
                    println(text)
                }
            }).getExecutionResult()
            fileName
        }
        .map {
            val input = File("$detectAccountPath/$it")
            val image = ImageIO.read(input)
            val width = image.width
            val height = image.height
            return@map imageCutByRectangle(image, 0, 0, width, (height *
0.4).toInt())
        }
        .map { //二值化
            binaryForHuawei(it)
        }
        .map{
            val ocrValue = newTesseract().doOCR(it)
            logger.info("ocrValue = $ocrValue")
            ocrValue
        }
        .map { ocrValue->
            if (ocrValue.contains("华为账号、云空间、应用市场等")
                    || ocrValue.contains("华为账号、付款与账单、云空间等")
                    || ocrValue.contains("华为账号、云空间")
                    || ocrValue.contains("华为账号、付款与账单")) {
                return@map true
            } else {
                val array = ocrValue.split("\n".toRegex())
                array.map {
                    it.replace("\\s+".toRegex(),"")
                }.toList().forEach{ s->
                    for (item in list) {
                        val d = levenshtein(s,item) //字符串相似度比较
```

```
                        if (d>=0.7) {
                            return@map true
                        }
                    }
                }
                return@map false
            }
        }
    }
}
```

其中，imageCutByRectangle()用于裁剪图片：

```
/**
 * 矩形裁剪，设定起始位置、裁剪宽度、裁剪长度
 * 裁剪范围需小于等于图像范围
 * @param image
 * @param xCoordinate
 * @param yCoordinate
 * @param xLength
 * @param yLength
 * @return
 */
fun imageCutByRectangle(
    image: BufferedImage,
    xCoordinate: Int,
    yCoordinate: Int,
    xLength: Int,
    yLength: Int
): BufferedImage {
    //判断 x、y 方向是否超过图像最大范围
    var xLength = xLength
    var yLength = yLength
    if (xCoordinate + xLength >= image.width) {
        xLength = image.width - xCoordinate
    }
    if (yCoordinate + yLength >= image.height) {
        yLength = image.height - yCoordinate
    }
    val resultImage = BufferedImage(xLength, yLength, image.type)
    for (x in 0 until xLength) {
        for (y in 0 until yLength) {
            val rgb = image.getRGB(x + xCoordinate, y + yCoordinate)
            resultImage.setRGB(x, y, rgb)
        }
    }
    return resultImage
}
```

binaryForHuawei()用于图像二值化（Image Binarization）。

图像二值化就是将图像上的像素点的灰度值设置为 0 或 255，也就是将整个图像呈现出明显的黑白效果的过程。

在数字图像处理中，二值图像占有非常重要的地位，图像的二值化使图像中的数据量大为减少，从而能凸显出目标的轮廓。

```
fun binaryForHuawei(bi: BufferedImage):BufferedImage = binary(bi)

/**
 * 图像二值化操作
 * @param bi
 * @param thresh 二值化的阈值
 * @return
 */
fun binary(bi: BufferedImage,thresh:Int = 225):BufferedImage {
    //获取当前图片的高、宽、ARGB
    val h = bi.height
    val w = bi.width
    val rgb = bi.getRGB(0, 0)
    val arr = Array(w) { IntArray(h) }
    //获取图片每一像素点的灰度值
    for (i in 0 until w) {
        for (j in 0 until h) {
            //getRGB()返回默认的 RGB 颜色模型(十进制)
            arr[i][j] = getImageRgb(bi.getRGB(i, j)) //该点的灰度值
        }
    }
    val bufferedImage = BufferedImage(w, h, BufferedImage.TYPE_BYTE_BINARY)
//构造一个类型为预定义图像类型之一的 BufferedImage，TYPE_BYTE_BINARY 表示一个不透明的以字节
打包的 1、2 或 4 位图像
    for (i in 0 until w) {
        for (j in 0 until h) {
            if (getGray(arr, i, j, w, h) > thresh) {
                val white = Color(255, 255, 255).rgb
                bufferedImage.setRGB(i, j, white)
            } else {
                val black = Color(0, 0, 0).rgb
                bufferedImage.setRGB(i, j, black)
            }
        }
    }
    return bufferedImage
}
private fun getImageRgb(i: Int): Int {
    val argb = Integer.toHexString(i) //将十进制的颜色值转为十六进制
```

```
        //argb 分别代表透明、红、绿、蓝，分别占 16 进制 2 位
        val r = argb.substring(2, 4).toInt(16) //后面的参数为使用的进制
        val g = argb.substring(4, 6).toInt(16)
        val b = argb.substring(6, 8).toInt(16)
        return ((r + g + b) / 3)
    }
    //自己加周围 8 个灰度值再除以 9，计算出其相对灰度值
    private fun getGray(gray: Array<IntArray>, x: Int, y: Int, w: Int, h: Int): Int {
        val rs = (gray[x][y]
                + (if (x == 0) 255 else gray[x - 1][y])
                + (if (x == 0 || y == 0) 255 else gray[x - 1][y - 1])
                + (if (x == 0 || y == h - 1) 255 else gray[x - 1][y + 1])
                + (if (y == 0) 255 else gray[x][y - 1])
                + (if (y == h - 1) 255 else gray[x][y + 1])
                + (if (x == w - 1) 255 else gray[x + 1][y])
                + (if (x == w - 1 || y == 0) 255 else gray[x + 1][y - 1])
                + if (x == w - 1 || y == h - 1) 255 else gray[x + 1][y + 1])
        return rs / 9
    }
```

对于不同的手机，在处理二值化时需要使用不同的阈值，甚者采用不同的二值化算法。图 17-8 和图 17-9 分别展示了手机的系统设置页面，以及裁剪并经过二值化处理后的图片。

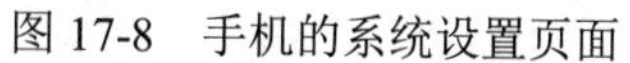
图 17-8　手机的系统设置页面

图 17-9　裁剪并经过二值化处理后的图片

newTesseract().doOCR(it)是使用 Tesseract 来对二值化后的图片调用 OCR 算法进行文字内容的识别。

```
fun newTesseract():Tesseract = Tesseract().apply {
    val path = SystemConfig.TESS_DATA
    this.setDatapath(path)
    this.setLanguage("eng+chi_sim")
    this.setOcrEngineMode(0)
}
```

这里我们采用英文和中文的模型，目前只能识别中英文的内容。

识别出的内容可能会跟我们预期的有误差，最后采用 Levenshtein 进行字符串相似度的比较。

Levenshtein 距离又称编辑距离，指的是两个字符串之间，由一个转换成另一个所需的最少编辑操作次数。许可的编辑操作包括将一个字符替换成另一个字符、插入一个字符、删除一个字符。

两个字符串的编辑距离越小，它们越相似。如果两个字符串相等，则它们的编辑距离为 0。

```
/**
 * 计算字符串的相似度，值越大，表示相似度越高
 */
fun levenshtein(str1: String, str2: String): Double {
    //计算两个字符串的长度
    val len1 = str1.length
    val len2 = str2.length
    //建立上面说的数组，比字符长度大一个空间
    val dif = Array(len1 + 1) { IntArray(len2 + 1) }
    //赋初值
    for (a in 0..len1) {
        dif[a][0] = a
    }
    for (a in 0..len2) {
        dif[0][a] = a
    }
    //计算两个字符是否一样，计算左上的值
    var temp: Int
    for (i in 1..len1) {
        for (j in 1..len2) {
            temp = if (str1[i - 1] == str2[j - 1]) {
                0
            } else {
                1
            }
            //取三个值中最小的
            dif[i][j] = min(dif[i - 1][j - 1] + temp, dif[i][j - 1] + 1, dif[i
- 1][j] + 1)
        }
    }
    logger.info("字符串\"$str1\"与\"$str2\"的比较")

    val similarity = 1 - dif[len1][len2].toFloat() / Math.max(str1.length,
str2.length)
```

```
    logger.info("相似度：$similarity")
    return similarity.toDouble()
}
```

2. 踩过的坑

- Tesseract在多线程情况下无法使用。后来又使用了对象池，但是仍然无法使用。只能每次实现一个新的Tesseract对象，因此不得不对JVM进行调优。
- 对于不同品牌的手机，图像的二值化需要分别处理。
- 同一个品牌的手机，不同型号可能需要采用不同的策略。

17.3.4 后续的规划

虽然上述实现已经满足大部分的需求，但是只能处理中英文，并且算法模型需要部署在桌面端。我们开始着手使用深度学习算法实现 OCR 的功能。

在下一阶段的工作中，将算法和模型都部署在云端，一方面减轻桌面端的压力，另一方面能够支持多种语言并提高文字的识别率。

17.4 总结

本章介绍了在实际应用中使用 Kotlin 结合响应式编程框架 RxJava 的例子，其中有使用响应式编程的一些技巧以及使用 Kotlin 的一些特性。

本章最后的例子已经在生产环境中使用，虽然不一定会有很大的帮助和参考价值，但是可以开阔一些视野。

第18章 服务端实战

本章介绍Kotlin开发服务端项目的一些案例，在本章的最后会详细介绍一个基于Spring Boot + RocketMQ实现的智能硬件远程控制系统，包括客户端和服务端，对于实际应用具有很高的参考价值。

18.1 使用 Ktor 快速开发 Web 项目

18.1.1 Ktor 介绍

Ktor 是一个高性能的、基于 Kotlin 的 Web 开发框架，支持 Kotlin Coroutines、DSL 等特性。

Ktor 是一个由 Kotlin 团队打造的 Web 框架，可用于创建异步、高性能和轻量级的 Web 服务器，并使用 Kotlin 惯用的 API 构建非阻塞的多平台 Web 客户端。

Ktor 的服务端仅限于 JVM，但是 Ktor 的客户端是一个 Multiplatform 的库。

如果使用 Kotlin Multiplatform 构建跨平台项目，使用 Ktor 的客户端作为 HTTP 框架是一个不错的选择。

Ktor 由两部分组成：服务器引擎和灵活的异步 HTTP 客户端。当前版本主要集中在 HTTP 客户端上。客户端是一个支持 JVM、JS、Android 和 iOS 的多平台库，现在经常在跨平台移动应用程序中使用。

18.1.2 Ktor 服务端的使用

我们可以通过多种方式运行 Ktor 服务端程序，如图 18-1 所示。

- 在main()中调用embeddedServer来启动Ktor应用。
- 运行一个EngineMain的main()，并使用HOCON application.conf配置文件。
- 作为Web服务器中的Servlet。
- 在测试中使用withTestApplication来启动Ktor应用。

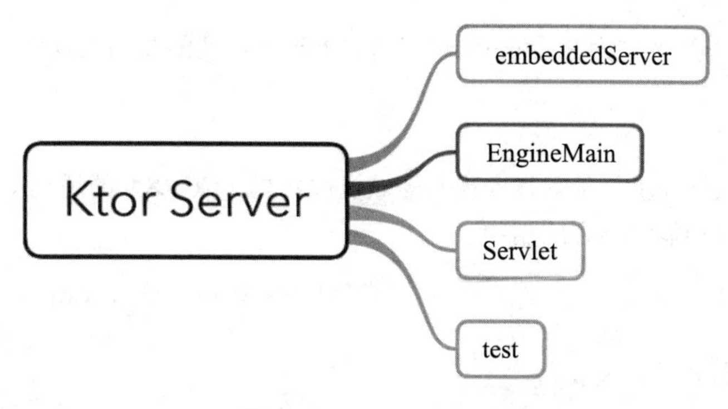

图 18-1　Ktor Server

1. Gradle配置Ktor

Kotlin 的版本需要 1.4.x，因为 Ktor 底层会依赖 Kotlin Coroutines。

在需要使用 Ktor 的 Module 中添加如下依赖：

```
dependencies {
    ...
    implementation "io.ktor:ktor-server-core:${libs.ktor}"
    implementation "io.ktor:ktor-server-netty:${libs.ktor}"
}
```

后面的例子会介绍 Ktor 的其他 Artifact，例如 FreeMarker、Gson 等。

2. embeddedServer

当使用 embeddedServer 时，Ktor 使用 DSL 来配置应用程序和服务器引擎。目前，Ktor 支持 Netty、Jetty、Tomcat、CIO（Coroutine I/O）作为服务器引擎。当然，也支持创建自己的引擎并为其提供自定义配置。

以 Netty 作为服务器引擎为例，通过 embeddedServer 启动 Ktor 应用：

```
fun main() {
    embeddedServer(Netty, port?:8080, watchPaths = listOf("MainKt"), module =
Application::module).start()
}
```

3. ApplicationCall和Routing

当一个请求进入 Ktor 应用时（可以是 HTTP、HTTP/2 或 WebSocket 请求），该请求将被转换为 ApplicationCall 并通过该应用程序拥有的管道。Ktor 的管道是由一个或多个预先安装的拦截器组成的，这些拦截器提供某些功能，例如路由、压缩等，最终将处理请求。

ApplicationCall 提供对两个主要属性 ApplicationRequest 和 ApplicationResponse 的访问。它们对应传入请求和传出响应。除了这些之外，ApplicationCall 还提供了一个 ApplicationEnvironment 和一些有用的功能来帮助响应客户端请求。

Routing 是一项安装在应用程序中的功能，用于简化和构建页面请求处理。Ktor 的 Routing 支持 Restful 的各种方法，以及使用 DSL 进行配置。

Routing 支持嵌套，被称为 Routing Tree，可以通过递归匹配复杂的规则和处理请求。

4. CORS

默认情况下，Ktor 提供拦截器以实现对跨域资源共享（CORS）的适当支持。

首先，将 CORS 功能安装到应用中。

```
fun Application.main() {
  ...
  install(CORS)
  ...
}
```

Ktor CORS 功能的默认配置仅处理 GET、POST 和 HEAD HTTP 方法以及以下标头：

```
HttpHeaders.Accept
HttpHeaders.AcceptLanguages
HttpHeaders.ContentLanguage
HttpHeaders.ContentType
```

下面的例子展示如何配置 CORS 功能：

```
fun Application.main() {
  ...
  install(CORS)
  {
    method(HttpMethod.Options)
    header(HttpHeaders.XForwardedProto)
    anyHost()
    host("my-host")
    //host("my-host:80")
    //host("my-host", subDomains = listOf("www"))
    //host("my-host", schemes = listOf("http", "https"))
    allowCredentials = true
    allowNonSimpleContentTypes = true
    maxAge = Duration.ofDays(1)
  }
  ...
}
```

5. Packing

部署 Ktor 应用时，可以使用 Fat Jar 或者 War 包。

我们以 Fat Jar 为例，使用 Gradle 的 shadow 插件可以方便地打包 Ktor 的应用。

在项目根目录下的 build.gradle 中添加 shadow 插件的依赖：

```
buildscript {
    repositories {
        jcenter()
        mavenCentral()
```

```
    }
    dependencies {
        classpath 'com.github.jengelman.gradle.plugins:shadow:5.2.0'
        ...
    }
}
```

然后在需要打包的 module 中添加 shadow 插件、输出 JAR 包名称以及 JAR 包的入口 Main 函数：

```
plugins {
    id 'java'
    id 'kotlin'
    id 'com.github.johnrengelman.shadow'
}
...
shadowJar {
    baseName = 'xxx'  //jar 包名称
    manifest {
        attributes["Main-Class"] = "xxx.xxx.xxx.xxx"  // JAR 包的主函数
    }
}
```

18.1.3 例子

以 RxCache（https://github.com/fengzhizi715/RxCache）为例，接下来会介绍使用 Ktor 开发一个 Local Cache 的浏览器，用于读取磁盘缓存中的数据。

RxCache 是一款支持 Java 和 Android 的 Local Cache，目前支持内存、堆外内存、磁盘缓存。

开发的背景：我们存在一些桌面程序部署在 Ubuntu 上，需要对这些程序进行埋点，而 RxCache 本身支持磁盘的缓存。因此，我们使用 RxCache 存储埋点的数据，所以需要一个浏览器的程序来查看本地的埋点数据。

1. RxCache的配置

RxCache 是一个单例，使用时需要先调用 config()配置 RxCache。

RxCache 支持二级缓存：Memory、Persistence，并拥有多种序列化方式。这些可以通过配置来体现。

```
val rxCache: RxCache by lazy {
    val converter: Converter = when (Config.converter) {
        "gson"      -> GsonConverter()。
        "fastjson"  -> FastJSONConverter()
        "moshi"     -> MoshiConverter()
        "kryo"      -> KryoConverter()
        "hessian"   -> HessianConverter()
        "fst"       -> FSTConverter()
        "protobuf"  -> ProtobufConverter()
        else        -> GsonConverter()
    }
```

```
    RxCache.config {
        RxCache.Builder().persistence {
            when (Config.type) {
                "disk"   -> {
                    val cacheDirectory = File(Config.path) //rxCache 持久层存放地址
                    if (!cacheDirectory.exists()) {
                        cacheDirectory.mkdir()
                    }
                    DiskImpl(cacheDirectory, converter)
                }
                "okio"   -> {
                    val cacheDirectory = File(Config.path) //rxCache 持久层存放地址
                    if (!cacheDirectory.exists()) {
                        cacheDirectory.mkdir()
                    }
                    OkioImpl(cacheDirectory, converter)
                }
                "mapdb"  -> {
                    val cacheDirectory = File(Config.path) //rxCache 持久层存放地址
                    MapDBImpl(cacheDirectory, converter)
                }
                "diskmap"-> {
                    val cacheDirectory = File(Config.path) //rxCache 持久层存放地址
                    DiskMapImpl(cacheDirectory, converter)
                }
                else    -> {
                    val cacheDirectory = File(Config.path) //rxCache 持久层存放地址
                    if (!cacheDirectory.exists()) {
                        cacheDirectory.mkdir()
                    }
                    DiskImpl(cacheDirectory, converter)
                }
            }
        }
    }

    RxCache.getRxCache()
}
```

2. module

Ktor module 是一个开发者定义的函数，用于接收 Application 类（该类负责配置服务器管道、安装功能、注册路由、处理请求等）。

在本例中安装了 DefaultHeaders、CallLogging、FreeMarker、ContentNegotiation、Routing。

```
fun Application.module() {
    install(DefaultHeaders)
    install(CallLogging)
    install(FreeMarker) {
```

```
            templateLoader = ClassTemplateLoader(this::class.java.classLoader,
"templates")
            defaultEncoding = "utf-8"
        }
        install(ContentNegotiation) {
            gson {
                setDateFormat(DateFormat.LONG)
                setPrettyPrinting()
            }
        }
        install(Routing) {
            ...
        }
    }
```

3. Routing

Routing 提供了对外的页面。

```
        install(Routing) {
            static("/") {
                defaultResource("index.html", "web")
            }
            post("/saveConfig") {
                val postParameters: Parameters = call.receiveParameters()

                Config.path = postParameters["path"] ?: ""
                Config.type = postParameters["type"] ?: ""
                Config.converter = postParameters["converter"] ?: ""
                call.respond(FreeMarkerContent("save.ftl", mapOf("config" to
Config)))
            }
            get("/list") {
                val file = File(Config.path)
                val array = file.list()
                call.respond(array)
            }
            get("/detail/{key}") {
                val key = call.parameters["key"]
                val json = rxCache.getStringData(key)
                call.respondText(json)
            }
            get("/info") {
                val json = rxCache.info
                call.respondText(json)
            }
        }
```

其中 index.html 用于配置 RxCache。

saveConfig 用于展示保存的 RxCache 的数据，其中用到了 FreeMarker 的模板 save.ftl。

```
<html>
<h2>Hi</h2>
RxCache's path: ${config.path} </br>
RxCache's persistence: ${config.type} </br>
RxCache's serialization: ${config.converter} </br>
</html>
```

list 接口、detail 接口分别用于展示磁盘存储数据的 key，以及根据 key 来查询详细的存储内容，如图 18-2 和图 18-3 所示。

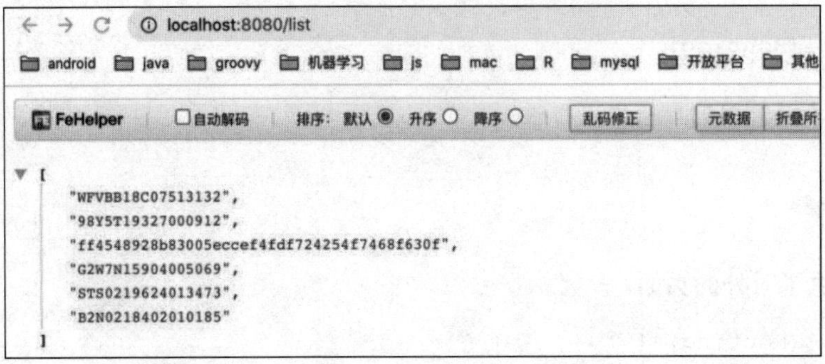

图 18-2　list 接口

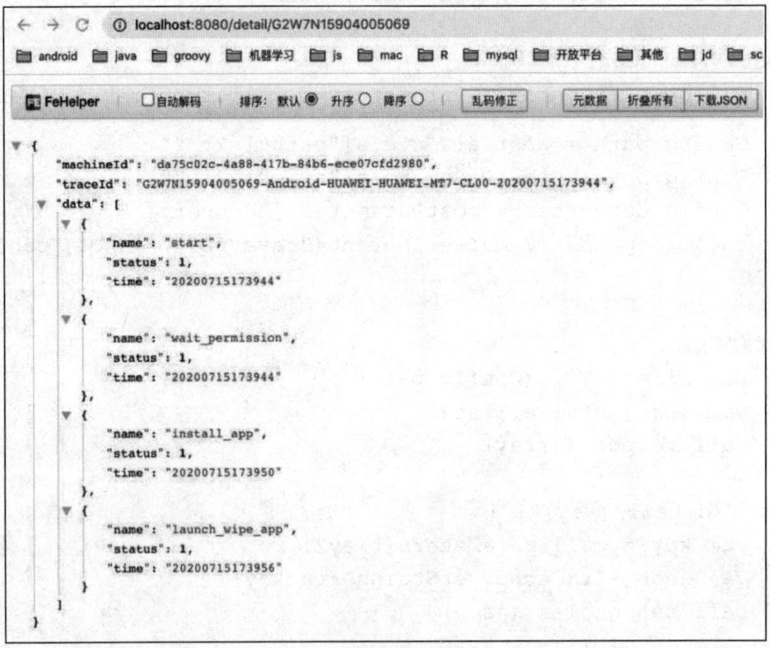

图 18-3　detail 接口

info 接口用于显示缓存中的信息，如图 18-4 所示。

4. 启动

Browser 配置了 kotlinx-cli，可以通过命令行解析参数。目前，只支持-p，用于表示启动 Ktor 应用的端口号。

图 18-4　info 接口

Browser 使用 Netty 作为服务器引擎。

```
fun main(args: Array<String>) {
    val parser = ArgParser("rxcache-browser")
    val port             by parser.option(ArgType.Int, shortName = "p", description
= "Port number of the local web service")
    parser.parse(args)

    embeddedServer(Netty, port?:8080, watchPaths = listOf("MainKt"), module =
Application::module).start()
}
```

Ktor 构建的应用只需少量代码和配置即可完成，非常简便，适用于简单的 Web 项目、对外提供接口的 OpenAPI 项目。当然，使用它来构建微服务也是可以的。

RxCache 的项目地址：https://github.com/fengzhizi715/RxCache。

例子的代码：https://github.com/fengzhizi715/RxCache/tree/master/browser。

kotlinx-cli：https://github.com/Kotlin/kotlinx-cli。

Ktor features：https://ktor.io/servers/features.html。

18.2　使用 WebFlux + R2DBC 开发 Web 项目

18.2.1　R2DBC 介绍

在 R2DBC 官网（http://r2dbc.io/）上，对 R2DBC 有一句话的介绍：

响应式关系数据库连接（R2DBC）项目将响应式编程的 API 引入关系型数据库。

R2DBC 的含义是 Reactive Relational Database Connectivity，它是一个使用响应式驱动程序集成关系数据库的孵化器。它是在响应式编程的基础上使用关系数据访问技术。

R2DBC 最初是一项实验和概念验证，旨在将 SQL 数据库集成到使用响应式编程模型的系统中。JDBC 使用的是阻塞式 API，而 R2DBC 允许开发者使用无阻塞 API 访问关系数据库，因为 R2DBC 包含 Reactive Streams 规范。从官网上还能看到 R2DBC 支持的响应式框架包括 Reactor、RxJava、Smallrye Mutiny。

R2DBC 目前是一个开放的规范，它为驱动程序供应商实现和客户端使用建立了一个服务提供者接口（SPI）。

另外，R2DBC 是由 Spring 官方团队提出的规范，除了驱动实现外，还提供了 R2DBC 连接池和 R2DBC 代理。

目前 R2DBC 已经支持的驱动实现包括：

- cloud-spanner-r2dbc（https://github.com/GoogleCloudPlatform/cloud-spanner-r2dbc）：driver for Google Cloud Spanner。
- jasync-sql（https://github.com/jasync-sql/jasync-sql）：R2DBC wrapper for Java & Kotlin Async Database Driver for MySQL and PostgreSQL（written in Kotlin）。
- r2dbc-h2（https://github.com/r2dbc/r2dbc-h2）：native driver implemented for H2 as a test database。
- r2dbc-mariadb（https://github.com/mariadb-corporation/mariadb-connector-r2dbc）：native driver implemented for MariaDB。
- r2dbc-mssql（https://github.com/r2dbc/r2dbc-mssql）：native driver implemented for Microsoft SQL Server。
- r2dbc-mysql（https://github.com/mirromutth/r2dbc-mysql）：native driver implemented for MySQL。
- r2dbc-postgres（https://github.com/r2dbc/r2dbc-postgresql）：native driver implemented for PostgreSQL。

18.2.2 R2DBC 的使用

在 Gradle 中配置 Spring Boot 以及 R2DBC 相关依赖的库：

```
    implementation "io.r2dbc:r2dbc-h2:0.8.4.RELEASE"
    implementation "com.h2database:h2:1.4.200"
    implementation "org.springframework.data:spring-data-r2dbc:1.0.0.RELEASE"
    implementation "org.springframework.boot:spring-boot-starter-actuator:
2.3.5.RELEASE"
    implementation "org.springframework.boot:spring-boot-starter-data-r2dbc:
2.3.5.RELEASE"
    implementation "org.springframework.boot:spring-boot-starter-webflux:
2.3.5.RELEASE"
    annotationProcessor "org.springframework.boot:spring-boot-configuration-
processor:2.3.5.RELEASE"
    implementation "io.projectreactor.kotlin:reactor-kotlin-extensions:1.1.0"
    implementation "org.jetbrains.kotlinx:kotlinx-coroutines-reactor:1.3.9"
```

1. 连接数据库

注册和配置 ConnectionFactoryInitializer bean，并通过 ConnectionFactory 初始化数据库：

```
@Configuration
@EnableR2dbcRepositories
open class AppConfiguration {

    ...

    @Bean
    open fun initializer(@Qualifier("connectionFactory") connectionFactory:
ConnectionFactory): ConnectionFactoryInitializer {
        val initializer = ConnectionFactoryInitializer()
        initializer.setConnectionFactory(connectionFactory)
        val populator = CompositeDatabasePopulator()
        populator.addPopulators(ResourceDatabasePopulator(ClassPathResource
("schema.sql")))
        populator.addPopulators(ResourceDatabasePopulator(ClassPathResource
("data.sql")))
        initializer.setDatabasePopulator(populator)
        return initializer
    }
}
```

这种初始化的支持是由 Spring Boot R2DBC 自动配置的，通过 schema.sql 和 data.sql 配置到 ConnectionFactory。

2. 基于routing function模式创建接口

WebFlux 提供了两种开发模式，一种是传统的基于注解的开发模式，使用 Controller+注解进行开发；另一种是 routing function 模式，使用函数式的编程风格。

routing function 模式主要使用 HandlerFunction 和 RouterFunction。

- HandlerFunction表示一个函数，该函数为路由到它们的请求生成响应。
- RouterFunction可以替代@RequestMapping注释。我们可以使用它将请求路由到处理程序函数。

它们就像使用带注解的 Controller 一样，只不过 http method 是通过响应式来构建的。coRouter() 允许使用 Kotlin DSL 以及 Coroutines 轻松创建 RouterFunction，例如：

```
@Configuration
@EnableR2dbcRepositories
open class AppConfiguration {
    @Bean
    open fun userRoute(userHandler: UserHandler) = coRouter {
        GET("/users", userHandler::findAll)
        GET("/users/search", userHandler::search)
        GET("/users/{id}", userHandler::findUser)
        POST("/users", userHandler::addUser)
```

```
        PUT("/users/{id}", userHandler::updateUser)
        DELETE("/users/{id}", userHandler::deleteUser)
    }
    ...
}
```

3. 创建HandlerFunctions

UserHandler 是它们的 HandlerFunction 的集合，Handler 有点类似于 Service：

```
@Component
class UserHandler {
    private val logger = LoggerFactory.getLogger(UserHandler::class.java)
    @Autowired
    lateinit var service: UserService
    suspend fun findAll(request: ServerRequest): ServerResponse {
        val users = service.findAll()
        return ServerResponse.ok().json().bodyAndAwait(users)
    }

    suspend fun search(request: ServerRequest): ServerResponse {
        val criterias = request.queryParams()
        return when {
            criterias.isEmpty() -> ServerResponse.badRequest().json().
bodyValueAndAwait(ErrorMessage("Search must have query params"))
            criterias.contains("name") -> {
                val criteriaValue = criterias.getFirst("name")
                if (criteriaValue.isNullOrBlank()) {
                    ServerResponse.badRequest().json().bodyValueAndAwait
(ErrorMessage("Incorrect search criteria value"))
                } else {
                    ServerResponse.ok().json().bodyAndAwait(service.
findByName(criteriaValue))
                }
            }
            criterias.contains("email") -> {
                val criteriaValue = criterias.getFirst("email")
                if (criteriaValue.isNullOrBlank()) {
                    ServerResponse.badRequest().json().bodyValueAndAwait
(ErrorMessage("Incorrect search criteria value"))
                } else {
                    ServerResponse.ok().json().bodyAndAwait (service.
findByEmail(criteriaValue))
                }
            }
            else -> ServerResponse.badRequest().json().bodyValueAndAwait
(ErrorMessage("Incorrect search criteria"))
        }
```

```
        }
        suspend fun findUser(request: ServerRequest): ServerResponse {
            val id = request.pathVariable("id").toLongOrNull()
            return if (id == null) {
                ServerResponse.badRequest().json(). bodyValueAndAwait(ErrorMessage
("`id` must be numeric"))
            } else {
                val user = service.findById(id)
                if (user == null) ServerResponse.notFound().buildAndAwait()
                else ServerResponse.ok().json().bodyValueAndAwait(user)
            }
        }
        suspend fun addUser(request: ServerRequest): ServerResponse {
            val newUser = try {
                request.bodyToMono<UserDTO>().awaitFirstOrNull()
            } catch (e: Exception) {
                logger.error("Decoding body error", e)
                null
            }
            return if (newUser == null) {
                ServerResponse.badRequest().json().bodyValueAndAwait (ErrorMessage
("Invalid body"))
            } else {
                val user = service.addUser(newUser)
                if (user == null) ServerResponse.status(HttpStatus.
INTERNAL_SERVER_ERROR).json().bodyValueAndAwait(ErrorMessage("Internal error"))
                else ServerResponse.status(HttpStatus.CREATED).json().
bodyValueAndAwait(user)
            }
        }
        suspend fun updateUser(request: ServerRequest): ServerResponse {
            val id = request.pathVariable("id").toLongOrNull()

            return if (id == null) {
                ServerResponse.badRequest().json().bodyValueAndAwait
(ErrorMessage("`id` must be numeric"))
            } else {
                val updateUser = try {
                    request.bodyToMono<UserDTO>().awaitFirstOrNull()
                } catch (e: Exception) {
                    logger.error("Decoding body error", e)
                    null
                }
                if (updateUser == null) {
                    ServerResponse.badRequest().json().bodyValueAndAwait
(ErrorMessage("Invalid body"))
                } else {
```

```
                val user = service.updateUser(id, updateUser)
                if (user == null) ServerResponse.status(HttpStatus.NOT_FOUND).
json().bodyValueAndAwait(ErrorMessage("Resource $id not found"))
                else ServerResponse.status(HttpStatus.OK).json().
bodyValueAndAwait(user)
            }
        }
    }
    suspend fun deleteUser(request: ServerRequest): ServerResponse {
        val id = request.pathVariable("id").toLongOrNull()
        return if (id == null) {
            ServerResponse.badRequest().json().bodyValueAndAwait(ErrorMessage
("`id` must be numeric"))
        } else {
            if (service.deleteUser(id)) ServerResponse.noContent().
buildAndAwait()
            else ServerResponse.status(HttpStatus.NOT_FOUND).json().
bodyValueAndAwait(ErrorMessage("Resource $id not found"))
        }
    }
}
```

每个 HandlerFunction 函数返回的 ServerResponse 提供了对 HTTP 响应的访问，可以使用 build 方法来创建。Builder 构建器可以设置响应代码，响应标题或正文。

4. 创建Service

UserHandler 通过 UserService 来实现具体的业务。

```
@Service
class UserService {
    @Autowired
    private lateinit var userRepository: UserRepository

    suspend fun findAll() = userRepository.findAll().asFlow()

    suspend fun findById(id: Long) = userRepository.findById(id).
awaitFirstOrNull()

    suspend fun findByName(name: String) = userRepository.findByName(name).
asFlow()

    suspend fun findByEmail(email: String) = userRepository.findByEmail(email).
asFlow()

    suspend fun addUser(user: UserDTO) = userRepository.save(user.toModel()).
awaitFirstOrNull()
    suspend fun updateUser(id: Long, userDTO: UserDTO): User? {
        val user = findById(id)
        return if (user != null)
```

```
            userRepository.save(userDTO.toModel(id = id)).awaitFirstOrNull()
        else null
    }
    suspend fun deleteUser(id: Long): Boolean {
        val user = findById(id)
        return if (user != null) {
            userRepository.delete(user).awaitFirstOrNull()
            true
        } else false
    }
}
```

UserService 的 findAll()、findByName()、findByEmail()返回的是 Flow<User>对象。

这是由于 Spring Data R2DBC 的 Coroutines 扩展了响应式的基础架构，因此可以将 UserService 的方法定义为 suspend 函数，并将 Flux 结果转换成 Kotlin 的 Flow 类型。

5. 创建Repository

UserService会调用Repository来跟数据库打交道。在创建Repository之前，我们先创建实体类User：

```
@Table("users")
data class User(
    @Id
    val id: Long? = null,
    val name: String,
    val password: String,
    val email: String,
)
```

User 类具有唯一的标识符和一些字段。有了实体类之后，我们可以创建一个合适的 Repository，如下所示：

```
interface UserRepository : ReactiveCrudRepository<User, Long> {
    @Query("SELECT u.* FROM users u WHERE u.name = :name")
    fun findByName(name: String): Flux<User>
    @Query("SELECT u.* FROM users u WHERE u.email = :email")
    fun findByEmail(email: String): Flux<User>
}
```

需要注意的是，在使用了 R2DBC 之后，就没有 ORM 了，取而代之的是响应式的方式。

6. 运行效果

展示用户列表，如图 18-5 所示。

搜索用户，如图 18-6 所示。

```
localhost:8080/users
[
  {
    "id": 1,
    "name": "tony",
    "password": "123456",
    "email": "fengzhizi715@126.com"
  },
  {
    "id": 2,
    "name": "arron",
    "password": "123456",
    "email": "arron@126.com"
  },
  {
    "id": 3,
    "name": "cafei",
    "password": "123456",
    "email": "cafei@126.com"
  },
  {
    "id": 4,
    "name": "monica",
    "password": "123456",
    "email": "monica@126.com"
  }
]
```

图 18-5 展示用户列表

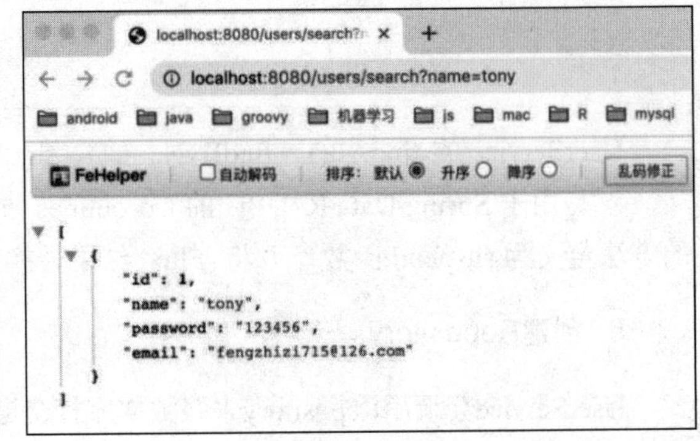

图 18-6 搜索用户

18.2.3 小结

本节介绍了 R2DBC 的背景，随后介绍了 WebFlux 的 routing function 模式，以及使用 RouterFunction 和 HandlerFunction 创建路由以处理请求并生成响应。

当 WebFlux 和 R2DBC 配置使用时，所创建的程序每一层都是通过异步处理的数据。

18.3 使用 NetDiscovery 开发网络爬虫

18.3.1 NetDiscovery 介绍

NetDiscovery（https://github.com/fengzhizi715/NetDiscovery）是一款由笔者开发的基于 Vert.x、RxJava 2 等框架实现的通用爬虫框架/中间件。

NetDiscovery 包含爬虫引擎（SpiderEngine）和爬虫（Spider）。图 18-7 显示了爬虫的各个模块。爬虫可以单独运行，也可以交给 SpiderEngine 来控制。

对于单个爬虫而言，如图 18-8 所示，从消息队列 queue 中获取 request，然后通过下载器 downloader 完成网络请求并获得 HTML 的内容，通过解析器 parser 解析 HTML 的内容，然后由多个 pipeline 按照顺序执行操作。其中，downloader、queue、parser、pipeline 这些组件都是接口，爬虫框架中内置了它们很多实现。开发者可以根据自身的情况来选择使用或者自己开发全新的实现。

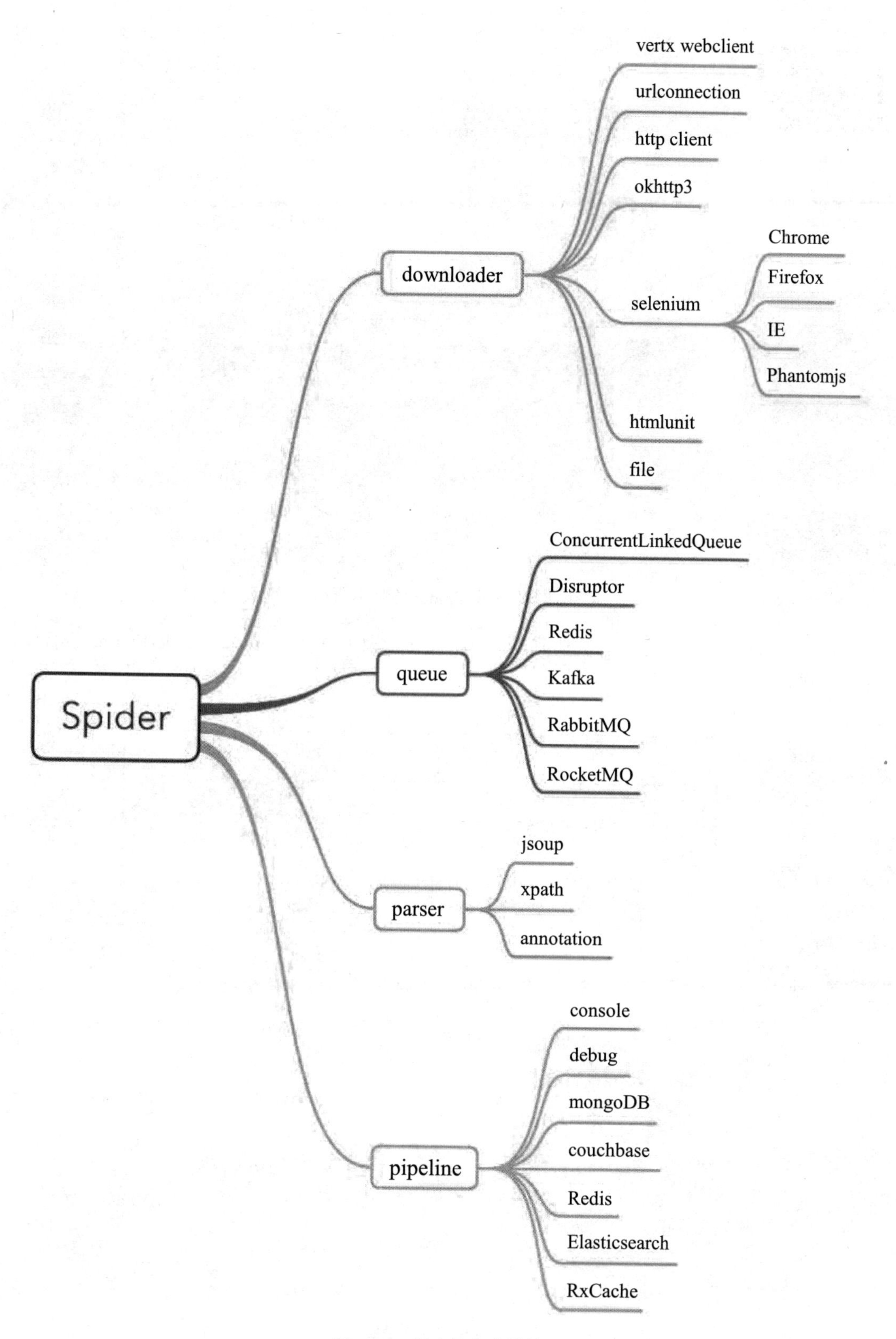

图 18-7　爬虫的各个模块

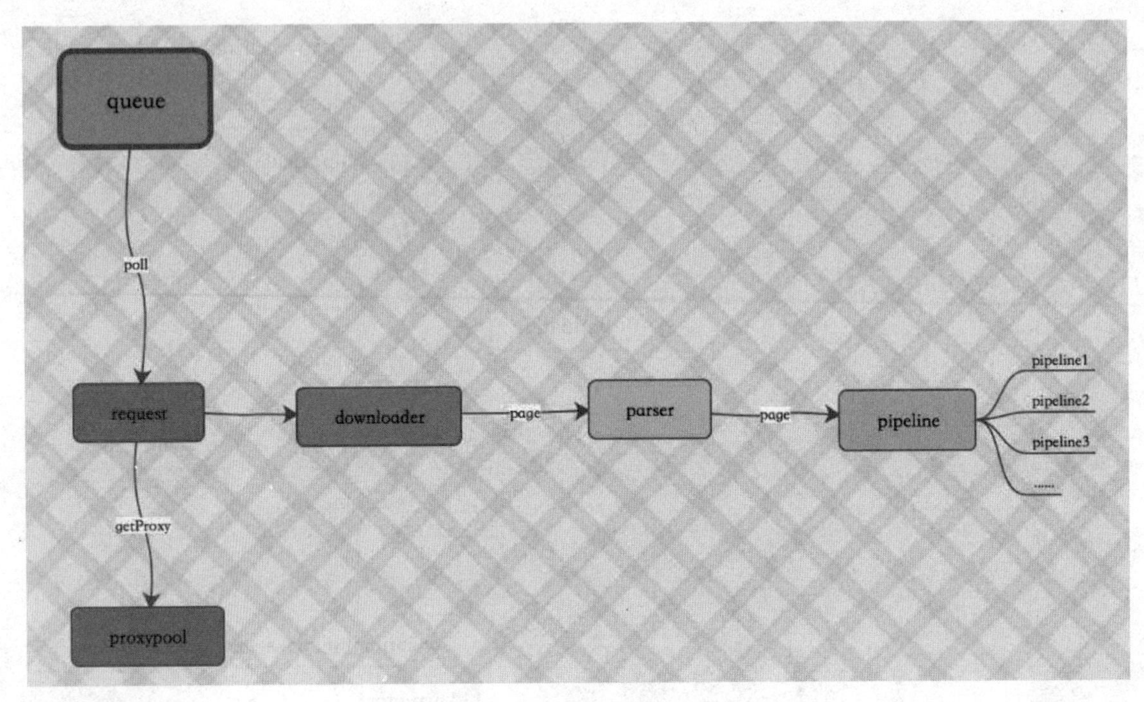

图 18-8 单个 Spider 的基本原理

SpiderEngine 可以在运行之前注册到 Etcd/Zookeeper，然后由 Monitor 对 SpiderEngine 进行监控，如图 18-9 所示。

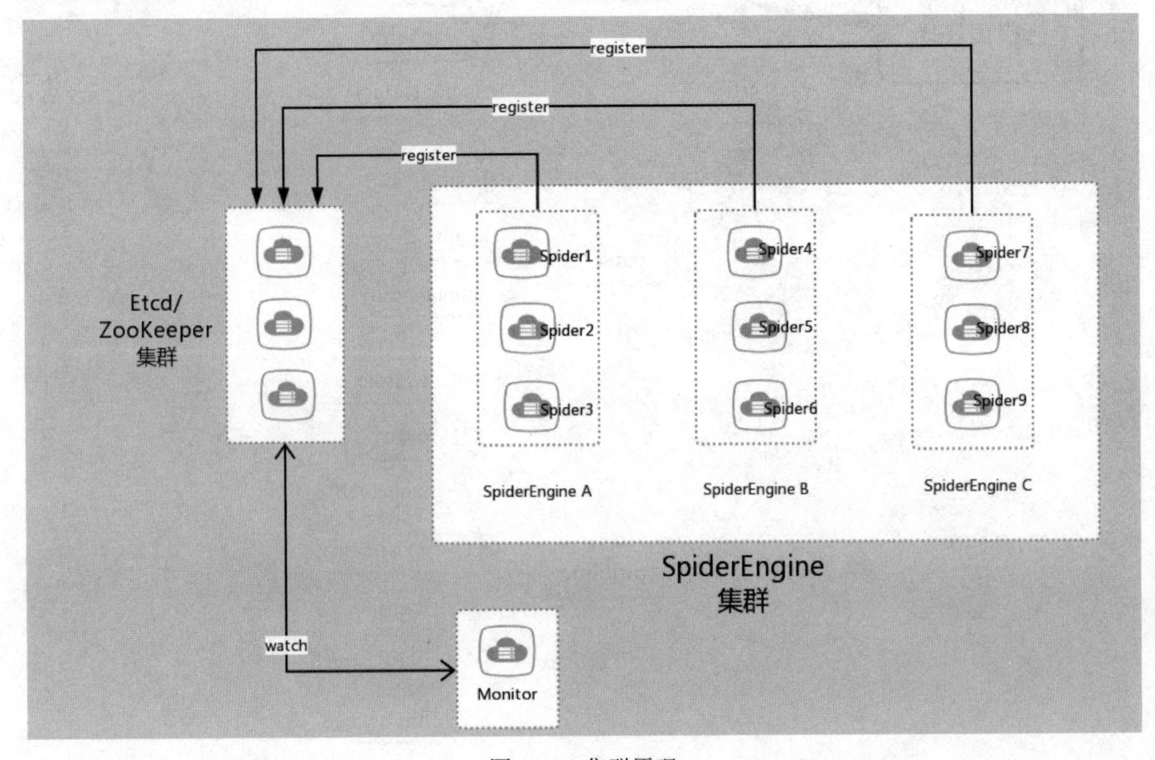

图 18-9 集群原理

18.3.2 DSL 在爬虫框架中的使用

NetDiscovery 的 DSL 主要是结合 Kotlin 带接收者的 Lambda、运算符重载、中缀表达式等 Kotlin 语法特性来编写的。

1. Request的DSL封装

Request 请求包含爬虫网络请求 Request 的封装，例如 url、userAgent、httpMethod、header、proxy 等。当然，还包含请求发生之前、之后做的一些事情，类似于 AOP。

那么，我们来看一下使用 DSL 来编写 Request：

```
val request = request {
    url = "https://www.baidu.com/"
    httpMethod = HttpMethod.GET
    spiderName = "tony"
    downloadDelay = 2000
    header {
        "111" to "2222"
        "333" to "44444"
    }
    extras {
        "tt" to "qqq"
    }
}
Spider.create().name("tony").request(request). pipeline(DebugPipeline()).
run()
```

可以看到，Request 使用 DSL 封装之后，非常简单明了。

下面的代码是具体的实现，主要是使用带接收者的 Lambda、中缀表达式。

```
class RequestWrapper {
    private val headerContext = HeaderContext()
    private val extrasContext = ExtrasContext()
    var url: String? = null
    var userAgent:String? = null
    var spiderName: String? = null
    var httpMethod: HttpMethod = HttpMethod.GET
    var checkDuplicate = true
    var saveCookie = false
    var debug = false
    var sleepTime: Long = 0
    var downloadDelay: Long = 0
    var domainDelay: Long = 0
    fun header(init: HeaderContext.() -> Unit) {
        headerContext.init()
    }
    fun extras(init: ExtrasContext.() -> Unit) {
```

```
        extrasContext.init()
    }
    internal fun getHeaderContext() = headerContext
    internal fun getExtrasContext() = extrasContext
}
class HeaderContext {
    private val map: MutableMap<String, String> = mutableMapOf()
    infix fun String.to(v: String) {
        map[this] = v
    }
    internal fun forEach(action: (k: String, v: String) -> Unit) =
map.forEach(action)
}
class ExtrasContext {
    private val map: MutableMap<String, Any> = mutableMapOf()
    infix fun String.to(v: Any) {
        map[this] = v
    }
    internal fun forEach(action: (k: String, v: Any) -> Unit) =
map.forEach(action)
}
fun request(init: RequestWrapper.() -> Unit): Request {
    val wrap = RequestWrapper()
    wrap.init()
    return configRequest(wrap)
}
private fun configRequest(wrap: RequestWrapper): Request {
    val request =  Request(wrap.url)
            .ua(wrap.userAgent)
            .spiderName(wrap.spiderName)
            .httpMethod(wrap.httpMethod)
            .checkDuplicate(wrap.checkDuplicate)
            .saveCookie(wrap.saveCookie)
            .debug(wrap.debug)
            .sleep(wrap.sleepTime)
            .downloadDelay(wrap.downloadDelay)
            .domainDelay(wrap.domainDelay)
    wrap.getHeaderContext().forEach { k, v ->
        request.header(k,v)
    }
    wrap.getExtrasContext().forEach { k, v ->
        request.putExtra(k,v)
    }
    return request
}
```

2. Spider的DSL封装

Spider 可以基于 DSL 进行创建：

```
val spider = spider {
    name = "tony"
    urls = listOf("http://www.163.com/","https://www.baidu.com/")
    pipelines = listOf(ConsolePipeline())
}
spider.run()
```

下面是 Spider DSL 的具体实现：

```
class SpiderWrapper {
    var name: String? = null
    var parser: Parser? = null
    var queue: Queue? = null
    var downloader: Downloader? = null
    var pipelines:List<Pipeline>? = null
    var urls:List<String>? = null
}
fun spider(init: SpiderWrapper.() -> Unit):Spider {
    val wrap = SpiderWrapper()
    wrap.init()
    return configSpider(wrap)
}
internal fun configSpider(wrap:SpiderWrapper):Spider {
    val spider = Spider.create(wrap.queue).name(wrap.name)
    wrap.urls?.let {
        spider.url(it)
    }
    spider.downloader(wrap.downloader).parser(wrap.parser)
    wrap.pipelines?.let {
        it.forEach { //这里的 it 指 wrap?.pipelines
            spider.pipeline(it) //这里的 it 指 pipelines 里的各个 pipeline
        }
    }
    return spider
}
```

3. SpiderEngine的DSL封装

SpiderEngine 用于管理引擎中的爬虫，包括爬虫的生命周期。

下面的例子展示创建一个 SpiderEngine，并往 SpiderEngine 中添加两个爬虫。其中一个爬虫用于定时地请求网页。

```
val spiderEngine = spiderEngine {
    port = 7070
```

```
        addSpider {
            name = "tony1"
        }
        addSpider {
            name = "tony2"
            urls = listOf("https://www.baidu.com")
        }
    }
    val spider = spiderEngine.getSpider("tony1")
    spider.repeatRequest(10000,"https://github.com/fengzhizi715").
initialDelay(10000)
    spiderEngine.run()
```

4. Selenium模块的DSL封装

借助 Selenium 模块在京东上搜索笔者之前写的书《RxJava 2.x 实战》，并按照销量进行排序，然后获取前十个商品的信息。

使用 DSL 来创建爬虫实现这个功能：

```
    spider {
        name = "jd"
        urls = listOf("https://search.jd.com/")
        downloader = seleniumDownloader {
            path = "example/chromedriver"
            browser = Browser.CHROME
            addAction {
                action = BrowserAction()
            }
            addAction {
                action = SearchAction()
            }
            addAction {
                action = SortAction()
            }
        }
        parser = PriceParser()
        pipelines = listOf(PricePipeline())
    }.run()
}
```

这里主要是对 SeleniumDownloader 的封装。Selenium 模块可以适配多款浏览器，而 Downloader 是爬虫框架的下载器组件，实现具体网络请求的功能。这里的 DSL 需要封装所使用的浏览器、浏览器驱动地址、各个模拟浏览器动作（Action）等。

```
class SeleniumWrapper {
    var path: String? = null
    var browser: Browser? = null
    private val actions = mutableListOf<SeleniumAction>()
```

```
    fun addAction(block: ActionWrapper.() -> Unit) {
        ActionWrapper().apply {
            block()
            action?.let {
                actions.add(it)
            }
        }
    }
    internal fun getActions() = actions
}
class ActionWrapper{
    var action:SeleniumAction?=null
}
fun seleniumDownloader(init: SeleniumWrapper.() -> Unit): SeleniumDownloader{
    val wrap = SeleniumWrapper()
    wrap.init()
    return configSeleniumDownloader(wrap)
}
private fun configSeleniumDownloader(wrap: SeleniumWrapper):
SeleniumDownloader {
    val config = WebDriverPoolConfig(wrap.path, wrap.browser)
    WebDriverPool.init(config)
    return SeleniumDownloader(wrap.getActions())
}
```

除此之外，还对 WebDriver 添加了一些常用的扩展函数，例如：

```
fun WebDriver.elementByXpath(xpath: String, init: WebElement.() -> Unit) =
findElement(By.xpath(xpath)).init()
```

这样的好处是简化了 WebElement 的操作，例如下面的 BrowserAction，打开浏览器输入关键字：

```
public class BrowserAction extends SeleniumAction{
    @Override
    public SeleniumAction perform(WebDriver driver) {
        try {
            String searchText = "RxJava 2.x 实战";
            String searchInput = "//*[@id=\"keyword\"]";
            WebElement userInput = SeleniumUtils.getWebElementByXpath(driver,
searchInput);
            userInput.sendKeys(searchText);
            Thread.sleep(3000);
        } catch (InterruptedException e) {
            e.printStackTrace();
        }
        return null;
    }
}
```

使用了 WebDriver 的扩展函数之后，上述代码等价于下面的代码：

```
class BrowserAction2 : SeleniumAction() {
    override fun perform(driver: WebDriver): SeleniumAction? {
        try {
            val searchText = "RxJava 2.x 实战"
            val searchInput = "//*[@id=\"keyword\"]"
            driver.elementByXpath(searchInput){
                this.sendKeys(searchText)
            }
            Thread.sleep(3000)
        } catch (e: InterruptedException) {
            e.printStackTrace()
        }
        return null
    }
}
```

18.3.3 Kotlin Coroutines 在爬虫框架中的使用

下面响应式风格的代码反映了图 18-8 爬虫框架的基本原理：

```
    //从消息队列中取出 request
    final Request request = queue.poll(name);
    ...
    //request 正在处理
    downloader.download(request)
            .retryWhen(new RetryWithDelay(maxRetries, retryDelayMillis,
request)) //对网络请求的重试机制
            .map(new Function<Response, Page>() {
                @Override
                public Page apply(Response response) throws Exception {
                    Page page = new Page();
                    page.setRequest(request);
                    page.setUrl(request.getUrl());
                    page.setStatusCode(response.getStatusCode());
                    if (Utils.isTextType(response.getContentType()))
{ //text/html
                        page.setHtml(new Html(response.getContent()));
                        return page;
                    } else if
(Utils.isApplicationJSONType(response.getContentType())) { //application/json
                        //将 json 字符串转化成 Json 对象，放入 Page 的"RESPONSE_JSON"字段。
之所以转换成 Json 对象，是因为 Json 提供了 toObject()，可以转换成具体的 class
                        page.putField(Constant.RESPONSE_JSON,new Json(new
String(response.getContent())));
                        return page;
                    } else if (Utils.isApplicationJSONPType
(response.getContentType())) { //application/javascript
```

```
                    //转换成字符串，放入 Page 的"RESPONSE_JSONP"字段
                    //由于是 jsonp，需要开发者在 Pipeline 中自行去掉字符串前后的内容，
这样就可以变成 json 字符串了
                    page.putField(Constant.RESPONSE_JSONP,new
String(response.getContent()));
                    return page;
                } else {
                    page.putField(Constant.RESPONSE_RAW, response.getIs());
//默认情况，保存 InputStream
                    return page;
                }
            }
        })
        .map(new Function<Page, Page>() {
            @Override
            public Page apply(Page page) throws Exception {
                if (parser != null) {
                    parser.process(page);
                }
                return page;
            }
        })
        .map(new Function<Page, Page>() {
            @Override
            public Page apply(Page page) throws Exception {
                if (Preconditions.isNotBlank(pipelines)) {
                    pipelines.stream()
                            .forEach(pipeline -> pipeline.process
(page.getResultItems()));
                }
                return page;
            }
        })
        .observeOn(Schedulers.io())
        .subscribe(new Consumer<Page>() {
            @Override
            public void accept(Page page) throws Exception {
                log.info(page.getUrl());
                if (request.getAfterRequest()!=null) {
                    request.getAfterRequest().process(page);
                }
            }
        }, new Consumer<Throwable>() {
            @Override
            public void accept(Throwable throwable) throws Exception {
                  log.error(throwable.getMessage());
             }
        });
```

其中，Downloader 的 download 方法会返回一个 Maybe<Response>。

```
public interface Downloader extends Closeable {

    Maybe<Response> download(Request request);

    /**
     * 将爬取的内容存到 RxCache 中
     * @param key
     * @param response
     */
    default void save(String key, Response response) {

        if (RxCacheManager.getInstance().getRxCache()==null
|| !RxCacheManager.getInstance().getRxCache().test()) { //如果 cache 为空或者 cache
不可用，则使用默认的配置

            RxCacheManager.getInstance().config(new RxCache.Builder());
        }

        RxCacheManager.getInstance().getRxCache().save(key,response);
    }
}
```

正是因为这个 Maybe<Response>对象，后续的一系列链式调用才显得非常自然。比如将 Response 转换成 Page 对象，再对 Page 对象进行解析，Page 解析完毕之后，做一系列的 Pipeline 操作。

下面是爬虫框架中 Coroutines 模块中的 Kotlin 代码，对原先的代码稍做修改，原有的各种组件接口依然可以使用。

```
//从消息队列中取出 request
final Request request = queue.poll(name);

...

//request 正在处理
val download = downloader.download(request)
        .retryWhen(
            RetryWithDelay<Response>(
                3,
                1000,
                request
            )
        )
        .await()

download?.run {

    val page = Page()
    page.request = request
    page.url = request.url
    page.statusCode = statusCode

    if (SpiderUtils.isTextType(contentType)) { //text/html
```

```
                page.html = Html(content)
            } else if (SpiderUtils.isApplicationJSONType(contentType))
{ //application/json

            //将json字符串转化成Json对象，放入Page的"RESPONSE_JSON"字段。之所以转换成
Json对象，是因为Json提供了toObject()，可以转换成具体的class
            page.putField(Constant.RESPONSE_JSON, Json(String(content!!)))
        } else if (SpiderUtils.isApplicationJSONPType(contentType))
{ //application/javascript

            //转换成字符串，放入Page的"RESPONSE_JSONP"字段
            //由于是jsonp，需要开发者在Pipeline中自行去掉字符串前后的内容，这样就可以变成
json字符串了
            page.putField(Constant.RESPONSE_JSONP, String(content!!))
        } else {

            page.putField(Constant.RESPONSE_RAW, `is`!!) //默认情况下保存InputStream
            }

               page
           }?.apply {

               parser?.let {
                   it.process(this)
               }

           }?.apply {

                if (!this.resultItems.skip && Preconditions.isNotBlank(pipelines)){

                    pipelines.stream().forEach { pipeline ->
pipeline.process(resultItems) }
                }

            }?.apply {

            println(url)

            request.afterRequest?.let {
                it.process(this)
            }

            signalNewRequest()
        }
```

其中，download变量返回了Maybe<Response>的结果。之后，run、apply等Kotlin标准库的扩展函数替代了原先的RxJava的map操作。Kotlin的协程是无阻塞的异步编程方式。

await()方法是Maybe的扩展函数：

```
@Suppress("UNCHECKED_CAST")
public suspend fun <T> MaybeSource<T>.await(): T? = (this as
MaybeSource<T?>).awaitOrDefault(null)
```

由于await()方法是suspend修饰的，因此在上述代码的最外层还得加上一段代码，来创建协程。

```
runBlocking {
    ...
}
```

18.4 实现智能硬件的远程控制系统（上）

18.4.1 业务背景及远程控制系统的功能

目前，笔者公司的很多智能硬件、程序服务部署在各个运营中心及商场中的手机门店。当服务出现故障时，需要开发人员去现场排查错误、恢复服务，或者需要门店的营业员帮忙上传日志。基于此背景，我们团队开发了针对各种智能硬件统一管理的远程控制系统，如图 18-10 所示。

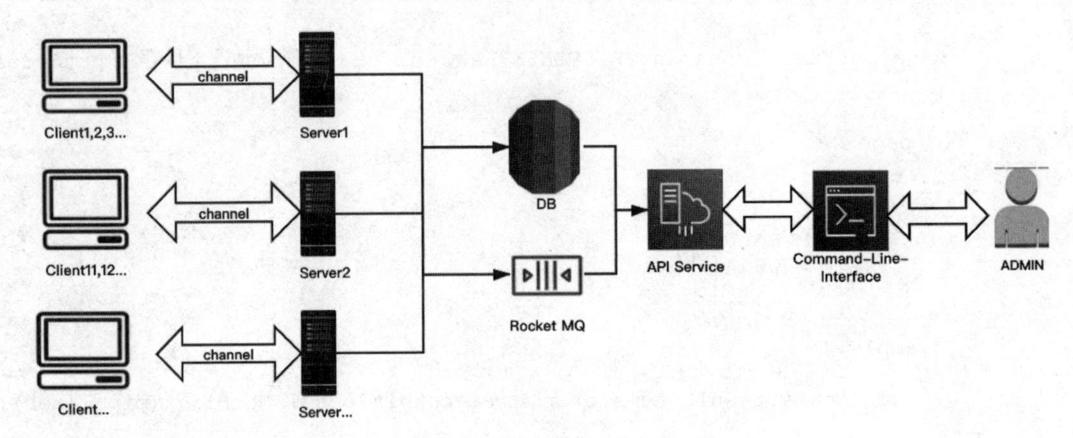

图 18-10　远程控制的架构

其核心功能包括：

- 服务实例监控。
- 服务实例分组。
- 执行运维指令。
- 自定义指令。
- 指令广播。
- 指令执行报告。
- 查看日志。
- 灰度部署及测试。

该系统包含两部分：服务端和客户端。客户端部署在智能硬件上，或者智能硬件中的程序自己去实现客户端的功能。

本节主要介绍服务端的实现，下一节会介绍客户端的实现。

18.4.2 远程控制系统服务端的设计

用户通过登录控台来对自己的服务进行监控，以及进行维护操作。通过控台，用户可以管理自己的应用、服务实例、指令等，并且可以为服务设置标签来实现分组，以及进行指令的广播执行。

- 应用（App）和实例：应用即用户的服务程序，实例是指这个服务程序实际在运行的实例。应用是静态概念，而实例是动态概念，类似于Docker中的镜像和容器的区别。实际上，应该是多个主机上运行的是相同的服务程序，即应用，每个具体正在运行的服务即实例。
- 监控客户端：对于每个运行的服务实例，在相同的主机上会运行另一个监控程序，此监控程序负责监控服务实例的健康状态及执行维护指令，即监控客户端。监控客户端与实例是一对一的关系。
- 指令：用户在控台输入的具体Bash Shell会发送到监控程序客户端并得到执行。
- 广播指令：用户可以输入一个指令，该指令的执行是指定实例范围的，如A组或者全部实例，在该范围内，实例对应的监控程序客户端将全部执行该指令，该指令即为广播指令。
- 标签：可以给每个应用下的实例设置标签，以通过广播指令达到分组运维的目的。
- 状态：监控客户端会发送实例监控状态到控台，具体含义如下：
    - GREEN：一切正常。
    - YELLOW：服务实例有故障信息输出，但是不影响正常运行。
    - RED：服务实例出现故障，无法正常运行，需要介入维护。
    - DARK：监控客户端与控台失去连接，无法知道服务实例的运行状态。

18.4.3 远程控制系统的数据流向

远程控制系统的数据流向如图 18-11 所示。

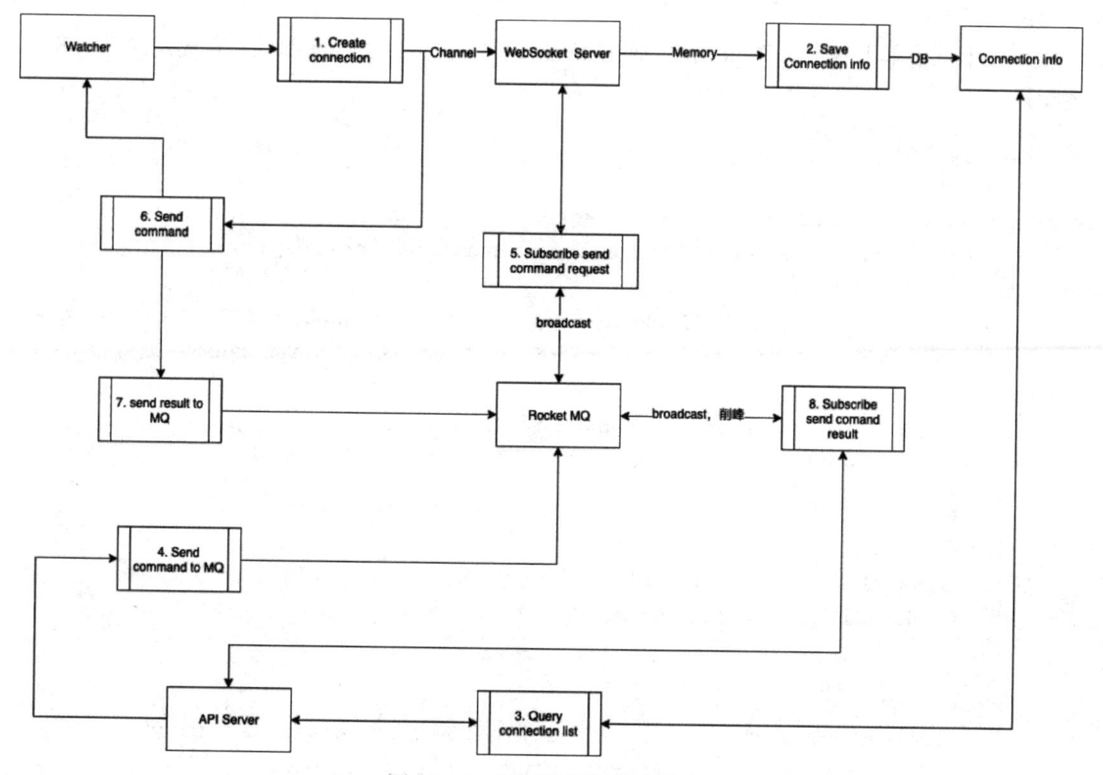

图 18-11　远程控制的数据流向

- Watcher跟某台WebSocket Server建立连接，WebSocket Server将连接信息缓存到内存中并保存到数据库。
- 系统管理员找到指定的机器（一台或多台机器），发送指令。
- 该指令通过RocketMQ，由广播找到对应的Watcher建立连接的WebSocket Server。
- WebSocket Server发送指令给指定的机器（Watcher）。
- 指定机器上的Watcher接收到指令并执行。
- 执行后，将结果返回给WebSocket Server，并将结果再一次发送给RocketMQ。
- RocketMQ通过广播发送执行结果。
- 系统管理员查询到机器执行指令的结果。

18.4.4 远程控制系统服务端的相关代码

整个远程控制系统的代码比较庞大，下面只挑选一些核心的功能进行介绍，比如 WebSocket 服务、基于 RocketMQ 的推送服务功能。

1. WebSocket

WebSocket 是一种在单个 TCP 连接上进行全双工通信的协议。WebSocket 通信协议于 2011 年被 IETF 定为标准 RFC 6455，并由 RFC7936 补充规范。WebSocket API 也被 W3C 定为标准。

WebSocket 使得客户端和服务器之间的数据交换变得更加简单，允许服务端主动向客户端推送数据。在 WebSocket API 中，浏览器和服务器只需要完成一次握手，两者之间就直接可以创建持久性的连接，并进行双向数据传输。

我们整个项目基于 Spring Boot，因此使用 Spring 提供的 WebSocket 封装。首先定义 WebSocket 相关配置：

```
@Configuration
@EnableWebSocket
class WsConfig (val monitorWebSocketHandler: MonitorWebSocketHandler,
            val handshakeInterceptor: HandshakeInterceptor) :
WebSocketConfigurer {
    override fun registerWebSocketHandlers(registry: WebSocketHandlerRegistry) {
        registry.addHandler(monitorWebSocketHandler, monitorWebSocketHandler.
ENDPOINT)
                .addInterceptors(handshakeInterceptor)
                .setAllowedOrigins("*")
    }

    @Bean
    fun taskScheduler(): ThreadPoolTaskScheduler {
        return ThreadPoolTaskScheduler()
    }

    @Bean
    fun createWebSocketContainer(): ServletServerContainerFactoryBean {
        val container = ServletServerContainerFactoryBean()
        //ws 传输数据的时候，数据过大有时候会接收不到，所以在此处设置 bufferSize
```

```
        container.setMaxTextMessageBufferSize(12600)
        container.setMaxBinaryMessageBufferSize(12600)
        return container
    }
}
```

其中包括 HandShakeInterceptor 和 MonitorWebSocketHandler。

HandShakeInterceptor 是 WebSocket 握手请求的拦截器，用于检查握手请求和响应，对 WebSocketHandler 传递属性。虽然 WebSocket 为我们提供了便捷且实时的通信能力，但是鉴权这个事情得自己动手。

```
@Component
class HandShakeInterceptor(val appService: AppService ) : HandshakeInterceptor {
    val logger: Logger = LoggerFactory.getLogger(this.javaClass)
    override fun beforeHandshake(request: ServerHttpRequest, response: 
ServerHttpResponse, wsHandler: WebSocketHandler, attributes: MutableMap<String, 
Any>): Boolean {
        val appKey = request.headers["app_key"]
        val clientIdNo = request.headers["client_id"]
        val nonce = request.headers["nonce"]
        val requestTimestamp = request.headers["request_timestamp"]
        val sign = request.headers["sign"]
        if(appKey ==null||clientIdNo==null||nonce==null||requestTimestamp==
null||sign==null){
            return false
        }
        if(appKey?.size==0||clientIdNo?.size==0||nonce?.size==0||
requestTimestamp?.size==0||sign?.size==0){
            return false
        }
        val app = appService.getByAppKeyCacheAble(appKey!![0])
        if(app==null){
            logger.info("appKeyError:$appKey")
            return false
        }
        val headerStr = "${appKey!![0]}${clientIdNo!![0]} ${nonce!![0]}
${requestTimestamp!![0]}"
        //加密
        val checkSign = sha256HMAC(app.secret,headerStr)
        if(checkSign!= sign!![0]){
            return false
        }
        //验证签名
        return true
    }

    @Throws(IOException::class)
```

```
        private fun fillResponse(response: HttpServletResponse, errorMessage:
String) {
            response.status = HttpStatus.OK.value()
            response.contentType = MediaType.APPLICATION_JSON_UTF8_VALUE
            response.characterEncoding = "UTF-8"
            response.writer.write(errorMessage)
        }
        override fun afterHandshake(p0: ServerHttpRequest, p1: ServerHttpResponse,
p2: WebSocketHandler, p3: Exception?) {
            //TODO("not implemented")
        }
    }
```

MonitorWebSocketHandler 继承自 TextWebSocketHandler，用于创建 WebSocket 连接、接收 WebScoket 消息、处理异常情况等。

```
    @Component
    class MonitorWebSocketHandler(val observerService: ObserverService) :
TextWebSocketHandler() {
        val sessions = ConcurrentHashMap<String, WebSocketSession>()
        val sessionMap = ConcurrentHashMap<String, String>()
        val sessionInfo = ConcurrentHashMap<String, Pair<String, String>>()
        private val logger = LoggerFactory.getLogger(this.javaClass)
        private val emptyMap  = kotlin.collections.emptyMap<String,Any?>()
        val ENDPOINT = "/monitor"
        companion object {
            private val logger = LoggerFactory.getLogger(this.javaClass)
        }
        override fun handleTextMessage(session: WebSocketSession, msg: TextMessage) {
            logger.info("received message from session[${session.id}]:
${msg.payload}")
            try {
                var vo = JSONObject.parseObject(msg.payload, SocketRequestInfoVO::
class.java)
                vo?.let {
                    val id = genId(vo.header.appKey, vo.header.clientIdNo)
                    sessions[id] = session
                    sessionMap[session.id] = id
                    sessionInfo[id] = Pair(vo.header.appKey, vo.header.clientIdNo)
                    when (vo.header.method){
                        //处理心跳
                        RequestMethodEnum.HEARTBEAT.name->{
                            observerService.heartbeat(HeartBeatVo(vo))
                            send(vo.header.appKey,vo.header.clientIdNo,
vo.header.msgSn!!,null,RequestMethodEnum.HEARTBEAT_ACK)
                        }
                        //获取执行结果
```

```
                    RequestMethodEnum.EXECUTION_RESULT.name->{
                        observerService.saveExecutionResult (ExecutionResultVo
(vo))
                    }
                    else->{
                        logger.error("unsupported method ${vo.header.method} ")
                    }

                }

            }
        } catch (e: Exception) {
            logger.error("heart beat error!",e)
        }
    }
    fun send(appKey: String, clientIdNo: String,sn:String, msg: Any?=emptyMap,
methodEnum: RequestMethodEnum=RequestMethodEnum.CMD): Boolean {
        val body = mutableMapOf<String,Any?>()
        body["operationSn"]= sn
        body["data"]= msg
        val request = SocketRequestInfoVO(RequestHeaderVO(appKey,clientIdNo,
methodEnum.name,sn,null,null,null),
                body)
        val message = JSON.toJSONString(request)
        try {
            sessions[genId(appKey, clientIdNo)]?.also {
                it.sendMessage(TextMessage(message))
                return true
            }
        } catch (e: Exception) {
            logError(logger, "sent msg with error!!")
            e.printStackTrace()
        }
        return false
    }
    fun genId(appKey: String, idNo: String): String {
        return "$appKey-$idNo"
    }

    override fun afterConnectionClosed(session: WebSocketSession, status:
CloseStatus) {
        logger.info("connection [${session.id}] has closed:  ${status.code}
${status.reason}")
    }

}
```

MonitorWebSocketHandler 的 handleTextMessage()接收来自客户端的消息，这些消息包括客户端发送的心跳和客户端执行命令返回的结果。对于心跳，会发送一个心跳的 ACK。对于客户端执行的结果，会保存到数据库，并推送到RocketMQ，最终通过广播发送到后台。

observerService的saveExecutionResult()最终会调用saveResult()：

```
    @Transactional(rollbackFor = [Exception::class, RuntimeException::class])
    fun saveResult(instructionId: String,status:InstructionExecutedStatusEnum,
resultData:String?){
        val instruction = instructionRepository.findOneBySerialNo
(instructionId)
        instruction?.let {
            it.status = status.toString()
            it.result = resultData
            instructionRepository.saveAndFlush(it)
            pushInstructionProducer.sendMessage(PushInstructionMessageDto
(instruction.id!!, instruction.status!!, 1))

        }

    }
```

2. RocketMQ

RocketMQ是一个分布式消息和流数据平台，具有低延迟、高性能、高可靠性、万亿级容量和灵活的可扩展性。RocketMQ是2012年阿里巴巴开源的第三代分布式消息中间件。

我们的系统完成某项操作之后，会推送事件消息到业务方的接口。当调用业务方的通知接口返回值为成功时，表示本次推送消息成功；当返回值为失败时，则会多次推送消息，直到返回成功为止（保证至少成功一次）。有时我们的推送并不是立即进行的，会有一定的延迟，并按照一定的规则推送消息。

延时消息是指消息被发送以后，并不想让消费者立即拿到消息，而是等待指定时间后，消费者才拿到这个消息进行消费。

首先，定义一个支持延时发送的生产者AbstractProducer。

生产者负责产生消息，生产者向消息服务器发送由业务应用程序系统生成的消息。

```
abstract class AbstractProducer :ProducerBean() {
    var producerId: String? = null
    var topic: String? = null
    lateinit var tag: String
    var timeoutMillis: Int? = null
    var delaySendTimeMills: Long? = null
    val log = LogFactory.getLog(this.javaClass)
    open fun sendMessage(messageBody: Any, tag: String) {
        val msgBody = JSON.toJSONString(messageBody)
        val message = Message(topic, tag, msgBody.toByteArray())
//       message.bornTimestamp()
        if (delaySendTimeMills != null) {
            val startDeliverTime = System.currentTimeMillis() +
delaySendTimeMills!!
```

```
            message.startDeliverTime = startDeliverTime
            log.info( "send delay message producer startDeliverTime:
${startDeliverTime}currentTime :${System.currentTimeMillis()}")
        }
        val logMessageId = buildLogMessageId(message)
        log.info(logMessageId+"logMessageId")
        try {
            val sendResult = send(message)
            log.info(logMessageId + "producer messageId: " +
sendResult.getMessageId() + "\n" + "messageBody: " + msgBody)
        } catch (e: Exception) {
            log.error(logMessageId + "messageBody: " + msgBody + "\n" + " error:
" + e.message, e)
        }

    }
    fun buildLogMessageId(message: Message): String {
        return "topic: " + message.topic + "\n" +
                "producer: " + producerId + "\n" +
                "tag: " + message.tag + "\n" +
                "key: " + message.key + "\n"
    }
}
```

通过 System.currentTimeMillis() + delaySendTimeMills 可以设置 message 的 startDeliverTime。然后调用 send(message)即可发送延时消息。

根据业务需要，定义一个推送指令的执行状态的 PushInstructionProducer：

```
@ConfigurationProperties("mqs.ons.producers.push-instruction-producer")
@Configuration
@Component
class PushInstructionProducer : AbstractProducer(){
    fun sendMessage(messageBody: Any) {
        log.info("PushInstruction   ${JSON.toJSONString(messageBody)}")
        super.sendMessage(messageBody, tag)
    }
}
```

接着定义 Push 类型的消费者 AbstractConsumer。

消费者负责消费消息，消费者从消息服务器拉取信息并将其输入用户应用程序：

```
abstract class AbstractConsumer ():MessageListener{
    lateinit var consumerId: String
    lateinit var subscribeOptions: List<SubscribeOptions>
    var threadNums: Int? = null
    //默认为空时为 CLUSTERING，可以改变为 BROADCASTING
    var messageModel: String? = null
    val log = LogFactory.getLog(this.javaClass)
```

```
    override  fun consume(message: Message, context: ConsumeContext): Action {
        val body = String(message.body)
        try {
            val logMessageId = buildLogMessageId(message)
            log.info(logMessageId + " body: " + body)
            val result = consumeInternal(message, context, JSON.parseObject(body,
getMessageBodyType(message.tag)))
            log.info(logMessageId + " result: " + result.name)
            return result
        } catch (e: Exception) {
            log.error( "AbstractConsumer error: ${JSON.toJSONString(message)}"
+ e.message, e)
            return Action.ReconsumeLater
        }

    }
    abstract fun getMessageBodyType(tag: String): Type?
    abstract fun consumeInternal(message: Message, context: ConsumeContext, obj:
Any): Action
    protected fun buildLogMessageId(message: Message): String {
        return "topic: " + message.topic + "\n" +
                "consumer: " + consumerId + "\n" +
                "tag: " + message.tag + "\n" +
                "key: " + message.key + "\n"+
                "MsgId:" + message.msgID + "\n" +
                "BornTimestamp" + message.bornTimestamp + "\n" +
                "StartDeliverTime:" + message.startDeliverTime + "\n" +
                "ReconsumeTimes:" + message.reconsumeTimes + "\n"
    }
}
```

再定义具体的消费者 PushInstructionConsumer，它收到消息后会将命令执行的结果推送给业务方。

```
@Component
@Configuration
@ConfigurationProperties("mqs.ons.consumers.push-instruction-consumer")
class PushInstructionConsumer :AbstractConsumer() {
    @Autowired
    lateinit var instructionService: InstructionService
    override fun consumeInternal(message: Message, context: ConsumeContext, obj:
Any): Action {
        if (obj is PushInstructionMessageDto) {
            log.info("SendInstructionConsumer : $obj ")
            //推送命令
            instructionService.pushInstruction(obj)
        }
        return Action.CommitMessage
    }
```

```
    override fun getMessageBodyType(tag: String): Type {
       return PushInstructionMessageDto::class.java
    }

}
    /**
     * 推送命令给业务接入方
     */
    fun  pushInstruction(messageDto: PushInstructionMessageDto){
       //消息
       instructionRepository.findById(messageDto.id).ifPresent {
          val app = appService.getByIdCacheAble(it.appId)
          if(app!=null&&StringUtils.isNotBlank(app.pushUrl)){
             var body =  HashMap<String,Any>()
             body["serialNo"] = it.serialNo!!
             body["result"] = it.result!!
             body["executionStatus"] = it.status!!
             eventPushService.sendEventByHttpPost(app.appKey,app.pushUrl!!,
PushEventDto("instruction",body))
          }
       }
    }
```

其中，eventPushService 的 sendEventByHttpPost()会通过 HTTP 的方式调用业务方提供的接口，进行事件消息的推送。

18.4.5　远程控制系统后续的规划

- 增加报表的维度。
- 开放API、SDK：笔者所在的部门开发的智能硬件除了能接入这些服务之外，我们还做成了OpenAPI、SDK供其他部门使用。
- 增加反向代理功能：便于通过SSH登录一些使用Linux作为系统的智能硬件上，进行更为快速的运维和日常维护工作。

18.5　实现智能硬件的远程控制系统（下）

18.5.1　远程控制的客户端介绍

远程控制系统的客户端，我们称其为 Watcher。

远程主机的运维是建立在监控客户端基础之上的，监控客户端与用户服务实例共同运行在同一个 host 之上，且监控客户端自身状态的好坏不影响宿主机的服务实例。

Watcher 适用于任何桌面系统，我们将它分别部署在 Windows、Ubuntu、Mac 桌面系统，因为它是基于 Kotlin 编写的，只要有 Java 环境就可以运行。

18.5.2 Watcher 的设计

客户端程序 Watcher 与控台通过 WebSocket 进行通信，如图 18-12 所示，主要分为实例监控和执行指令两部分内容。

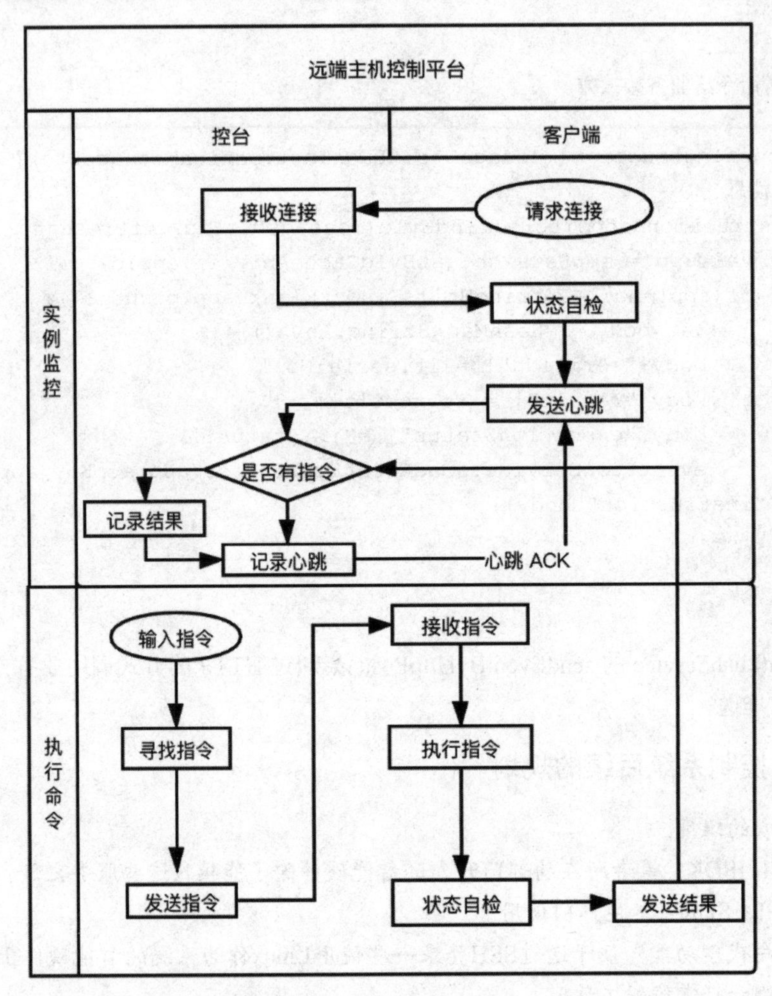

图 18-12 Watcher 与控台通过 WebSocket 进行通信

1. 实例监控

- 客户端发起连接请求。
- 控台接受连接。
- 客户端状态自检。
- 根据自检状态发送心跳数据。
- 控台记录心跳数据（状态信息）。
- go to step 3。

2. 执行指令

- 用户在控台输入指令。

- 在控台寻找与客户端的连接。
- 控台发送指令到客户端。
- 在客户端执行指令。
- 在客户端进行状态自检。
- 客户端将执行的指令结果发送给控台。
- 控台记录指令执行结果和状态信息。

18.5.3 Watcher 的核心代码

Watcher 是一个基于命令行启动的程序，在启动时可以配置一些参数。Watcher CLI 的功能是借助 kotlinx-cli 库（https://github.com/Kotlin/kotlinx-cli）实现的。

```
    val parser = ArgParser("pcs-watcher")
    val configName by parser.option(ArgType.String, shortName = "c", description
= "Configuration file of the pcs-watcher")
    val extraConfigName   by parser.option(ArgType.String, shortName = "ec",
description = "Extra custom configuration file of the pcs-watcher")
    val machineID  by parser.option(ArgType.String, shortName = "m", description =
"The machine ID of the device")
    val adminPassword by parser.option(ArgType.String, shortName = "ap",
description = "The super administrator password of the device")
    val port       by parser.option(ArgType.Int, shortName = "p", description = "Port
number of the local web service")
    val host       by parser.option(ArgType.String, shortName = "a", description =
"The host address of the local web service")
    val version    by parser.argument(ArgType.String, fullName = "version",
description = "The version of the pcs-watcher").optional()
    parser.parse(args)

    configName?.let {
        DeviceUitils.resourceName = it
    }

    extraConfigName?.let {
        DeviceUitils.extraResourceName = it
    }

    machineID?.let {
        DeviceUitils.machineId = it
    }
    adminPassword?.let {
        DeviceUitils.adminPassword = it
    } ?: run { //默认的密码
        DeviceUitils.adminPassword = "aihuishou"
    }

    host?.let {
        DeviceUitils.host = it
    }
    port?.let {
```

```
        DeviceUitils.port = it
    }

    version?.let {
        println("watcher version: "+com.aihuishou.creative.pcs.watcher.
config.version)
        println("watcher name: "+com.aihuishou.creative.pcs.watcher. config.name)
            DeviceUitils.version = it
        }
```

通过-h 命令可以显示 Watcher 所有的参数信息。

```
java -jar watcher.jar -h
Usage: pcs-watcher options_list
Arguments:
    version -> The version of the pcs-watcher (optional) { String }
Options:
    --configName, -c -> Configuration file of the pcs-watcher { String }
    --extraConfigName, -ec -> Extra custom configuration file of the pcs-watcher
{ String }
    --machineID, -m -> The machine ID of the device { String }
    --adminPassword, -ap -> The super administrator password of the device
{ String }
    --port, -p -> Port number of the local web service { Int }
    --host, -a -> The host address of the local web service { String }
    --help, -h -> Usage info
```

表 18-1 显示 Watcher 各个参数的意义。

表18-1 Watcher各个参数的意义

参 数 名	说 明
-version	当前 Watcher 的版本号
-c	Watcher 固有的配置文件的名称（所有的 Watcher 都需要这些配置文件）
-ec	Watcher 额外的配置文件的名称（可以根据业务自定义配置文件），Watcher 在运行时会将两个配置文件进行合并
-m	使用指定的 machineId，便于调试时使用
-ap	使用 Watcher 设备的系统管理员账号
-p	Watcher 自带 HTTP 服务的端口号
-a	Watcher 自带 HTTP 服务的地址
-h	Watcher 参数的帮助说明

图 18-13 展示了 Watcher 的项目结构，Watcher 的 core 模块给各种 Watcher 的实现版本提供了基础。不同的实现版本部署在不同的平台上，我们有多款不同的智能硬件项目使用了 Watcher，每个项目使用 Watcher 的用途、用法大都不同。

因为多个不同的项目会用到 Watcher，所以 Watcher 必须有足够的扩展性。下面展示 Watcher 的一些扩展点：

```
    private var listener:WatcherListener ?= null
    private lateinit var plugin:Plugin //各个业务实现的 Watcher 必须要有 Plugin
    private var shutDownHook: (()->Unit) ?= null

    /**
     * 添加 WatcherListener
     */
    fun listener(listener: WatcherListener):Watcher {
        this.listener = listener
        return this
    }

    /**
     * 添加 Plugin
     */
    fun plugin(plugin: Plugin):Watcher {
        this.plugin = plugin
        return this
    }

    /**
     * 添加 shutDownHook 函数
     */
    fun shutdown(shutDownHook:()->Unit): Watcher {
        this.shutDownHook = shutDownHook
        return this
    }
```

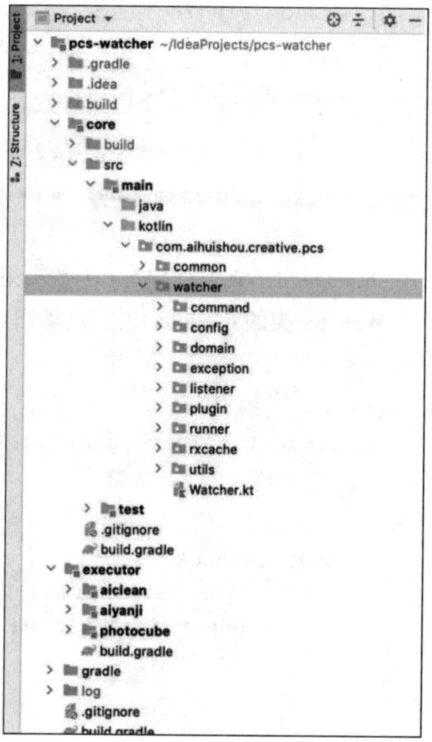

图 18-13　Watcher 的项目结构

WatcherListener 是对 Watcher 项目启动前后的监听：

```
interface WatcherListener {

    /**
     *Watcher 启动前的回调，一般可以用于获取机器的 id
     */
    fun beforeRunner()

    /**
     *Watcher 启动后的回调
     */
    fun afterRunner()
}
```

Plugin 是插件接口，每个 Watcher 都需要通过实现它来执行对应的命令。有些 Watcher 需要执行 Linux 命令，有些 Watcher 需要执行 adb 命令，甚者是调用一些特定的程序。

```
interface Plugin {
    /**
     *通过插件执行命令
     */
    operator fun invoke(header: ResponseHeaderVO, body:
RemoteServiceResponseBody)
}
```

shutDownHook 是()->Unit 函数类型，用于 Watcher 关闭行为的 hook，可以释放一些资源。

Watcher 类的 execute()用于启动它。在启动时，会先判断当前环境中是否有 Watcher 正在运行，以防止其被多次启动。

```
fun execute() {
    DeviceUitils.version?.let {   //只获取版本信息，不执行 watcher 的 execute()方法
        return@execute
    }

    shutDownHook?.let {
        Runtime.getRuntime().addShutdownHook(object : Thread() {
            override fun run() {
                it()
            }
        })
    }

    val cmd = if (os == OSEnum.WINDOWS) {
        CommandBuilder.buildWindowsCommand("tasklist |findstr java.exe")
    } else {
        CommandBuilder.buildCompositeCommand("ps aux|grep java")
    }

    var count = 0
    val appender = object : Appender {
        override fun appendStdText(text: String) {
            if (text.contains("watcher")
                    || text.contains("Console")) {   //兼容 Windows 的处理
                count++
            }
        }

        override fun appendErrText(text: String) {
            logError(logger,msg =text)
        }
    }

    CommandExecutor
        .executeSync(cmd, null, appender = appender)
        .getExecutionResult()
        .let {
        if (it.exitValue()==0 && count<=2) {  //防止 watcher 被多次重复启动
                logInfo(logger,msg = "The watcher is starting ...")
```

```
                    listener?.beforeRunner()
                    embeddedServer(Netty, DeviceUitils.port, watchPaths =
listOf("WatcherKt"), module = Application::module).start()  //Ktor 通过协程启动，无
阻塞
                    runInBackground {       //通过协程启动，WebsocketRunner 不会阻塞后
续 afterRunner()
                        WebsocketRunner(plugin).run()
                    }
                    listener?.afterRunner()
                } else {
                    logInfo(logger, msg = "The watcher is already running, and
multiple watcher programs cannot be run at the same time.")
                    exitProcess(0)
                }
            }
    }
```

其中用到了 CommandExecutor，它出自 kcommand（https://github.com/fengzhizi715/kcommand），是笔者写的基于 Kotlin 特性实现的执行 Linux/Windows 命令的库。

伴随着 Watcher 的启动，会使用 Ktor 开启一个 HTTP 服务。

```
    embeddedServer(Netty, DeviceUitils.port, watchPaths = listOf("WatcherKt"),
module = Application::module).start()  //Ktor 通过协程启动，无阻塞
```

该 HTTP 服务包含 4 个接口：

- /health接口用于判断Watcher是否正常运行。
- /list接口用于显示接收到的心跳数、命令数、命令内容、错误信息等。
- /info接口用于显示缓存中所有的数据。
- /customer接口支持每个Watcher自定义列表展示的内容。

```
    fun Application.module() {

        install(DefaultHeaders)
        install(CallLogging)
        install(ContentNegotiation) {
            gson {
                setDateFormat(DateFormat.LONG)
                setPrettyPrinting()
            }
        }
        install(Routing) {

            get("/health") {
                call.respondText("ok")
            }
            get("/list") {
                val heartbeatCount = rxCache.get<Integer>(KEY_HEARTBEAT_COUNT)?.let
{ it.data }
```

```
            val receiveMsgCount = rxCache.get<Integer>
(KEY_RECEIVE_MSG_COUNT)?.let { it.data }
            val cmdInfo = rxCache.get<CmdInfo>(KEY_MSG_CMD)?.let { it.data }
            val errorInfos = rxCache.get<ErrorInfos>(KEY_ERROR)?.let { it.data }
            val listResponse = ListResponse().apply {
                this.heartbeatCount = heartbeatCount
                this.receiveMsgCount = receiveMsgCount
                this.cmdInfo = cmdInfo
                this.errorInfos = errorInfos
            }
            call.respond(listResponse)
        }
        get("/info") {
            val json = rxCache.info
            call.respondText(json)
        }
        get("/customer") { //支持每个 watcher 可以自定义列表展示的内容
            DeviceUitils.customList?.let {
                val json = it.invoke()
                call.respondText(json)
            }?: call.respondText("no customer list")
        }
    }
}
```

之所以/customer 接口可以自定义展示内容，因为其内部使用的是 DeviceUitils.customList，它是一个函数类型：

```
var customList:(()->String)?=null //存储当前 watcher 自定义列表展示的内容
```

通过 Wacter 类的 customList()函数设置该函数的类型：

```
/**
 * 添加 customList 函数，用于在本地 HTTP 服务中展示自定义的内容
 */
fun customList(customList:()->String): Watcher {
    DeviceUitils.customList = customList
    return this
}
```

从而保证了/customer 接口能够展示所需的自定义的内容，因此 customList 也是 Watcher 可以扩展的一项功能。

WebsocketRunner 是 Websocket 跟远程控制通信的实现，这里就不展开叙述了。

最后，展示一下完整的 Watcher 类：

```
class Watcher(args: Array<String>) {

    private val logger: Logger = LoggerFactory.getLogger(this.javaClass)

    private var listener:WatcherListener ?= null
```

```
        private lateinit var plugin:Plugin //各个业务实现的 Watcher 必须要有 Plugin
        private var shutDownHook: (()->Unit) ?= null

        init {
            val parser = ArgParser("pcs-watcher")
            val configName by parser.option(ArgType.String, shortName = "c",
description = "Configuration file of the pcs-watcher")
            val extraConfigName    by parser.option(ArgType.String, shortName = "ec",
description = "Extra custom configuration file of the pcs-watcher")
            val machineID  by parser.option(ArgType.String, shortName = "m",
description = "The machine ID of the device")
            val adminPassword by parser.option(ArgType.String, shortName = "ap",
description = "The super administrator password of the device")
            val port       by parser.option(ArgType.Int, shortName = "p", description
= "Port number of the local web service")
            val host       by parser.option(ArgType.String, shortName = "a",
description = "The host address of the local web service")
            val version    by parser.argument(ArgType.String, fullName = "version",
description = "The version of the pcs-watcher").optional()
            parser.parse(args)

            configName?.let {
                DeviceUitils.resourceName = it
            }

            extraConfigName?.let {
                DeviceUitils.extraResourceName = it
            }

            machineID?.let {
                DeviceUitils.machineId = it
            }

            adminPassword?.let {
                DeviceUitils.adminPassword = it
            } ?: run { //默认的密码
                DeviceUitils.adminPassword = "aihuishou"
            }

            host?.let {
                DeviceUitils.host = it
            }

            port?.let {
                DeviceUitils.port = it
            }

            version?.let {
                println("watcher version: "+com.aihuishou.creative.pcs.watcher.
config.version)
                println("watcher name: "+com.aihuishou.creative.pcs.watcher.
config.name)
                DeviceUitils.version = it
```

```
        }
    }

    /**
     * 添加 RxCache 持久层存放地址
     */
    fun diskCachePath(diskCachePath: String):Watcher {
        DeviceUitils.diskCachePath = diskCachePath
        return this
    }

    /**
     * 添加 WatcherListener
     */
    fun listener(listener: WatcherListener):Watcher {
        this.listener = listener
        return this
    }

    /**
     * 添加 Plugin
     */
    fun plugin(plugin: Plugin):Watcher {
        this.plugin = plugin
        return this
    }

    /**
     * 添加 shutDownHook 函数
     */
    fun shutdown(shutDownHook:()->Unit): Watcher {
        this.shutDownHook = shutDownHook
        return this
    }

    /**
     * 添加 customList 函数，用于在本地 HTTP 服务中展示自定义的内容
     */
    fun customList(customList:()->String): Watcher {
        DeviceUitils.customList = customList
        return this
    }

    /**
     * 执行 watcher 的方法
     */
    fun execute() {
        DeviceUitils.version?.let { //只获取版本信息，不执行 watcher 的 execute()方法
            return@execute
        }

        shutDownHook?.let {
```

```
        Runtime.getRuntime().addShutdownHook(object : Thread() {
            override fun run() {
                it()
            }
        })
    }

    val cmd = if (os == OSEnum.WINDOWS) {
        CommandBuilder.buildWindowsCommand("tasklist |findstr java.exe")
    } else {
        CommandBuilder.buildCompositeCommand("ps aux|grep java")
    }

    var count = 0
    val appender = object : Appender {
        override fun appendStdText(text: String) {
            if (text.contains("watcher")
                    || text.contains("Console")) { //兼容 Windows 的处理
                count++
            }
        }

        override fun appendErrText(text: String) {
            logError(logger,msg =text)
        }
    }

    CommandExecutor
            .executeSync(cmd, null, appender = appender)
            .getExecutionResult()
            .let {
                if (it.exitValue()==0 && count<=2) { //防止watcher被多次重复
启动

                    logInfo(logger,msg = "The watcher is starting ...")
                    listener?.beforeRunner()
                    embeddedServer(Netty, DeviceUitils.port, watchPaths =
listOf("WatcherKt"), module = Application::module).start()  //Ktor通过协程启动，无
阻塞

                    runInBackground {       //通过协程启动 WebsocketRunner 不会阻
塞后续 afterRunner()

                        WebsocketRunner(plugin).run()
                    }
                    listener?.afterRunner()
                } else {
                    logInfo(logger, msg = "The watcher is already running, and
multiple watcher programs cannot be run at the same time.")
                    exitProcess(0)
                }
            }
        }
    }
```

运行一个完整的 Watcher 大致是这样的：

```
val listener = ...

val plugin = ...

val shutDownHook = ...

val customerList = ...

Watcher(args)
        .diskCachePath(DISK_CACHE_PATH)
        .listener(listener)
        .plugin(plugin)
        .shutdown(shutDownHook)
        .customList(customerList)
        .execute()
```

18.5.4 小结

Watcher 的 core 模块采用的是高内聚低耦合的思想。它可以看成是一个客户端 SDK，不同的项目都可以集成它，然后扩展成自己想要的 Watcher。

18.6 总结

本章的案例包含使用 Ktor、WebFlux、R2DBC 等框架开发后端项目，响应式编程是未来的趋势，其实本书在很多章节都介绍了响应式的编程思想。

本章最后的例子是笔者目前正在使用的项目，稳定运行，有多个业务方接入，因此有很高的参考价值。